景致

遇见更好的风景

今日宜逛园

图解皇家园林美学与生活

朱强 等 著

CFPH
中国林业出版社
China Forestry Publishing House

修绠汲深泉

己亥大暑

朱强等同道共勉

孟兆祯

写在前面

皇家园林是中国封建社会一种特殊的产物，也是中国古代园林中最重要的一个类别。周代的灵台、秦代的阿房宫、汉代的上林苑、唐代的大明宫、宋代的艮岳、元代的太液池……这些大家耳熟能详的皇家园林无一不代表了当时最高的艺术成就，里面上演过史诗般的历史传奇。

在清朝，中国最后一个封建王朝，皇帝不囿于居住在城中心的禁城大院，顺治、康熙、雍正、乾隆、嘉庆、道光、咸丰祖孙7代帝王都选择在北京西郊一块风景优美、土地肥沃的地方，动用全国的顶尖工匠和巨额皇室资金，连续不断地打造出若干座豪华舒适的宫苑。他们利用三座名山和广袤的湿地，创作出了五座大型皇家园林，并且平均每年有至少一半的时间都在这里办公和生活；在这些园林周边还密集地分布有政府机关、皇帝赐予宗室和大臣居住的小型园林、宗教寺庙、禁卫军、水利、农田、村镇等各种配套设施。这所有的内容共同构成了三山五园，一个位于郊外的帝国政治中心，它在鼎盛时期的总面积甚至超过了北京古城——这正是本书主要关注的对象。

实际上“三山五园”的称谓并非出自官方，它概括了这个体系的核心要素，而在官方记载中“山”与“园”常常互相指代：即“三山”和山上的三座园林——香山和静宜园、玉泉山和静明园、万寿山和颐和园（光绪朝之前称为清漪园），是皇帝祭祀和游赏的行宫；另外两园——畅春园和圆明园，则是皇室常年居住的离宫。据统计，三山五园在清中后期曾经至少包含了12座皇家园林和11座皇家赐园，总面积达1149.6公顷，其中皇家园林占89%，总面积约合16个紫禁城的大小。由于高超的艺术水准，它们借助传教士的书信和绘画在18~19世纪一度风靡于欧洲，掀起“中国风”的审美狂潮。

但遗憾的是，封建王朝的衰败导致三山五园在1860年遭受了西方侵略者的严重摧残，不到2万人的英国和法国军队不仅在短时间内攻占了清帝国的首都，还将皇家园林洗劫一空并付之一炬——这一罪恶行径无疑是人类文明史上的污点、是东方文化艺术的巨大损失，为此法国著名文学家维克多·雨果（Victor Hugo）曾强烈谴责这场战争。虽然在王朝的最后，清朝统治者耗尽了所剩无几的力量来修复它们，但也未能扭转衰败的走势。今天，整个地区的面貌已经发生了天翻地覆般的改变，曾经用于祭祀康熙帝的皇家寺庙在闹市中黯然失色，曾经演练云梯特种兵的碉楼在山林中茕茕孑立，曾经流淌着泉水穿园而过的河流被禁锢在水泥池中。

虽然已经经过了一个多世纪的岁月，它蕴藏的文化和艺术仍然令人为之倾倒，它由盛到衰的历史令人刻骨铭心，给予后人深刻的教育和启示。

当我们翻开古代工匠绘制的设计图样、画师描绘的园林场景、皇帝创作的御制诗文和大臣抄录的宫廷档案，会惊讶地发现：三山五园不再是历史的片段或是空旷的遗址，也不再是单纯的园林风景，它其实是一个由皇室、臣子、农民、商人、工匠、僧侣和军人等组成的古代社会的缩影，这里面既有国家的政治外交和军事演练，也有皇室的日常起居和艺术生活，还有官员的苦心经营和百姓的辛勤劳作……这里面出现过的人和发生过的事，都使这个文化遗产的形象更加立体和饱满。

对三山五园了解得越多，就越觉得它远逝的辉煌值得让更多人所了解。“今日宜逛园”这个标题正是希望读者朋友们带着这些知识背景，真正地走进皇家园林的美学与生活。

本书的作者是一群热爱传统历史文化的园林专业青年学生，他们因三山五园而相聚，利用10年的时间搜集史料和阅读文献，并在近4年里用专业技能开展三山五园的复原研究和公众科普活动，为本书的创作打下了坚实的基础，可以说它凝聚了这支年轻团队中所有人的热情与心血。

这是一部专业的园林科普书。作者以严谨科学的态度，尽可能地用平实的语言和生动的图纸还原三山五园的创造历程、古人在园林中的生活方式并解读这背后蕴含的科学、文化和艺术原理。全书共分为四章，中间又穿插着十个特别策划的主题页：前两章聚焦于圆明园、颐和园等五座核心皇家园林乃至整个地区，通过大量的复原图、绘画及照片来讲述三山五园从缘起、兴盛到衰败的全过程，特别引用了清代帝王在建造、欣赏和使用园林时的语录、起居注等真实史料，来帮助读者了解创作园林的真正动机和美学思想；后两章介绍了三山五园中的皇室生活和后勤管理，这部分可能是读者朋友们十分感兴趣的内容：国家的政务办公、皇家的衣食住行等都包含在内，同时这些活动的运转也离不开工匠和管理人员的默默付出。应该说，前半部分是介绍皇家园林“台前”的美景，后半部分为“幕后”的人与生活，只有将二者结合起来，才是立体而完整的三山五园，才能更加体现文化意蕴。

这本书在揭示和传播中华民族传统的生态观念、文化底蕴、审美取向和生活方式上作出有益的探索和尝试。通过阅读它，读者朋友们或许会感到皇家园林和皇室生活不再神秘，或许会被三山五园的文化魅力所打动并来到实地品悟，或许会由此思考传统与现代的关系，并由此增强民族自信和文化自觉。希望它能够为读者带来启发和帮助。

序

我的一位年轻的朋友、北京林业大学博士研究生朱强，交给我一部书稿《今日宜逛园：图解皇家园林美学与生活》。我怀着极大的兴趣粗略地通读一遍，掩卷默想：这是一本值得认真阅读的好书，一本崭新的海淀皇家园林集群的生动画卷。

我向来以为，水是三山五园的生命。本书用巨大的篇幅全面记述了在园林建设中治水和用水的实践。首先记述了乾隆帝在“水利兴国”思想的指导下，分四步扩挖瓮山泊、疏浚长河、拓挖高水湖养水湖、修建香山引水石渠，充分利用西山丰沛的水利资源，将西郊皇家园囿逐个建成水景园。又在每座园林中都设计建造了多个知名的水景观。还详细记述了皇帝通过水上御道巡游各园的途径，以及对水景观的观赏和赞美。本书在概括三山五园时，都突出了水景园的特色：“水利为初衷的园林建设”“纳入林泉之美的行宫”“人工山水中的帝国心脏”，从而得出了“水系是三山五园地区的血脉”的结论。由此可见本书作者对这一命题的深刻理解和精彩表述。

我认为，皇家特色是三山五园的灵魂。本书从园林幅员广阔、建筑华贵、宜于居住和理政等方面做了介绍。还对皇帝如何上朝听政、处理国家大事的程序做了实景式的说明。更对繁复隐秘的皇室生活，如后宫起居、节日庆典、骑射演武等做了专题记述。这充分体现了海淀皇家园林是紫禁城外的又一个全国政治活动中心。

我认为，深厚的中国传统文化内涵是三山五园最突出的历史价值。本书揭示了园林设计中体现了清代皇帝“重农兴穑”“重视藏传佛教”的治国方略，景观布局、叠山理水、建筑名称等，到处诠释着传统的文化思想和美学观念。并且将江南和全国各地的著名园林美景创造性地移置到皇苑中来，不仅使皇家园林成为全国最优秀的园林景观的集大成者，同时还“充分地反映出了三山五园的开放性和包容性”。

本书利用多样丰富的文史资料，塑造出了独具特色的生动的皇家园林形象。本书成功的关键，在于以朱强为队长的北京林业大学三山五园研究团队。这支朝气蓬勃的年轻的园林理论队伍，充满勤奋坚韧和创新精神，为本书树立了一个“利用专业知识开展三山五园的复原研究和公众科普活动”的艰难而具有重要现实意义的目标。本书的出版便是他们成功的记录。我衷心赞美并祝贺他们的成功和做出的重要贡献。他们在后记里写道：“这次参与编书是我人生中的一次难忘的经历，也是我与三山五园故事的开始。希望一直能跟团队的大家一起，为三山五园做出更大的贡献。”我读后非常高兴。我们希望有更多有理想有抱负的年轻知识精英，像朱强团队一样融入三山五园的研究和宣传队伍中来，将这项海淀和北京市的金名片擦得更亮，将三山五园历史文化景区建设好。

张宝章

2019年7月

目录

壮丽“江山”：《三山五园盛时图景》

專題一

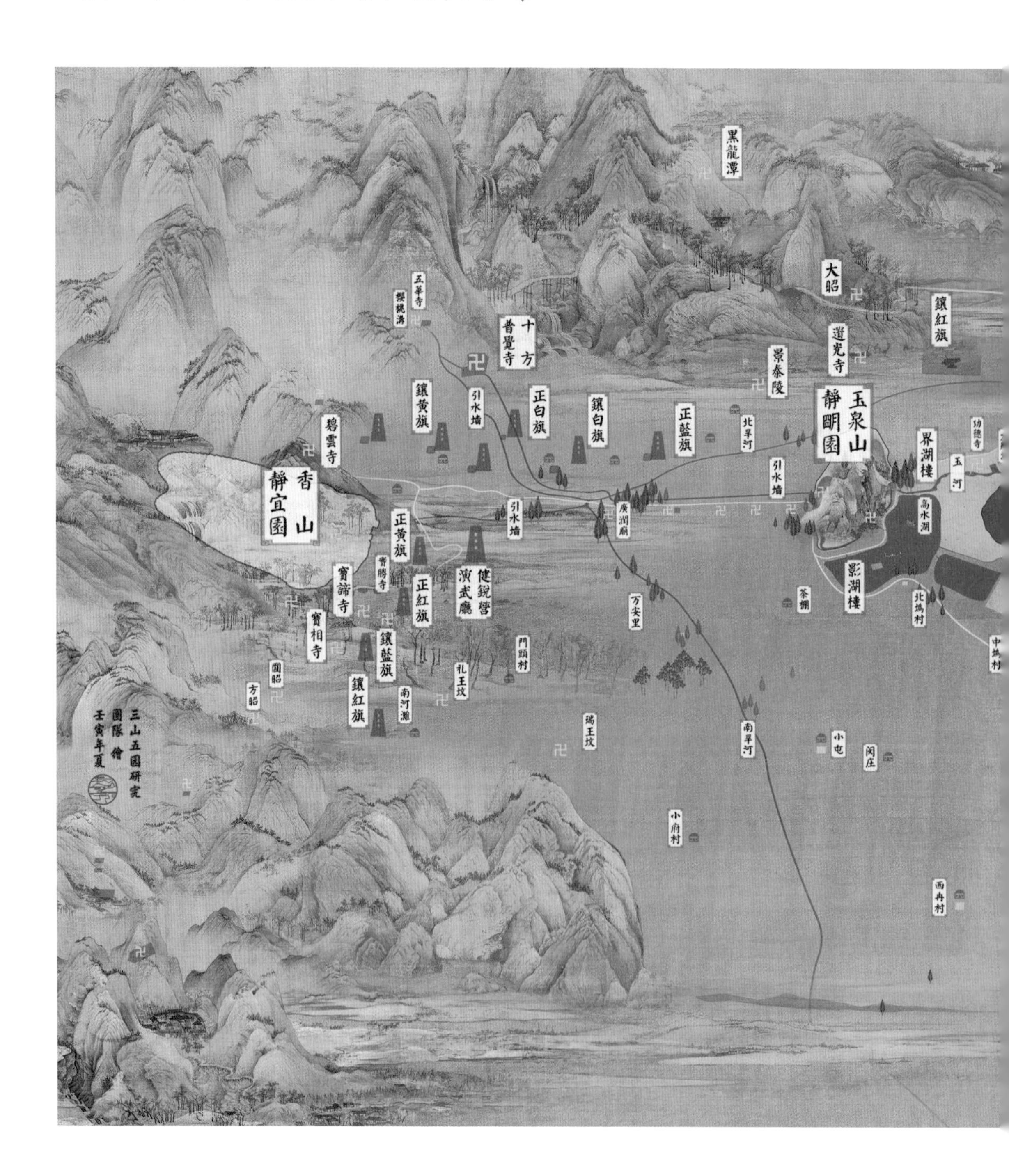

这幅复原鸟瞰图以立体的角度和仿古的画风呈现了古代“三山五园”地区的盛况：在泛黄的画轴上，青绿色的山脉层峦起伏，深蓝色的水系烟波浩渺，气势恢宏的数十座大小园林与金黄的京西稻田交相辉映，遍布了西郊海淀——这个康熙皇帝笔下的“神皋[1]胜区”，寺院、村落、兵营错落其间，好比一幅天然图画。画作以北宋名作《千里江山图》为素材并将它们古为今用，与复原成果相融合，从而形成了这幅作品；除了让绘画中的山水“神似”地模拟西山、玉泉山、万寿山等山体，还点缀有树木和游船，使画面气韵生动。

1 指首都。

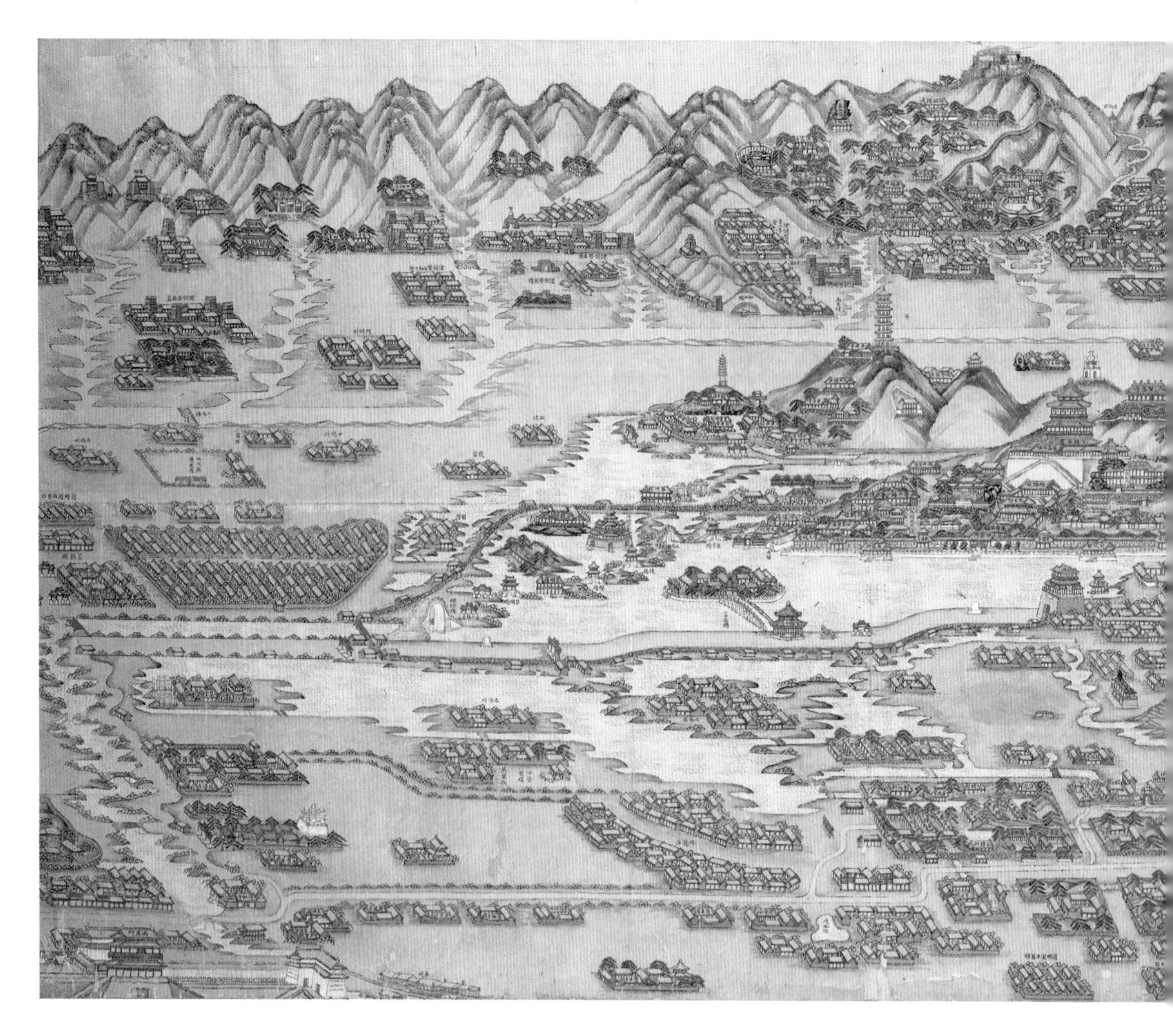

今天，尽管我们能够看到很多现存的历史古迹，但毫不夸张地说，其实这些只是“冰山一角”；绝大多数的古代园林和建筑兴盛一时，却都湮没在历史的长河中。从1860年英法联军侵华至今，在这160多年的漫长历史之中，三山五园的文化遗产没有完整地保存到现在。不仅有很多像畅春园这样已经完全看不到了的园林和建筑古迹，即便是仍然存在的圆明园、静宜园、静明园等大小园林中也分布了大量的废墟，而园林周边的水系、稻田和村庄又在近年几十年中几乎被重新改写了风貌。究竟该如何了解它过去完整而繁盛的模样？这是所有历史学者都在思考的一个问题。

幸运的是，我们可以通过复原研究的方法来破解这一难题。复原研究是园林史、建筑史的一个重要组成部分，古代的文献记载、图纸、近现代的航拍和测绘图纸乃至考古发掘报告……凡是涵盖了历史信息的资料都可以在这个过程中得以综合运用，但同时这也对研究者的资料分析能力和史学基础提出了非常高的要求。在充分分析的基础上，需要“一针一线”地“缝补”出它们在不同时期的“真容”，并且通过复原图等直观而形象的手段将其展现给广大公众。这样一个复杂的研究虽然可能耗费大量的时间和精力，但它有助于透过已经不存在的古迹来它了解背后的历史文化信息，从而把握更长时期的演变历程及其规律，因此复原研究具有重要的意义。

对于三山五园来说，虽然在清朝时皇家曾命人用绘画描绘了大量美景，但它们大多数反映的都是局部地区，并没有像《乾隆京城全图》这种覆盖全面的平面图纸传世。目前来看，能够直观反映出三山五园地区整体风貌的，唯有晚清时流传下来的几个版本的巨幅“五园三山全图”描绘了从西直门

图/清人绘·《颐和园及附近八旗军营布局图》（美国国会图书馆藏）

到西山一带的整体风貌，画面中的河湖、山脉、园林、寺庙、村落等景象蔚为壮观，震撼人心。遗憾的是，由于古人在绘画时采取的是鸟瞰视角，而且进行了艺术化的处理，如突出了晚清时颐和园作为整体的核心构图并简化了圆明园、畅春园一带的格局等等，都对我们将画面中的历史格局与今天的城市空间对应造成了不小的困难。

既然可以由古到今梳理历史，一定也可以由今到古“逆推”历史。我们通过对自清末民国以来跨越了100多年的近百张历史地图和航拍影像进行深入研究，惊喜地发现了很多大大小小的历史线索，它们都有助于将当代城市中的历史碎片拼接成更加完整的局部，再将这些局部拼接成一个完整的三山五园。代表性的例子如清华大学、北京大学中的10座皇家赐园，在清代时仅留存下来零星的珍贵设计图纸，与今天的面貌相比令人难以辨认；但是若从民国时期的图纸中追溯到建校初期，就会发现历史上这些精致的小园林是如何一步步融入到校园之中的。可以说，早期燕京大学和清华学堂的规划，为它们赋予了新的生命。于是，随着图像和文字档案的逐渐完善，复原工作也一步步地推进，最终我们成功地将这两座现代化的著名高校还原到了一个多世纪前，当时这片区域还是众多皇室贵胄居住的园林群，这种罕见的布局模式很像是一种“园林社区”。当然，这个例子在庞大的三山五园体系之中只是一个比较细微的局部，我们还对很多的其他不同功能的区域采用了类似的方法，都在不同的精度上实现了复原。

除了上述“一手”的原始档案，前辈的研究同样是非常重要的参考。正是以地理、历史、建筑、园林学科中侯仁之、岳升阳、张恩荫、张宝章、周维权、孟兆祯、郭黛姮等众多专家的扎实研究为基础，我们才能够更好地把握复原研究的方向和方法，因此用“站在巨人的肩膀上”这句话来形容再合适不过了。

起初，我们更加关注的是皇家园林内部的上百处景观；但随着研究的深入会逐渐发现，园林只是庞大的三山五园体系的一个主要组成部分。那么，这一庞大的皇家园林群是否像明清北京城一样具备一个通盘的规划？清代帝王和其他皇室成员是如何在这里活动的？这些美景背后又是靠怎样的管理和经营才能维持了几百年的时间……带着这些问题，我们从2015年起，开启了一个漫长的求索之旅，直到今天，可以说已经得出了一个初步的答案。

专题二

数据说话：三山五园的那些冷知识

一 地广物博园林立

咸丰年间的三山五园地区中

皇家园林 12 座

皇家赐园 11 座

共 1287万平方米

其中皇家园林总面积

1149.6 万平方米

≈ 16个紫禁城

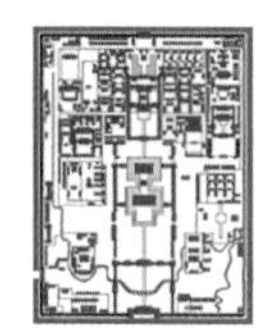

二 琼楼玉宇古传今

最古老的皇家园林

玉泉山泉水院

香 山潭水院 建于1190年

面积最大的皇家园林

圆明园 总面积 355万平方米

（圆明园 + 长春园 + 绮春园）

乾隆、嘉庆二帝

御题园景 114处

圆明园 四十景

静明园 十六景

静宜园 二十八景

绮春园 三十景

三 诗词歌赋颂河山

乾隆皇帝为三山五园共写诗文 6530首

畅春园 127首

圆明园 2300首

香 山 静宜园 1480首

玉泉山 静明园 1100首

万寿山 清漪园 1523首

四 川流不息系京城

乾隆年间

海淀及玉泉山的

主要泉眼共有 35孔

内务府奉宸苑经营的

水田的总面积为

5115485.33平方米（80顷56亩3分6厘5毫4丝8忽）

每亩租银（666.67平方米）

4钱至8钱2分不等

五 得天独厚帝王眯

清朝六帝平均驻园时间（天/年）

康熙 107.5

雍正 206.8

乾隆 126.6

嘉庆 162.0

道光 260.1

咸丰 216.4

六 井然有序营山园

乾隆年间 五园管理团队 1988人

咸丰年间 三山御用陈设 87781件 在1860年战争中丢失及破坏 78185件

宣统年间 圆明园护军营八旗官兵及家属 16478人

正黄旗	正白旗	正红旗	正蓝旗	镶黄旗	镶白旗	镶红旗	镶蓝旗
1932人	2159人	2150人	2120人	1961人	2086人	1959人	1961人

北京林业大学
三山五园研究团队

本书作者

朱　强　风景园林学2018级博士、北京农学院风景园林系教师、团队创始人

王　钰　风景园林学2017级硕士研究生
贾一非　风景园林学2017级硕士研究生
高　珊　风景园林学2017级硕士研究生
张一鸣　城乡规划系2015级本科生
林添怿　风景园林系2015级本科生
周书扬　风景园林系2015级本科生
唐予晨　风景园林系2015级本科生
冯嘉燕　园林系2015级本科生
兰亦阳　园林系2015级本科生
姜骄桐　园林系2016级本科生
田晓晴　观赏园艺系2016级本科生
王怡鑫　园林系2017级本科生
郭　佳　园林系2017级本科生
杜依璨　城乡规划系2017级本科生
曹舒仪　城乡规划系2017级本科生

审稿专家组

孟兆祯（中国工程院院士、北京林业大学教授、博士生导师）
张宝章（北京史地民俗和皇家园林专家）
岳升阳（北京大学副教授）
徐卉风（宫廷历史刊物《宫廷风》主编）
高云昆（北京市香山公园管理处教授级高工）
胡　霁（北京市颐和园管理处南湖岛班长）
张鹏飞（北京市颐和园管理处馆员）
马　骁（避暑山庄研究学者）

微信公众号
三山五园研究

如何看懂园林的复原图

专题五

尺度 整个三山五园拥有超大的尺度，下页的《清代三山五园地区复原全图》涵盖的面积达17663万平方米，人在其中显得微不足道；由于没有城墙作为边界，根据清朝对皇家园林的管辖制度而确定了全图的范围：东南起自高梁桥，北侧和东侧以圆明园护军营为界，西至静宜园及健锐营。自静宜园至蓝旗营的东西距离为12.8公里，自泉宗庙至镶黄旗的距离为7.4公里。图上的比例尺是很好的获得距离的工具。

颜色 正如图例所示，不同的颜色代表了不同的组成部分，周边镶嵌有水面、稻田、村镇等，并通过路网及河道串联。在后文的各园平面图中，可以看到微观层面上的山水是如何与建筑群组合而成的。

年代 自辽金时期形成到清代晚期的接近1000年时间中，三山五园在不停地发生着变化，本应通过若干张图纸来反映这个动态的历程，但暂时仅能够以清代咸丰时期（1860年10月6日）即遭到毁灭之前为时间节点进行了复原。但实际上，尽管圆明园和“三山三园”（即香山·静宜园、玉泉山·静明园和万寿山·清漪园）这4座皇家园林在那时仍然维持在完好的状态，但畅春园、泉宗庙等较早时期的皇家园林因为经费紧张或年久失修而遭到了拆除，这些建材被用到了其他园林的建设之中。总之，这张总平面图显示的布局反映出了整个地区最后的辉煌，今后还需要付出更多努力来考证并还原历史上各时期准确的面貌。

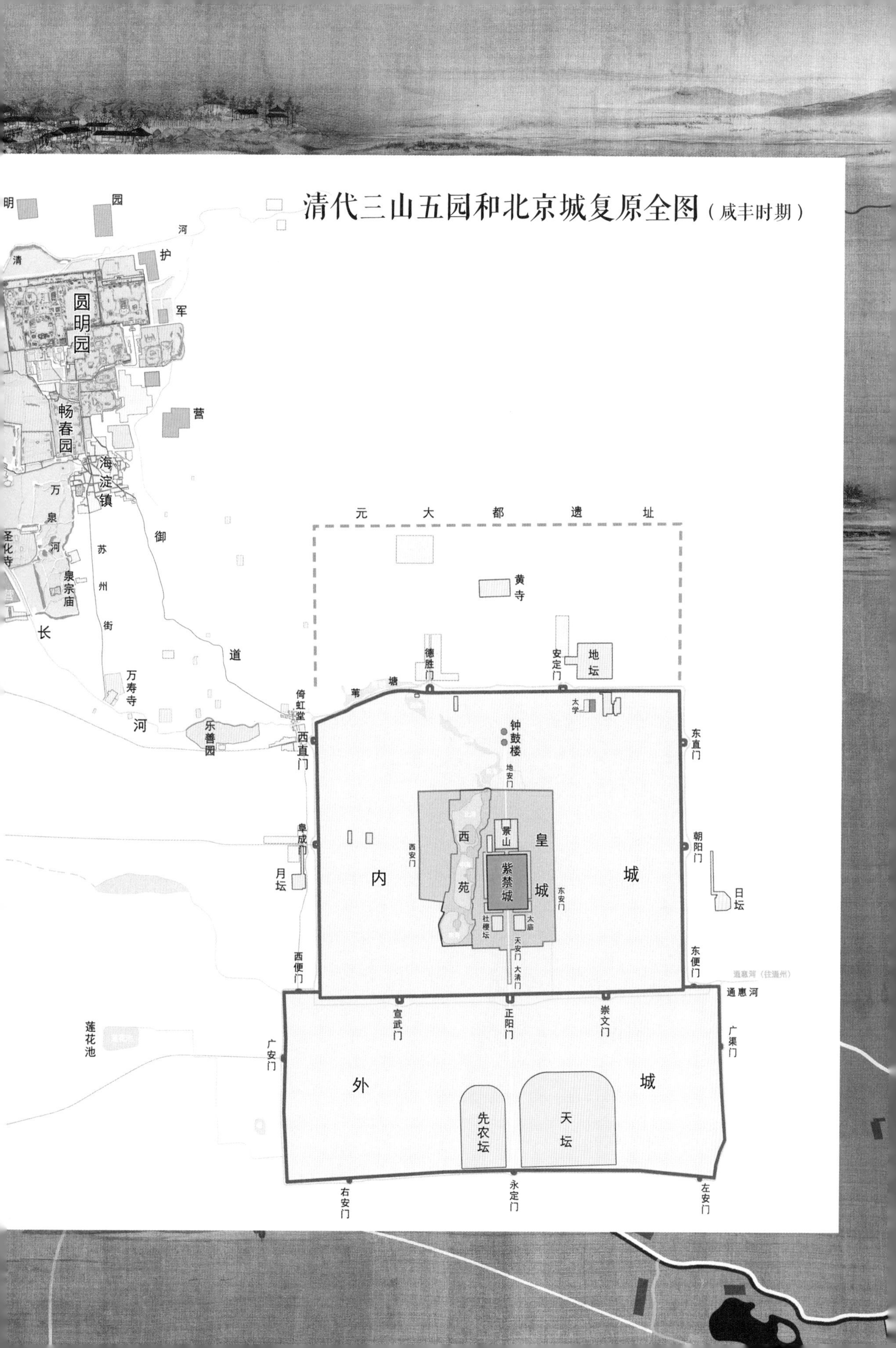

清代三山五园和北京城复原全图（咸丰时期）
明
园
河
清
护
军
营
圆明园
畅春园
海淀镇
万泉河
圣化寺
泉宗庙
苏州街
御道
长河
万寿寺
乐善园
倚虹堂
元大都遗址
黄寺
德胜门
安定门
地坛
苇塘
大学
钟鼓楼
西直门
东直门
地安门
西苑
景山
皇城
西安门
阜成门
朝阳门
内城
紫禁城
东安门
月坛
日坛
社稷坛
太庙
天安门
大清门
西便门
东便门
通惠河
宣武门
正阳门
崇文门
莲花池
广安门
广渠门
外城
先农坛
天坛
右安门
永定门
左安门

清代三山五园地区复原全图（咸丰时期）

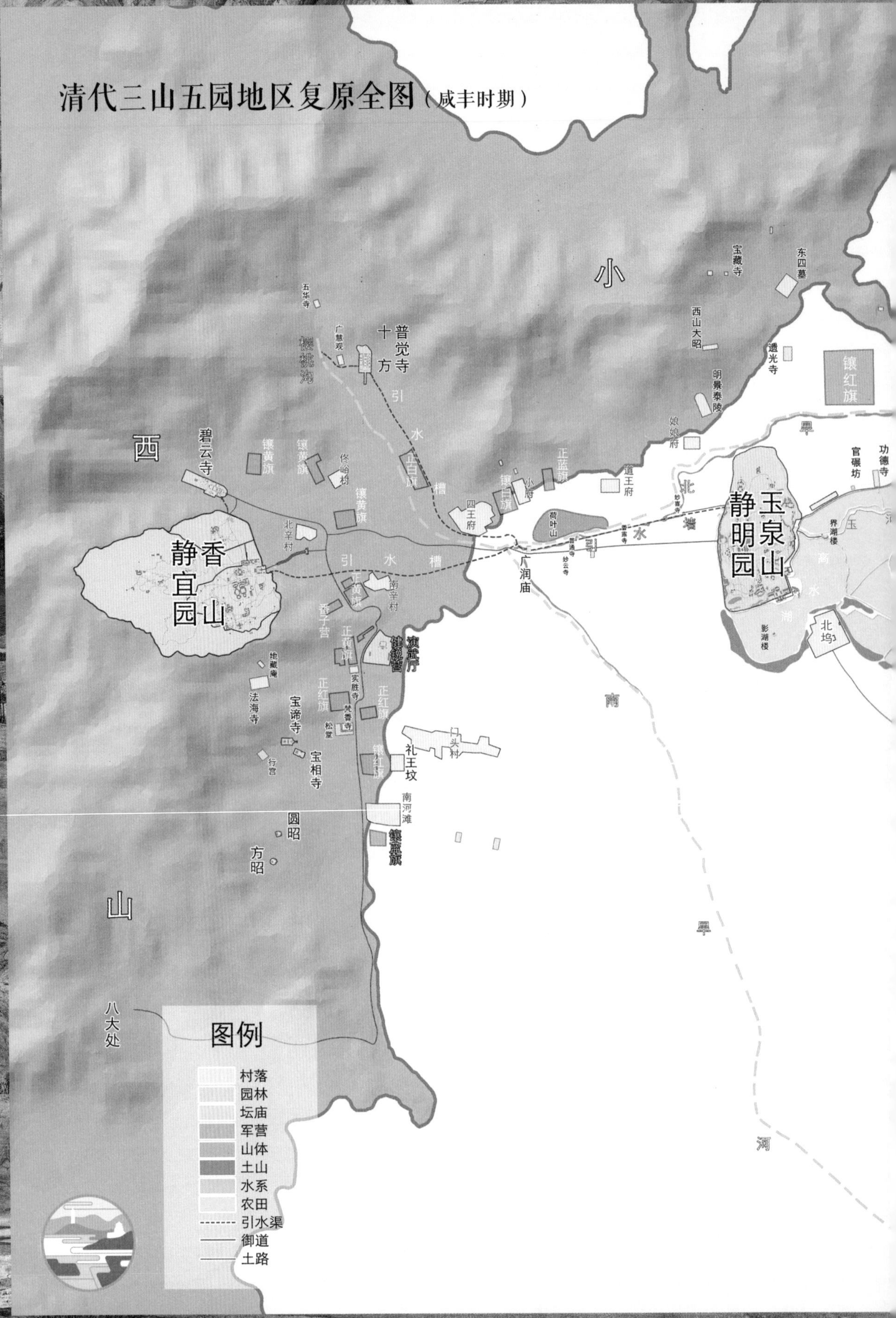

西山
小
静宜园
香山
玉泉山
静明园
碧云寺
十方普觉寺
五华寺
广慧观
樱桃沟
引水槽
镶黄旗
佟峪村
正白旗
四王府
小府
镶白旗
正蓝旗
道王府
荷叶山
广润庙
北辛村
南辛村
正黄旗
香子营
正蓝旗
健锐营
演武厅
地藏庵
法海寺
宝谛寺
实胜寺
梵香寺
松堂
正红旗
行宫
宝相寺
镶红旗
礼王坟
门头村
南河滩
镶蓝旗
圆昭
方昭
八大处
宝藏寺
东四墓
西山大昭
遗光寺
明景泰陵
娘娘府
镶红旗
北旱河
官碾坊
功德寺
界湖楼
玉河
高水湖
影湖楼
北坞
南旱河

图例
村落
园林
坛庙
军营
山体
土山
水系
农田
引水渠
御道
土路

清河镇
镶黄旗
正白旗
正黄旗
清
河
镶白旗
北
0 250 500m
春熙院
长春园
圆明园
小营
镶白旗
精捷营
丰益仓
安河桥
青龙桥
大有庄
绮春园
近春园
清华园
万寿山
清漪园
御马园
澄怀园
朗润园
镜春园
鸣鹤园
阅武楼
马厂
挂甲屯
蔚秀园
承泽园
淑春园
成府村
昆明湖
畅春园
集贤院
正蓝旗
西花园
治贝子园
海淀镇
六郎庄
保福寺
船营
礼王园
万泉河
河
湖心楼
滚水坝
三光庵
白塔庵
巴沟
苏州街
圣化寺
万泉庄
御道
元大都遗址
外火器营
校场
外火器营
大钟寺
长河
小南庄
泉宗庙
镶蓝旗
广仁宫
蓝靛厂
长春桥
南坞
魏公村
大慧寺
麦庄桥
万寿寺
广通寺
高梁桥
真觉寺
乐善园
广善寺
倚虹堂
西直门
广源闸
昌运宫
紫竹院
白石桥

宜逛园

香山 / 静宜园二十八景 / 玉泉山 / 静明园十六景 / 万寿山 / 清漪园 / 颐和园
圆明园四十景 / 圆而入神 / 明而普照 / 长春园 / 绮春园三十景 / 畅春园
春之向往 / 西花园 / 西山晴雪 / 玉泉趵突 / 天下第一泉 / 传教士 / 西洋楼
巴洛克 / 混搭风 / 英法联军 / 鸦片战争

三山五园的万千景象

园林是什么？

今天看来，大多数人很容易联想到的是公园、是花园

它是一种美化环境的手段或者是一种休闲娱乐的方式

似乎谈不上什么精神追求。但实际上，自商周时期诞生以来的几千年中，它不断成为文人士大夫们热衷的对象，因为它不仅代表着舒适的居住环境，里面的风景更是充满着文化的浸染，寄托着古人的精神追求。以“五园”为代表的清代皇家园林跨越了清初至清末的200多年时间，它们不仅是中国古代封建王朝最后的巅峰之作，也是园林史上手法成熟的集大成之作。它们漫长的创作历程和丰富的造景内容，无疑可以帮助我们了解到帝王们真实的所思所想，以及自古以来不断得到传承和创新的造园艺术

——“五园”按照清代的建成顺序是指：畅春园、静明园、圆明园、静宜园和清漪园（即晚清颐和园）。

纳入林泉之美的皇家行宫
——静宜园和静明园

缘起水院/静宜山居/静明品茗/八景传承

在本节中，您将了解到：

1. 三山五园地区最早的风景开发源自什么时候？
2. 静宜园和静明园在水资源利用上各有什么特色？
3. 著名的燕京八景中，哪些位于这两座园林之中？

园林是什么？今天看来，大多数人很容易联想到的是公园、花园，是一种美化环境的手段，或者是一种休闲娱乐的方式，似乎谈不上什么精神追求。但实际上，自商周时期诞生以来的几千年中，它不断成为文人士大夫们热衷的对象，因为它不仅代表着舒适的居住环境，里面的风景更是充满着文化的浸染，寄托着古人的精神追求。以“五园”为代表的清代皇家园林建造史跨越了清初至清末的200多年时间，它们不仅是中国古代封建王朝最后的巅峰之作，也是园林史上手法成熟的集大成之作。它们漫长的创作历程和丰富的造景内容，无疑可以帮助我们了解到帝王们真实的所思所想，以及自古以来不断得到传承和创新的造园艺术。

“五园[1]”是指：畅春园、静明园、圆明园、静宜园和清漪园（即晚清颐和园）。

中国古人崇尚自然山水，并从中获得物质和精神上的双重享受，三山五园中历史最为悠久的两山——香山和玉泉山，与分别依托于它们而建的静宜园和静明园这两座风景区式的“山园”就是最典型的代表。香山以层林尽染的秋季美景享誉中外，玉泉山则以“质轻味甘”的泉水而备受古人推崇。那么，为何它们能在1000年前就备受青睐？这恐怕还要从历史中寻找答案。

缘起水院

在北宋时期，中国北方还同时存在辽（907—1218年）和金（1115—1234年）这两个由少数民族建立的政权，而北京所在的地区正是辽代“五京”之一

明·宫廷画师绘·《出警入跸图》描绘的西山一带风光（台北故宫博物院藏）

金章宗在位期间巡幸香山和玉泉山的记录

	时间	地点		时间	地点
1	明昌元年（1190年）八月	玉泉山	6	承安四年（1199年）八月	香山
2	明昌四年（1193年）三月	香山永安寺、玉泉山	7	承安五年（1200年）八月	香山、玉泉山
3	明昌六年（1195年）四月	玉泉山	8	泰和元年（1201年）五月；六月	玉泉山、香山
4	承安元年（1196年）八月	玉泉山	9	泰和三年（1203年）三月	玉泉山
5	承安三年（1198年）八月	香山	10	泰和七年（1207年）五月	玉泉山

的南京[2]——析津府，作为上京临潢（今内蒙古巴林左旗）的陪都之一，是辽统治范围内最繁荣富庶的区域。早在这时，就有权贵看中了香山这块"风水宝地"，御史中丞阿勒弥曾在碧云寺的位置建构有私家别业。后来，金朝占领南京之后，于公元1153年建成了金代五都[3]之中地位最重要的都城——中都大兴府，正式开启了北京的建都史。33年后的金大定二十六年（1186年），香山便出现了在唐朝旧址上由皇家出资兴建的佛教寺庙——香山大永安寺（又名甘露寺、香山寺）。香山良好的山林和水源条件为佛教信徒提供了清修的好地方，"永安"一词也寄托了统治者借宗教来稳定政权的愿望，此为最早的皇家寺庙建设。

金章宗完颜璟是金代的第6位帝王，由于他在位期间国家的经济和文化蓬勃发展，这一时期被称为"明昌之治"。同时，这位女真族的皇帝有着很高的汉文化素养，热衷于游山玩水和打猎避暑。虽然拥有宏伟的都城及内部的诸多宫苑，但他并没有满足于此。1190年左右，他在西山挑选了8座优美的寺庙建造行宫[4]，被后人称作"西山八大水院"，

1 按建成顺序排列。

2 辽五京分别为上京临潢府、东京辽阳府、中京大定府、西京大同府和南京析津府。

3 金五京分别为中都大兴府、东京辽阳府、南京开封府、西京大同府和北京大定府。

4 行宫是指皇帝短暂在外出行时停留的宫苑。一种观点认为，其余的6座水院分别是大觉寺清水院、法云寺香水院、栖隐寺灵水院、黄普寺圣水院、双泉寺双水院、金山寺金水院。

其中两座就是香山的潭水院和玉泉山的泉水院，三山五园中最早的皇家园林建设由此开始。史料中还记载他多次到此游幸的记录。同一时期这里还诞生了著名的燕山八景（又名燕京八景），可见金人已经开始将不同时节、各具特色的郊外美景纳入到了皇家的欣赏范围之中，并为它们赋予了诗意的题名，“西山积雪”和“玉泉垂虹”两景就分别位于香山和玉泉山上，后文会详细地讲述它们在清代的发展。

那么，“水院”又是怎样一种园林呢？既然水由山泉出，那么“院”就是一种拥有小型水面的山地园林，如泉水院中的芙蓉殿就位于玉泉山上，“相传章宗尝避暑于此”（《长安客话》），潭水院则位于香山寺旁，“金章宗之台、之松、之泉也，曰祭星台，曰护驾松，曰梦感泉”（《帝京景物略》）。皇帝之所以在偏远的郊外兴建园林，一方面是因为外出巡游时，需要有临时休息的场所；另一方面丰沛而甘甜的泉水不仅是生活所必须，且能滋养身心。同样是女真人的清代帝王，或许正是因为沿袭了他们祖先的生活习惯及中原地区帝王园居理政的传统，十分青睐三山五园地区，因每年都有很长一段时间奔波于都城与海淀，甚至是京外的热河、盘山、五台山、东陵和西陵等地之间，于是不在京或在路上就成为一种常态了。

明成祖朱棣（在位时间1403—1424年）将首都迁到北京之后，紫禁城和西苑三海（即北海、中海、南海）就曾作为皇家的主要活动场所，当然也包括位于昌平天寿山麓的十三陵祭祖。而玉泉山北侧的金山是另一处皇家陵寝群，史书记载“凡诸王公主夭殇者，并葬金山口，其与景皇陵相属。又诸妃亦多葬此”（《长安客话》），此处至今仍保留着景帝陵的遗址。在描绘明万历皇帝（在位时间1573—1620年）谒陵[5]的长卷绘画——《出警入跸图》可以看出，浩浩荡荡的人群骑马而去、乘舟而归，在归途时恰好是在玉泉山和瓮山（万寿山的旧称）一带乘舟，经由长河到达西直门的画面描绘了一幅热闹的郊外场景，园林、寺庙、陵寝、农田密布在山脚下，而陵寝中的苍松翠柏、沿河栽植的柳树和园林中的桃花又让它们充满生机，与文献中的记载相吻合。香山上的玉华寺、来青轩、洪光寺，玉泉山上的华严寺以及附近的景泰陵、功德寺就在这时诞生，也正是它们优美的风光和繁盛的香火吸引了众多百姓慕名前往，据明代最具代表的地方志——《帝京景物略》记载：“京师天下之观，香山寺，当其首游也。”不仅如此，连文徵明[6]（1470—1559年）在内的文人墨客也为之倾倒，挥洒诗篇、写意山水：他在《望湖亭》一诗中，用“寺前杨柳绿阴浓，槛外晴湖白映空”描绘了玉泉山附近壮美的水景；1524年的二月，他又画下了这里酷似江南的水乡风光，似乎寄托了他的思乡之情，后来该作品被纳入内廷收藏。尽管嘉靖二十九年（1550年）时，这一带不幸遭受过蒙古俺答汗军队的大肆破坏，但这并未影响西郊美景在当时的人们心中的重要地位，它的文化底蕴也随之变得愈加深厚，为后世清代园林的出现做出了铺垫。

清代对三山五园地区的开发实际上始于入关之后的首位帝王——顺治皇帝。顺治十三年（1656年），玉泉山行宫建成；后来康熙帝将其更名为玉泉山·澄心园。

“澄心”出自晋朝陆机的“罄澄心以凝思，眇众虑而为言”，在这里就是形容园林风景令人心绪清净而且澄明。实际上，早在南唐的金陵皇宫中，这一字眼就曾被当成景名使用，后来圆明园中绮春园的澄心堂也以它命名。

康熙十六年（1677年），康熙帝在香山诸寺旁的空地之上，建设了一座小型的皇家园林——香山行宫，并在朝东的宫门上题写“涧碧溪清”的匾额来赞美这里优美的自然环境。从图中也能够清晰地看出，山泉沿着小溪被引入宫墙之后，汇聚成大小湖面，再从另一侧流出。这样一种设计手法使园内拥有了可观赏荷花的水塘，同时可改善园内的小气候；另外，几组小型院落散置在行宫内，为中间腾出了大片空场——这一疏朗而清新的布局反映出了清初造园的特色。

然而香山毕竟距离都城较远，频繁地往来奔波使康熙帝感到不便，于是他将目光投向了距离香山以东5公里的澄心园并进行扩建。3年后，他便不时到此居住，并在园居的每天早上准时前往“前亭”会见大臣，商议国事，闲暇时则在园中游赏。他曾在一次登山时赋诗道：“心中怀得天然处，坐对沙鸥

明·文徵明绘·《燕山春色图》
（台北故宫博物院藏）

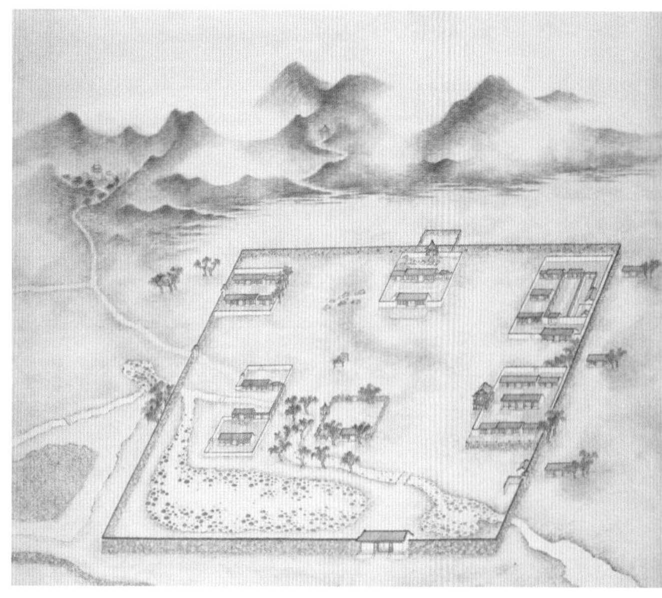

清·宫廷画师绘·《香山行宫图》
（首都博物馆藏）

乐野汀。”也许是因为这里远离都城的喧嚣，山泉林木的优雅环境令人明智而聪慧，他才不辞辛苦地至此园居理政；康熙三十一年（1692年）时，园名被改为“静明园”，此名流传至今。

尽管清朝初期，皇室主要的狩猎活动和一些重要仪典均选在紫禁城外的南苑[7]举办，但在康熙朝，皇帝在宫外活动的重心已经转移到了地理条件更加优越的京城西北郊地区，香山和玉泉山就是两个最具吸引力的地方。

5 指到陵墓前拜谒。谒音yè。

6 明代杰出的画家、书法家，曾在嘉靖年间在北京担任翰林院待诏一职，人称“文待诏”。

7 跨越元、明、清三朝的大型皇家猎苑，遗址主要分布在今天大兴区和丰台区境内。

香山·静宜园复原全图

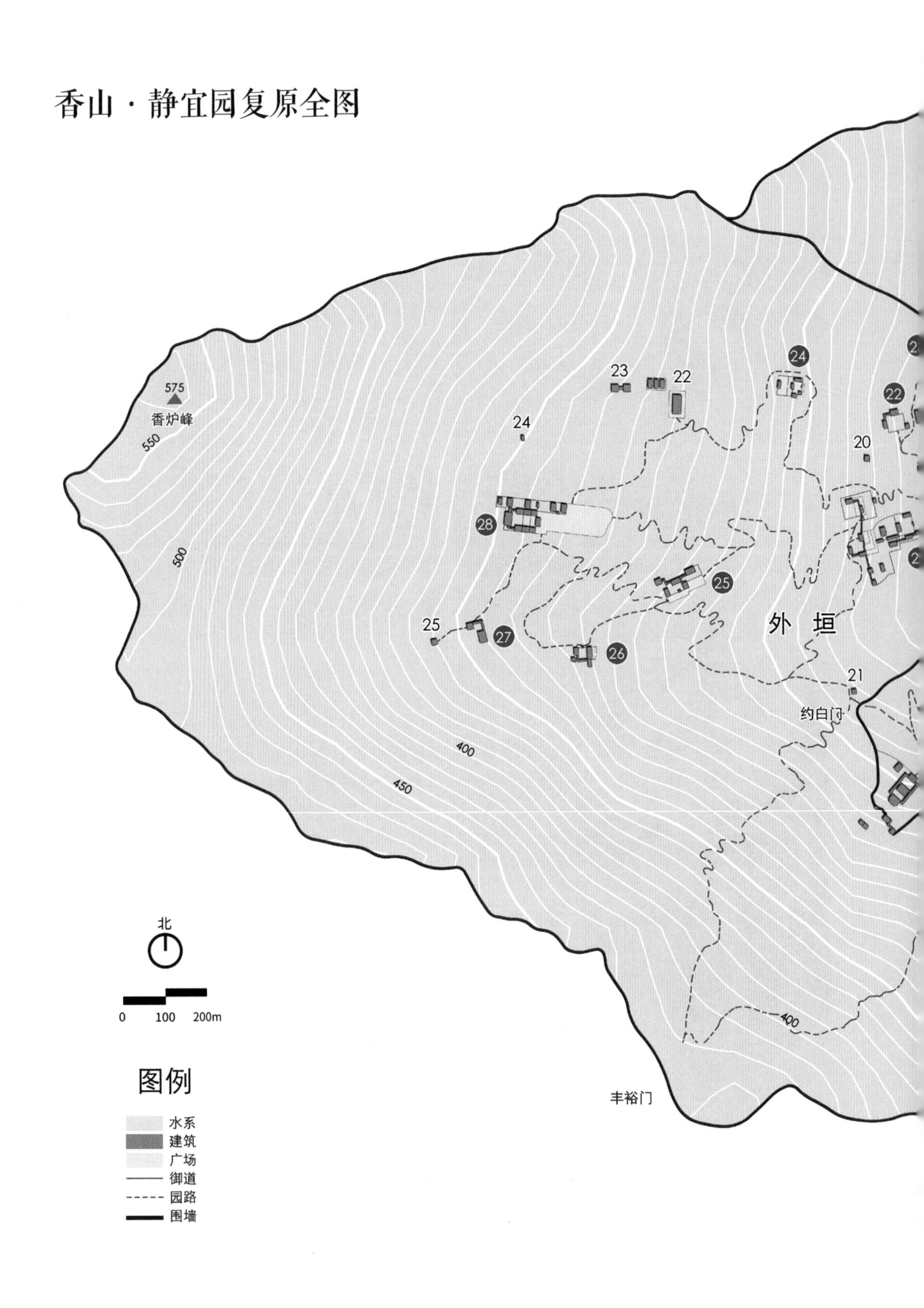

575
香炉峰
550
500
450
400
24
23
22
28
25
27
26
20
21
外垣
约白门
丰裕门
北
0
100
200m
图例
水系
建筑
广场
御道
园路
围墙

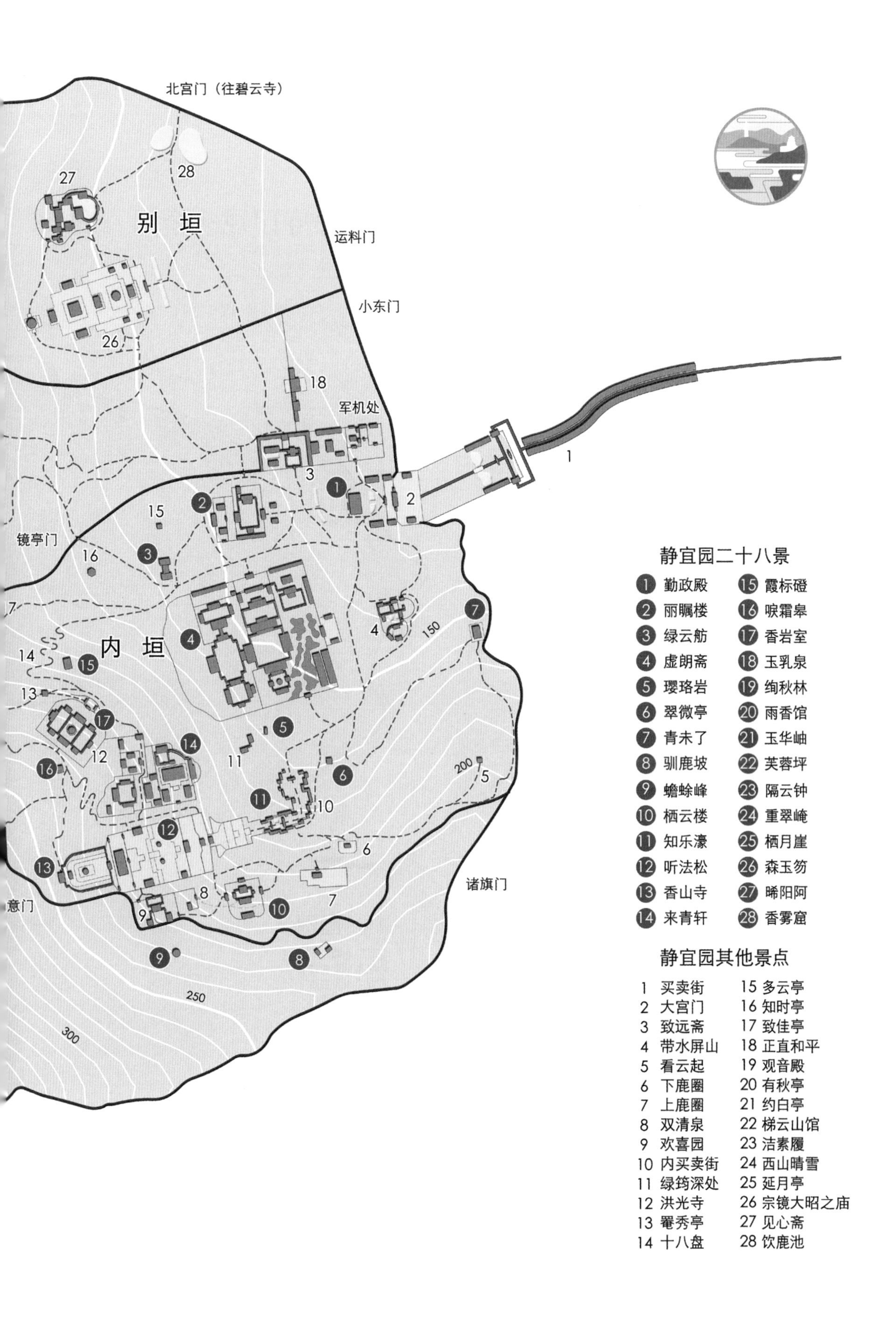
北宫门（往碧云寺）
别垣
运料门
小东门
军机处
镜亭门
内垣
诸旗门
意门
150
200
250
300
静宜园二十八景
1 勤政殿
2 丽瞩楼
3 绿云舫
4 虚朗斋
5 璎珞岩
6 翠微亭
7 青未了
8 驯鹿坡
9 蟾蜍峰
10 栖云楼
11 知乐濠
12 听法松
13 香山寺
14 来青轩
15 霞标磴
16 唳霜皋
17 香岩室
18 玉乳泉
19 绚秋林
20 雨香馆
21 玉华岫
22 芙蓉坪
23 隔云钟
24 重翠崦
25 栖月崖
26 森玉笏
27 晞阳阿
28 香雾窟
静宜园其他景点
1 买卖街
2 大宫门
3 致远斋
4 带水屏山
5 看云起
6 下鹿圈
7 上鹿圈
8 双清泉
9 欢喜园
10 内买卖街
11 绿筠深处
12 洪光寺
13 霍秀亭
14 十八盘
15 多云亭
16 知时亭
17 致佳亭
18 正直和平
19 观音殿
20 有秋亭
21 约白亭
22 梯云山馆
23 洁素履
24 西山晴雪
25 延月亭
26 宗镜大昭之庙
27 见心斋
28 饮鹿池

香山 · 静宜园现状全图（2022 年）

静宜山居

乾隆八年（1743年）的一天，弘历在郊游中首次来到祖父曾驻跸过的这座园林，没想到他立刻就爱上了这里的美景。看到康熙帝题写的匾额还悬挂在来青轩，弘历就感觉仿佛看到了爷爷慈祥的面容。自那时起，每逢春秋的闲暇之日，他都要来香山游览，同时还在酝酿着一个宏伟的计划——那就是继扩建圆明园后，将整座香山连同寺庙和行宫打造成为一座举世无双的山地宫苑，独享这里的千年文化胜迹。

乾隆十一年（1746年）的正月，香山 · 静宜园正式设立，全园占地面积156.5万平方米。“静宜”与祖父命名的“静明”仅有一字之差，乾隆帝在园记中将它的哲学寓意阐述为“本周子之意，或有合于先天也”，意思是根据周敦颐的哲学理念，与万物本源之思想产生一定的应和。而对于大兴土木这个“敏感的话题”，尽管乾隆帝解释道“非创也，盖因也”（大意是并不是由他创造，而是借着前人的基础）、“恐11k没侍从之臣或有所劳也”（乾隆帝《静宜园记》）（大意是体恤侍从们劳累），但事实上，园中除几座大型寺庙和宫廷建筑，大多数景点全部是由他一手主持设计和建造的。

为了规划整座静宜园，乾隆帝首先将现有的香山行宫、香山寺、来青轩、洪光寺这几座分布较为集中的景点连同玉乳泉等几处泉眼一起，用围墙圈入到“内垣”的范围——这是宫廷及宗教活动的主要区域，占地面积约为34万平方米，林泉之美、佛宇仙宫与生活居所三者兼备，实为最佳处。

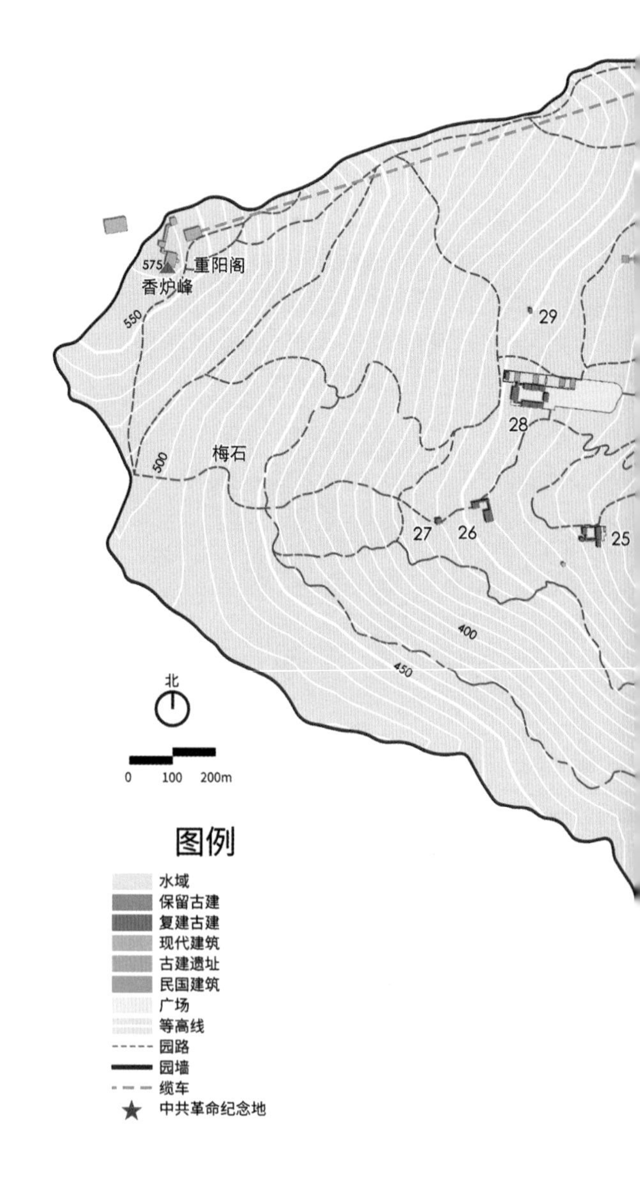

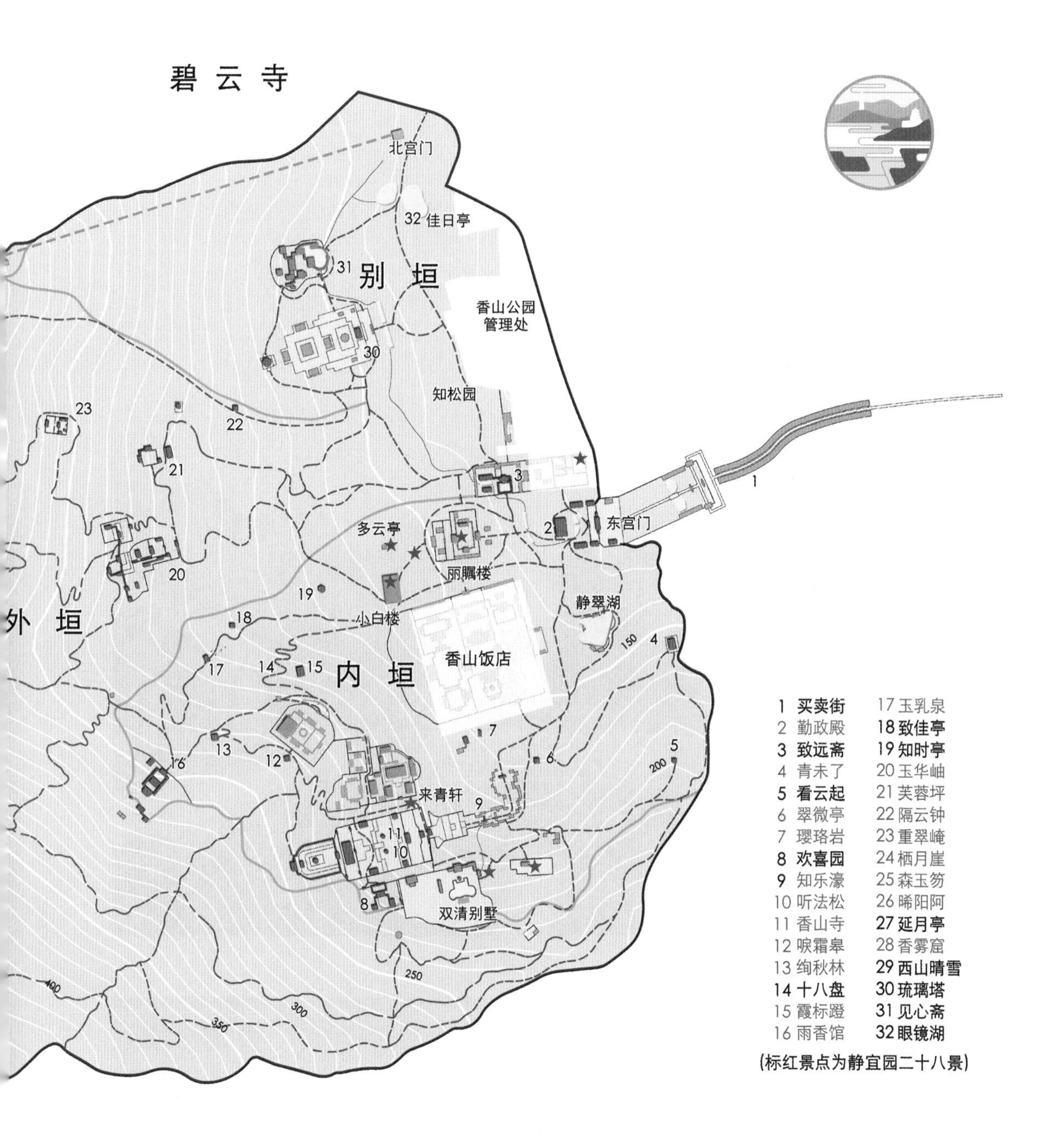

1 买卖街
2 勤政殿
3 致远斋
4 青未了
5 看云起
6 翠微亭
7 璎珞岩
8 欢喜园
9 知乐濠
10 听法松
11 香山寺
12 唳霜皋
13 绚秋林
14 十八盘
15 霞标蹬
16 雨香馆
17 玉乳泉
18 致佳亭
19 知时亭
20 玉华岫
21 芙蓉坪
22 隔云钟
23 重翠崦
24 栖月崖
25 森玉笏
26 晞阳阿
27 延月亭
28 香雾窟
29 西山晴雪
30 琉璃塔
31 见心斋
32 眼镜湖

(标红景点为静宜园二十八景)

接着他在内垣以西更高的山腰至香炉峰顶的区域，将多座山中巨石或山洞所在的区域圈入到“外垣”的范围之中，这是主要是用于欣赏自然景观、品尝雪水的区域，占地面积约为104.5万平方米，是内垣的3倍之多。同时因山势险峻而且占地庞大，人工建造的景点就显得微不足道，主要以小型而灵活布置的院落来体现，并用曲折的山路将这些相距较远的景点连接。

最后，他还在紧邻外垣北侧的山麓处，于乾隆三十四年（1769年）和四十五年（1780年）相继兴建了名叫正凝堂（见心斋）的山中水院，以及一座融合了汉藏风格的大佛寺——宗镜大昭之庙，再次扩大了全园的范围，该区域被称为“别垣”，占地面积约为18万平方米。静宜园的三垣格局就此定型。

乾隆十一年（1746年）的春天，乾隆帝迫不及待地来到刚刚完工的静宜园，以28个充满诗意的三字词语为题为这些早就构思好的景点逐一赋诗，于是著名的“静宜园二十八景”就此形成，这28首诗歌就成为了今天我们解读造园思想最真实的资料之一。

在内垣景区中，康熙时期建造的香山行宫被扩建为帝后的寝宫区——虚朗斋，寓意只有虚心才能够洞察万物，这是一种对自己的忠告；而整座园林的正门和正殿不再位于虚朗斋，而是被向北偏移了200米，围绕东西向的轴线布置了规整的静宜园宫门和勤政殿。把主殿命名为“勤政”，乾隆帝自称这是为了效法祖父和父亲分别在瀛台和圆明园设勤政殿，因此自己即便是来到静宜园游赏，也不能耽误国家政务。

见心斋秋景

勤政殿秋景，颐和吴老摄

勤政殿内的陈设复原

清·宫廷画师绘·《香山静宜园全貌图》（中国第一历史档案馆藏）

勤政殿后以一组高耸的假山作为屏障，用于与其他区域分隔。但即便是穿过曲折的山路向上走，也会发现这一根轴线仍然对西侧山坡上的丽瞩楼、绿云舫、知时亭有所控制。绿云舫这座以“舫”命名的房屋其实并不像一艘船，也不像江南园林那样建在水中，而是模仿避暑山庄“三十六景”中的云帆月舫建造。乾隆帝认为，这与水中的舫一样能够达到“水能载舟亦能覆舟”的警醒效果。

避暑山庄云帆月舫旧影

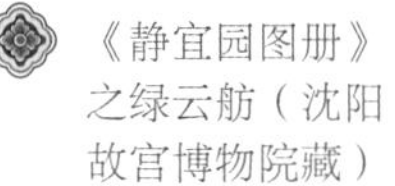
《静宜园图册》之绿云舫（沈阳故宫博物院藏）

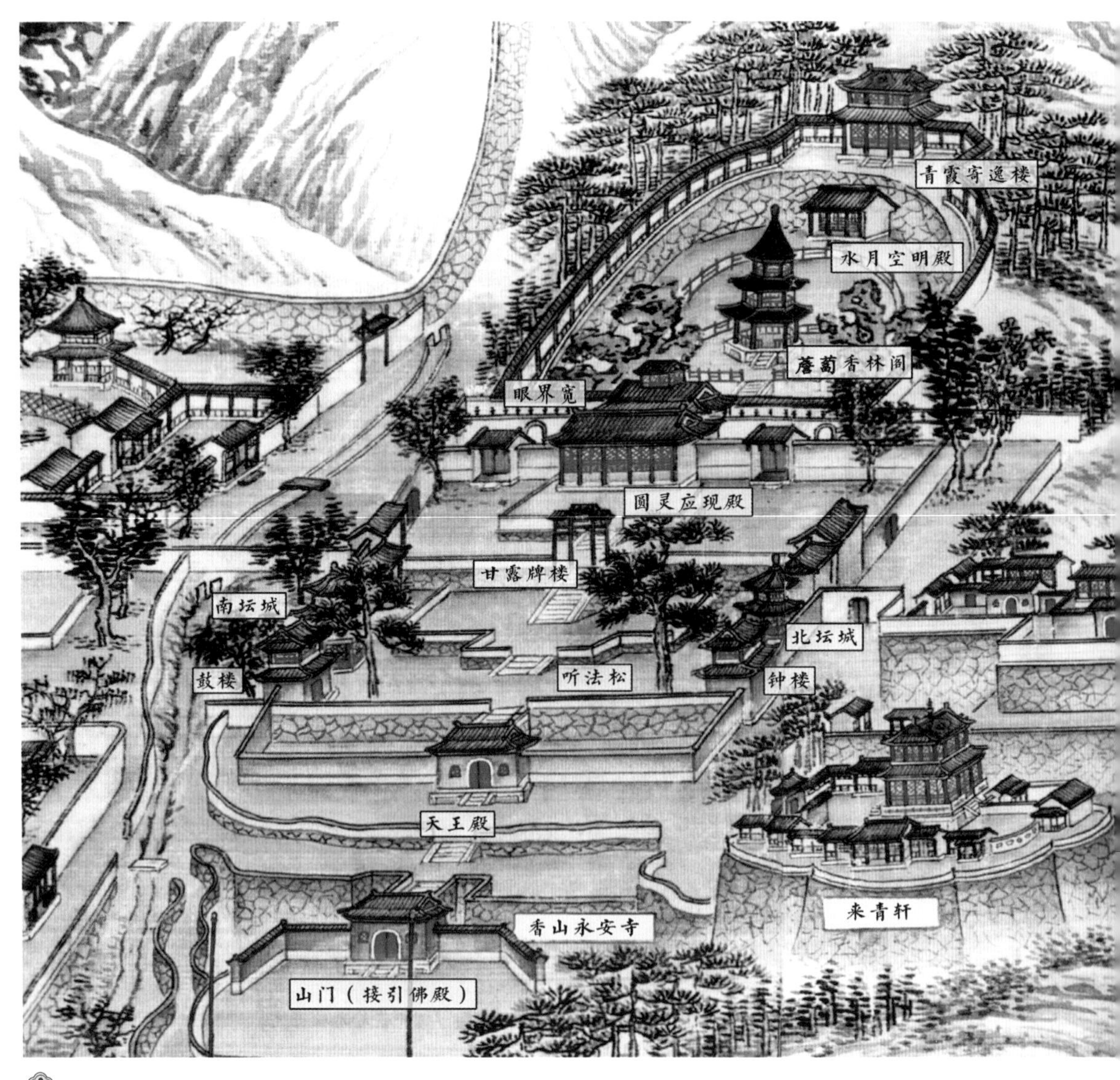

清·宫廷画师绘·《香山静宜园全貌图》中的香山寺

内垣的几座寺庙以香山寺为代表，反映出中国北方园林寺庙的艺术特色。寺庙选址在香山南部的一个幽静的山谷之中，整体坐西朝东，依地势而建。与通常由几重院落构成的寺庙有所不同，从山下到山上，它包含了买卖街、寺庙以及园林3个部分。乾隆帝创造性地扩建并丰富了寺庙的内容，使其总占地面积超过了3万平方米。

买卖街在清代最早出现在康熙时期的畅春园、雍正时期圆明园舍卫城（佛城）的入口，后来又在长春园、清漪园等皇家园林中多次出现——这种特殊的商业街虽然包含了售卖各种商品的店铺和民间的小寺庙，看似与京城中的没有什么区别，但它们并不具备实际的商业功能，而是一种类似于“浸入式体验”的场景布置。这一传统早自东汉时就开始在皇家宫苑中流行，由包括皇帝在内的各种宫廷人员来扮演市井中的不同角色，满足了帝王想要暂时放下至高无上的阶级地位、体验民间生活的一种特殊心理需求。

买卖街后是一座五层台地的寺庙和园林，其落差超过了50米，乾隆帝赞美道：“依岩架壑，为殿五层，金碧辉映。”（乾隆十一年《香山寺》诗序）当游人怀着憧憬的心情拾级而上时，一定能深刻地感受到这一设计的独特之处。圆灵应现殿坐落在高台上，是寺庙部分最高、也是最宏伟的建筑，它的面积超过了700平方米，色彩斑斓的琉璃瓦在阳光下显得异常绚烂，令人产生佛国仙境的幻觉。但热爱造园的乾隆帝还没有就此“收手”，为了进一步增强寺庙的气势、使它还能成为西山的一处地标，并在此眺望远山及平原，他大胆地将寺庙的轴线继续向山顶延伸，使它依次穿越门殿——眼界宽及三层楼阁——薝蔔香林[8]，还利用陡峭的爬山廊[9]连接了山巅的楼阁青霞寄逸，带来了扣人心弦的视觉冲击和登高体验。

8 佛经中记载的一种花。色黄，香浓，树身高大。

9 古建筑中一种结合地势而建造的游廊。

复建后的香山寺后苑

清·宫廷画师绘·《静宜园图册》之《绚秋林》（沈阳故宫博物院藏）

清·宫廷画师绘·《静宜园图册》之《玉乳泉》（沈阳故宫博物院藏）

清·郎世宁绘·《东海驯鹿图》（台北故宫博物院藏）

如果说香山寺这种人工景观代表了巧夺天工的园林和建筑艺术、反映出鲜明的政治取向或宗教信仰，那么静宜园中更具特色的，就是内垣和外垣中多处规模小巧并能够欣赏自然奇观的景点。

绚秋林虽然仅是一座单体的亭子，但在此可欣赏“深秋霜老，丹黄朱翠”（乾隆十一年《绚林秋》诗序）的银杏、枫树等秋色叶植物还有叠翠、萝屏等山间巨石。

唳霜皋、驯鹿坡曾用于饲养海鹤、驯鹿[10]这些进贡而来的珍禽异兽。

蟾蜍峰、森玉笏、朝阳洞等景点都是中国风景名胜区中常见的奇峰、异石或幽洞，这些景名反映出古人丰富的想象力。

霞标蹬、十八盘则突出了山路的曲折和陡峭，仅在山间的高台上修筑了一座开敞的建筑用于短暂休息。

雨香馆、栖月崖及位于最高处的香雾窟、竹炉精舍则是以欣赏雨、月、雾、雪等不同的气候变化为主题，同时还能使游者得到“人以足所至为高，目所际为远，至此可自悟矣”（乾隆十一年《香雾窟》诗序）的精神享受。

此外，静宜园也十分注重将园外的风景纳入观赏范畴，这是古典造园中“邻借”的手法。例如，向东可眺望玉泉山和京城的青未了[11]位于全园最东侧的园墙旁，其景名取自唐代诗人杜甫的名句——“岱宗夫如何，齐鲁青未了”（《望岳》），寓意虽然这里不是泰山，但在此可以领略到相似的意境；巧合的是，后来乾隆帝在玉泉山的西面修建了一座祭祀泰山的宫殿。位于外垣最北端的隔云钟并非指钟，而是指在这个小亭之中可聆听园外碧云寺、十方普觉寺（即卧佛寺）、甚至是觉生寺（即大钟寺）等远近寺庙的钟声，具有浓厚的禅意。

“每静夜未阑，晓星欲上，云扃[12]尚掩，霜籁先流，忽断忽续，如应如和，致足警听。”

（乾隆十一年《隔云钟》诗序）

特别值得注意的是，静宜园中景点的选址与引水紧密相关。生活起居离不开用水，静宜园建园之前的大量寺庙选址在此，也正是因为水。

静宜园内垣区的南侧和西侧主要靠双清泉、璎珞岩和玉乳泉三处泉眼，为欢喜园、香山寺、知乐濠、虚朗斋等景点供水。而为了解决北侧勤政殿一带缺水的问题，乾隆帝命人在山地架设人工水渠，耗费巨大人力物力，从800多米以外的碧云寺卓锡泉引水。

在引水的同时，为了最大程度地利用泉水创作景观，他们将碧云寺一路的泉水通过山下的眼镜湖（饮鹿池）存蓄，同时分别通过正凝堂的湖面、昭庙的月牙河流入到勤政殿以北的韵琴斋：泉水在此因为落差发出声响，使这座建筑得到了“韵琴”这个高雅的称号；最后再经过水渠，形成瀑布跌入到勤政殿旁的水池中。这条水系一路串联了多个景点和不同形态的湖

10 分别指一种原产东亚热带雨林的盔犀鸟及原产黑龙江的鹿。

11 “未了”指尚未结束。

12 扃音jiōng，指云朵之间的缝隙。

森玉笏夏景（复建）

韵琴斋前的掇山瀑布

璎珞岩的掇山瀑布及清音亭

清·宫廷画师绘·《二十七老游香山图》局部（台北故宫博物院藏）

面，本是水利工程，但由于在建造时融入了艺术化的处理方式，因此格外凸显了古人高超的造园技艺。

类似的手法也发生在不远处的香山寺附近，蟾蜍峰下双清泉的泉水依次流经欢喜园、栖云楼、知乐濠，再汇入璎珞岩的泉水，一同穿过山麓的带水屏山后流出静宜园的园墙——这些景点都因为流经的泉水而变得灵动而各具特色，外加被乾隆帝赋予了深厚的文化内涵，园林的艺术价值得到了极大的提升。

乾隆帝常来静宜园小住几日，据统计他在位期间累计驻跸72次，驻留时间约220天。静宜园得天独厚的地势条件和林泉之美，还使它成为了皇家两项重要活动的举办地——重阳节登高和“三班九老会”祝寿活动。

乾隆十一年（1746年），乾隆帝曾陪伴母亲崇庆皇太后一同参与在静宜园举办的重阳登高节。此时恰逢秋天，园中的秋景又一次地给他留下了深刻的印象，如乾隆五十八年（1793年）他在诗中赞美道：“翠柏丹枫争助景，紫萸黄菊弗孤香。”在秋天可欣赏的植物美景可见一斑。乾隆二十六年（1761年），这个源自唐宋时期的庆典活动在清王朝的皇家园林中再次上演。为了庆贺皇太后的七十大寿，乾隆帝邀请了27名70岁以上的大臣，分成在朝文臣、在朝武臣和退休大臣3班、每班9位，赐予他们游赏静宜园的机会，这是为表彰他们奉献朝廷的一种至高无上的荣誉，27位老人的年龄之和竟达到了2103岁！十年以后的1771年，适逢皇太后80岁万寿庆典，该活动再次盛大举办，老人们的总年龄也有2082岁之多。乾隆四十二年（1777年）皇太后去世后，三班九老会就再没有举办过。

玉泉品茗

乾隆十四年（1749年）起，帝都北京一项庞大的水利工程在万寿山和昆明湖所在的位置正式启动（详见第三节：从清漪园到颐和园），玉泉山·静明园作为最重要的水源地，也迎来了一次“华丽升级”的契机，而它的总设计师，就是几年前刚刚扩建完静宜园的乾隆皇帝。

根据文字记载，康熙时期的静明园可能只包含了玉泉山南部的山腰及山麓的位置，规模比较有限。乾隆帝经过勘查发现，环绕玉泉山竟有6个泉眼呈“U”字形分布，并且汇聚成了几个小湖面；此外山顶上竟然也有泉水涌出，这令他倍感欣喜。于是，为了保护水源地的生态，并且满足自己热衷于造园和游园的喜好，他决定围绕泉眼大做文章；同时，山中还有很多古寺和古洞的遗存，借此机会还能够大兴宗教，可谓一举两得。

乾隆十八年（1753年）的六月，也是他首次南巡的两年之后，乾隆帝为静明园钦定了“十六景”并赋诗。虽然这时还没有全部完工，但他早已确定了设计方案，这16处景点中有6处和泉水有关[13]。根据地质学的研究，玉泉山的泉水之所以如此丰沛，得益于它是西山附近地下含水岩层的唯一露头点，其源头位于十几公里之外，地下水只能通过这里的裂缝或者溶洞涌出。玉泉水流量甚大，并且在冬天也不枯竭，古人赞美它为“灵源浚发，奇征趵突，是为玉泉”（《钦定日下旧闻考》），它是三山五园乃至整个北京城最关键的泉水。园中最具代表性、水量最丰沛的泉眼——“玉泉”，就位于玉泉山南部朝东的山根处，它自然形成了一座天然湖泊；乾隆帝延续了早期的布局，并将这里作为静明园的核心地带，布置了“十六景”中的五处景点：廓然大公、芙蓉晴照、玉泉趵突、圣因综绘、翠云嘉荫。

作为一座皇家园林，静明园按照畅春园、静宜园的旧例，首先应该具备的就是布局规整的大门以及帝王办公的宫廷区。于是乾隆帝通过一条南北向的轴线，依次布置了宫门、内外朝房以及园中的正殿——廓然大公，用程颢的名句“君子之学，莫若廓然而大公，物来而顺应”（《河南程氏粹言》卷二《心性篇》）进行自勉，寓意追求开阔的心胸和顺应万物的心态，与“圆明园四十景”之一同名。它与后殿涵万象用游廊围合成了一组院落，同时满足了向外接见大臣和向内欣赏林泉美景的需求。

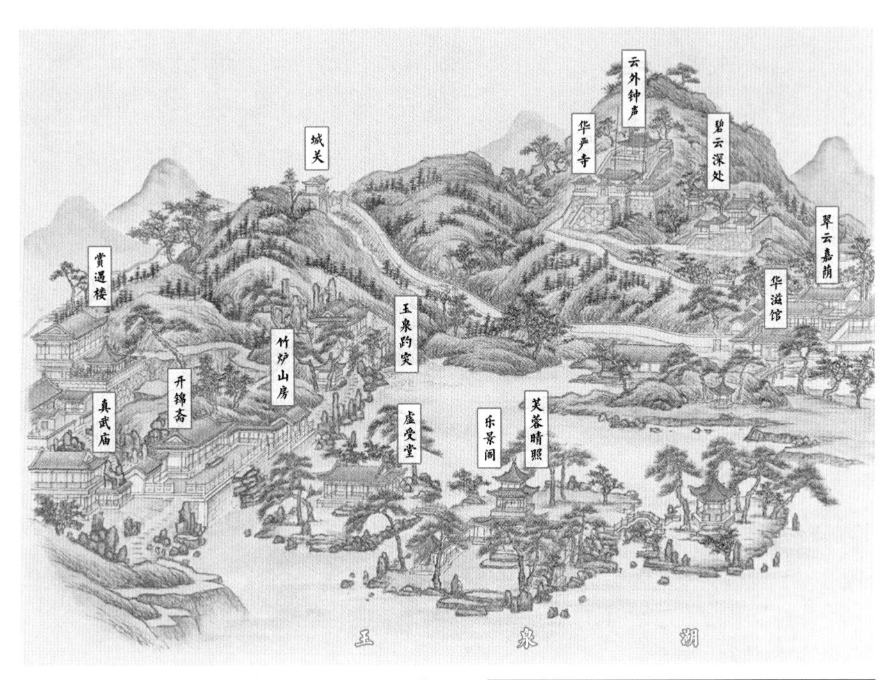

清·宫廷画师绘·《燕山八景图册页》之《玉泉趵突》（故宫博物院藏）

13 “十六景”中与泉水直接相关的景点为：玉泉趵突、竹炉山房、溪田课耕、裂帛湖光、镜影涵虚、峡雪琴音。

玉泉山·静明园复原全图

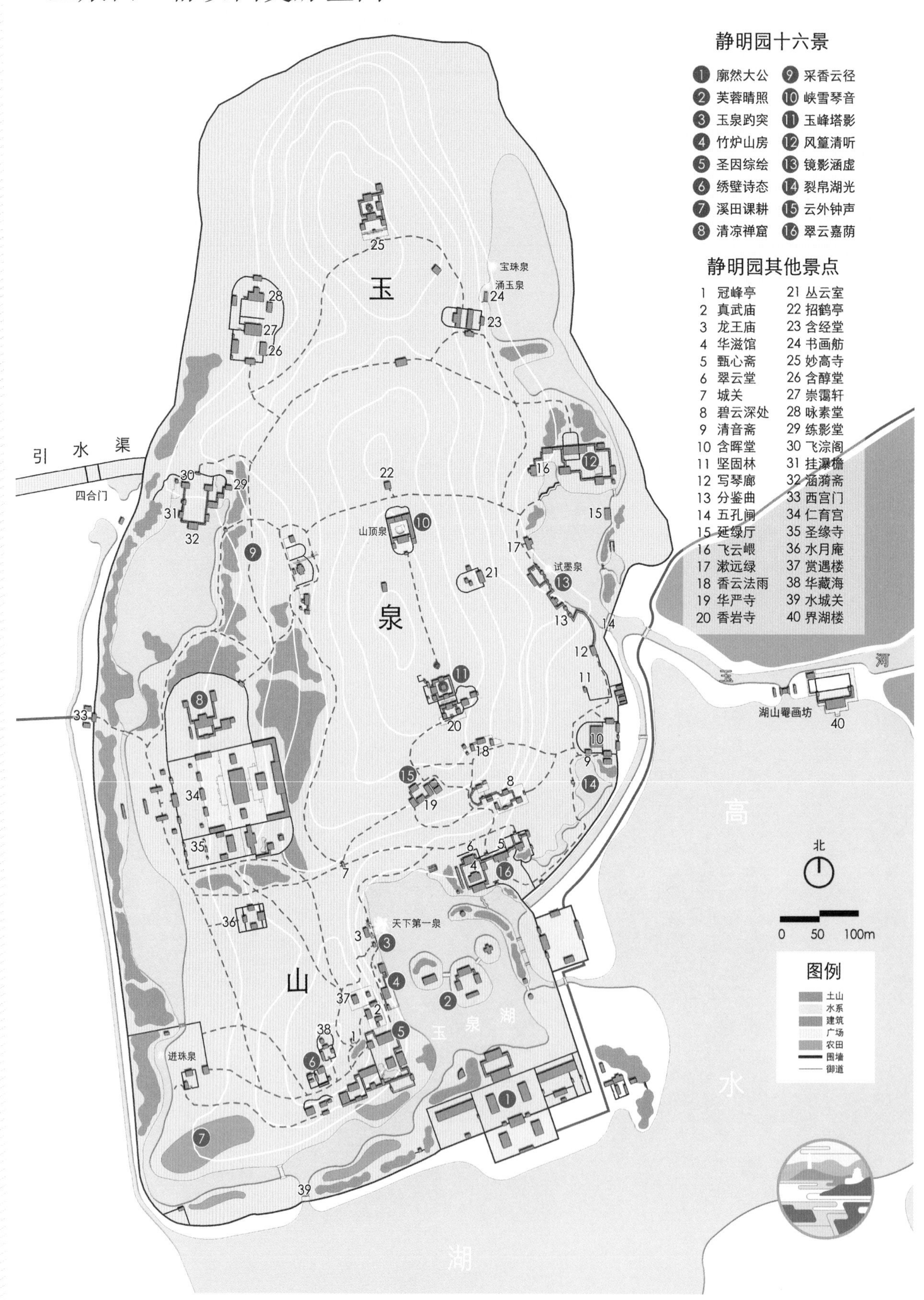

静明园十六景
1 廓然大公
2 芙蓉晴照
3 玉泉趵突
4 竹炉山房
5 圣因综绘
6 绣壁诗态
7 溪田课耕
8 清凉禅窟
9 采香云径
10 峡雪琴音
11 玉峰塔影
12 风篁清听
13 镜影涵虚
14 裂帛湖光
15 云外钟声
16 翠云嘉荫
静明园其他景点
1 冠峰亭
2 真武庙
3 龙王庙
4 华滋馆
5 甄心斋
6 翠云堂
7 城关
8 碧云深处
9 清音斋
10 含晖堂
11 坚固林
12 写琴廊
13 分鉴曲
14 五孔闸
15 延绿厅
16 飞云嵲
17 漱远绿
18 香云法雨
19 华严寺
20 香岩寺
21 丛云室
22 招鹤亭
23 含经堂
24 书画舫
25 妙高寺
26 含醇堂
27 崇霭轩
28 咏素堂
29 练影堂
30 飞淙阁
31 挂瀑檐
32 涵漪斋
33 西宫门
34 仁育宫
35 圣缘寺
36 水月庵
37 赏遇楼
38 华藏海
39 水城关
40 界湖楼
玉
泉
山
引 水 渠
四合门
宝珠泉
涌玉泉
山顶泉
试墨泉
天下第一泉
进珠泉
玉泉湖
玉 河
湖山罨画坊
高
水
湖
北
0 50 100m
图例
土山
水系
建筑
广场
农田
围墙
御道

民国年间的溪田课耕及垂虹桥旧影

民国年间的玉泉湖西岸旧影

玉泉湖中分布有一大两小三座岛屿，被命名为芙蓉晴照。但它的得名既与荷花（别称“水芙蓉”）没有关联，也不是延续了金章宗建造的芙蓉殿旧称，只是因为在乾隆帝的眼中，玉泉山在阳光的照耀下好似一朵青莲花。三座岛屿象征神话故事中的三座仙山——蓬莱、方丈和瀛洲，其建筑格局与圆明园的蓬岛瑶台相似：中间的大岛是对称布局的乐景阁，而东西两岛仅点缀一亭一榭。

由于玉泉湖距离山体很近、平地的范围较小，因此仿自无锡惠山茶室而建的同名景观竹炉山房、仿自杭州西湖圣因寺行宫的圣因综绘和祭祀真武大帝的真武庙这几组建筑群沿着玉泉湖的西岸呈“一”字紧凑地排布，乾隆帝将他临时休息的寝宫布置在湖北岸一组坐北朝南的院落之中，并命名为翠云嘉荫，是因两棵相传种植于金代的“古栝”（推测为桧柏）而得名。

为了更好地观赏山脚的其他几处泉水以及湖景，自东北至东南，在宝珠泉、涌玉泉、试墨泉、裂帛泉这几个充满诗意的泉眼旁，和几座狭长的湖面两岸，分布有多处画舫、水榭、亭子、游廊等造型各异的小型建筑组合，并像康熙帝题写的清音阁一样，拥有延绿厅、漱远绿、写琴廊等带来视觉和听觉上联想的景名。而在山的西侧，重视农耕的乾隆帝在园中开辟了两块占地12亩（约8000平方米）的稻田，并由迸珠泉的泉水进行灌溉，起名溪田课耕。如此一来，所有的山泉都能够在流入农田或蓄水湖之前，通过园林造景的手段而被“好好地”欣赏一番，与静宜园的布局手法有相似之处。

中国的茶文化历史悠久，古人认为用泉水泡茶是一种味觉和精神上的享受，因此为了追求更高的境界，他们常常用味道是否甘甜、重量是否轻盈以及能否延年益寿这三条标准来衡量泉水的优劣，并且总结出了“质轻者味必甘”（乾隆帝《天下第一泉记》）的结论。

民国年间“天下第一泉”旧影

清代竹炉（故宫博物院藏）

对于自己宫苑中的这样一处名泉，乾隆帝自然要认真地衡量一番：他派人前往帝国各处的名泉，用相同的银斗进行称重，结果发现除了比不上西山上的融化的雪水，果然玉泉山的泉水是全国最轻的，就连济南的珍珠泉、无锡的惠山泉、镇江的金山泉、苏州的虎丘泉和杭州的虎跑泉等地的水都要比玉泉水重上几两几厘[14]——这个结论足以驳倒唐代茶学家陆羽（733—804年）和刘伯邹（生卒年不明）的观点，并认为他们“非臆说，亦惜其不但未至塞上伊逊，并且未至燕京”，意思是假如他们来过北京，就肯定会改变对“第一泉”的结论。那么，“天下第一泉”的荣誉称号自然非玉泉水莫属了。于是，距离玉泉不远处的竹炉山房就成为他品茶的专用场所，为此他还特别命人模仿制作了无锡的竹制茶炉，以获得像江南文人一般高雅的体验，从御制诗“调水无烦远，名泉即在旁”“瓶罄何须虑？松鸣真是凉”（乾隆十八年《竹炉山房》诗）这几句不难感受到他心满意足的心情。

14 古代重量单位，1斤等于16两或16000厘。

自万寿山向西眺望峡雪琴音，颐和吴老摄

除了享用茶水，乾隆帝还做了值得注意的两件事情。首先，他在园中游赏时发现，包括他自己过去的时候，没有真正来过玉泉山的人们常把这处景观誉为“燕京八景”之一的玉泉垂虹，形容泉水像瀑布一样从高处流下。但实际上，玉泉与趵突泉一样都是从地下涌出，若用“垂虹”二字来形容未免太过夸张了。于是，为了避免后人以讹传讹，他将景名更名为玉泉趵突，并将两个题名刻在了石碑上以昭示后人。另外，乾隆帝认为，之所以玉泉山的水日夜不停地涌出，造福自己的国家和人民，一定是因为得到了神明的护佑。于是，为了感激上天赐予的“功德无双水”，他在泉眼旁的高台之上，专门修建了一座龙王庙，将龙王封为“惠济慈佑龙王”，并频繁至此祭拜。

除了山下有泉水喷涌而出，山顶上也不例外。值得关注的是，一座专门用于欣赏山顶泉的院落建在了中、南两座高峰之间——名为峡雪琴音，其布局类似于避暑山庄的青枫绿屿。这个景名既说明了泉水自石“峡”中涌出，泉水宛如“雪”，还强调了由泉水带来的声音宛若“琴音”；实际上，这里还是向东眺望清漪园和广袤稻田的一处绝佳的赏景地，东侧开敞的房屋正说明了这一设计意图，向西的另一侧则仅仅是什锦窗装饰的围墙。

为了进一步地增大西郊的蓄水量，从而保障下游的用水安全，乾隆帝还通过人工建造的引水石槽，将4公里外香山、碧云寺和樱桃沟附近的大量山泉引到了静明园的湖中。他还利用高差，在这里设计了一座

专门观赏瀑布和湖景的园中之园——涵漪斋，其中就包含了紧邻瀑布的挂瀑檐、飞淙阁以及临湖的溪山真意等大小建筑，而他的一句“偏幡飞瀑挂檐端，盈耳悠扬满志寒”（乾隆帝《挂瀑檐》诗）正是描写这一景观的生动写照。毫无疑问，西山泉水的注入为玉泉山带来了更加丰沛的水资源，并使园中的景色更加引人入胜。

规划完围绕泉水展开的景点之后，便是佛教和道教的寺庙了。原有的华严寺和华严洞位于半山腰，建筑形制较为单调。若从新开拓的昆明湖东岸向玉泉山眺望，除了山体本身，也毫无亮点可寻。在南巡时，镇江的金山寺给乾隆帝留下了深刻印象，那座寺庙和高耸的慈寿塔矗立在长江南岸的山坡之上，被称作“山被寺裹”“塔拔山高”的艺术手法，为什么不能借鉴金山寺来设计北京的静明园呢？于是乾隆二十四年（1759年），在静明园外的南侧和东侧，一个占地面积达50多万平方米的大湖面——高水湖和一座依山而建的香岩寺同时完工，寺庙的北侧还耸立了一座7层8面的密檐式定光塔，高度达50米。

巨大的湖面荡漾着玉泉山和佛塔的倒影，这番场景与镇江有着异曲同工之妙，是写仿造景中的一处佳作。湖中的影湖楼作为整个静明园的对景，可以泛舟到达并在此观赏玉泉山的全景。与此同时，坐落于接近山巅位置的定光塔无疑成为了整个三山五园地区的新地标之一，无论是从东面的清漪园、圆明园一带还是西面的静宜园，所欣赏到的风景都离不开这座宝塔的凸显。虽然乾隆帝前期计划将它修成“浮图九层”（乾隆十八年《玉峰塔影》诗序），后来不幸受到了万寿山延寿塔意外的影响，不得不减少了2层的高度（详见后文：从清漪园到颐和园），但这座宝塔由于整体的视觉美和稳固性而在后来被证明是一个点睛之笔。此外，碧云深处、香云法雨、云外钟声（华严寺）三处寺庙建筑群依山而建，烘托出了香岩寺的整体气势。

玉泉山上的寺庙群远眺

15 在这场战争后，缅甸成为臣服于朝廷的藩属国，但该关系在19世纪时期中期随着西方入侵而停止。

16 一种由纯砖石结构建造的宗教建筑。

玉泉山巅的妙高寺及香岩寺定光塔，颐和吴老摄

仁育宫遗址旧影（1878年）

乾隆三十六年（1771年），玉泉山的北高峰上出现了一座融合汉式和缅甸式的寺庙和宝塔——妙高寺和妙高塔，它们是两年前远征缅甸木邦土司叛乱[15]而建的纪念物。妙高寺虽然仅有一进院落，但它使玉泉山的风景实现了“各占峰头有窣堵”（嘉庆帝《该妙斋戏题》诗）的南北均衡构图，寺的北端还点缀有一座重檐方亭（名扶云亭），可在此眺望对面山上的藏式碉房群。

此外，园中还有两座不太起眼的小佛塔，一座位于山南端的矮坡上，是华藏海寺中的汉白玉塔；另一座是位于山西面圣缘寺中的琉璃塔，它们造型不同，而且一座洁白素雅，一座五彩斑斓，也使静明园有了“塔山”的民间称谓。

乾隆帝还将泰山与玉泉山联系到了一起。东岳泰山被誉为“五岳独尊”，自秦始皇开始的几十位帝王都前往祭祀或封禅，是中国传统文化中山岳崇拜的一个典型代表。在农耕时代，人们很容易就将“滋液渗漉，泽润神皋”的玉泉水与代表着生命之源的神山泰山自然而然地联系到了一起，认为它们“功用广大正同”。但泰山毕竟“去京师千里而远”（《御制玉泉山东岳庙碑文》），即便想去感谢神明也没有那么方便，于是乾隆帝主持在玉泉山西面的平地上修建了一座“规制崇丽”的寺庙宫殿——仁育宫，占地面积大约2万平方米，接近于玉泉湖的面积。主建筑供奉“东岳天齐大生仁圣帝像”，题匾“苍灵赐禧”，其后还有一座无梁殿[16]玉宸宝殿，供奉着“昊天至尊玉皇大天尊玄穹高上帝像”。

乾隆帝《天下第一泉记》（节选）

原文　尝制银斗较之京师，玉泉之水斗重一两，塞上伊逊之水亦斗重一两，济南珍珠泉斗重一两二厘，扬子金山泉斗重一两三厘，则较玉泉重二厘或三厘矣。

译文　（我）曾经制造过银质的斗（对水进行称量），（以将其他地方的水）和京师作比较，玉泉山的水计重为1两，塞上依逊的水计重也为1两，济南珍珠泉计重为1两2厘，镇江金山泉计重为1两3厘，相比起玉泉山的水就重了2厘或3厘了。

原文　至惠山、虎跑则各重玉泉四厘，平山重六厘，清凉山、白沙、虎丘及西山之碧云寺各重玉泉一分。

译文　至于无锡惠山泉、杭州虎跑泉的水，比起玉泉山的水要重了4厘，直隶平山的泉水计重为6厘，山西清凉山、湖南白沙、苏州虎丘以及西山的碧云寺的泉水分别比玉泉山重了1分。

原文　是皆巡跸所至，命内侍精量而得者，然则更无轻于玉泉之水者乎？曰有为何泉？曰非泉，乃雪水也。

译文　凡是我所巡游过的地方，我都命令内侍（对水）进行精确的称量得出结果。然而就没有比玉泉山的水更轻的吗？有的话是什么样的泉水呢？——（这种水）不是泉水，是雪融化后的水。

原文　常收积素而烹之，较玉泉斗轻三厘。

译文　我经常收集积雪然后进行烧煮，和玉泉山的水相比轻了3厘。

原文　雪水不可恒得，则凡出山下而有冽者，诚无过京师之玉泉。

译文　雪水无法经常获得，而那些凡是从山中流下且清冽的水，实在没有比京师的玉泉之水更（轻）的了。

原文　昔陆羽、刘伯刍之论，或以庐山谷帘为第一，或以扬子为第一，惠山为第二，虽南人享归之论也，然以轻重较之，惠山固应让扬子。

译文　从前，以茶学家陆羽、刘伯刍的观点来看，要么以庐山谷帘的泉水为第一，要么以镇江金山的泉水为第一，惠山泉为第二，虽然这是南方人享用品尝（茶水）的观点，但用轻重来比较的话，惠山泉的确是亚于金山泉的。

原文　具见古人非臆说，而惜其不但未至塞上伊逊，并且未至燕京。若至此，则定以玉泉为天下第一矣。

译文　（这就）可以看出古人并不是臆想胡说，只是可惜的是，古人们不仅没有到达过塞上伊逊，并且（连）北京（也）没有来过。如果（他们）来了这个地方，肯定就会把玉泉山的水确定为天下第一泉了。

原文　近岁疏西海为昆明湖，万寿山一带率有名泉，溯源会极，则玉泉实灵脉之发皇德水之枢纽，且质轻而味甘，庐山虽未到，信有过于扬子之金山者，故定名为天下第一泉，命将作崇焕神祠以资惠济，而为记以勒石。

译文　近年来我派人疏导西湖（拓展）成昆明湖，万寿山一带到处都有名泉，追溯（泉水的）源头，那么玉泉确实是灵脉的起点、功德水的枢纽了，而且（它）质地轻盈、口味甘甜，虽然没有与庐山（谷帘的泉水）比过，（但）它确实要比扬子江金山的泉水好，所以我定下它的名字为“天下第一泉”，还命人修建供奉的祠堂以感念（玉泉）的灌溉之恩，并将此事记载在石碑上。

八景传承

自辽金时代起，香山和玉泉山的文化积淀和影响力在帝王、权贵、文人等一大批文人士大夫的不懈努力下愈加深厚。清朝鼎盛时，园林的范围甚至包含了整座山、并为皇家所独享。这两座园林特殊的地方在于，虽然是依托自然而建，但其中的景点却远远超过了自然山水的范畴，更像是一个经过全方位“包装”之后的名胜区：大小景点、各路神佛、楹联匾额、诗文题刻、陈设收藏充斥其中，丰富多样的政治、祭祀和游赏活动不断开展……这代表着中国古人欣赏和改造自然的方式，这也标志着他们将山水文化发挥到了极致。

当然，这并不是仅凭几代清朝皇帝的努力就能够实现的，而是依靠几个朝代近千年的文化积淀和皇家雄厚的财力支持，燕京八景的不断演变就是最好的说明。起源于金章宗游幸山水时的诗词雅兴，又经过元、明、清三代包括皇帝在内的文人对它不断的赞美和吟咏，“燕京八景”终于在乾隆十六年（1751年）时正式定型，乾隆帝还用碑刻来标识出它们的具体位置和所谓的“官方解读”。

从西山积雪、西山霁雪到西山晴雪，仅一字之差的三个词汇却描绘不同的雪景（另有一种说法认为该景描述的是漫山遍野的杏花之景）；从玉泉垂虹到玉泉趵突，两个词都描绘出了泉水不同的形态，但留给人的想象空间也是完全不同的。或许在乾隆皇帝眼中，只有在晴天欣赏银装素裹的西山才是最美，只有雪停了才能上山烹雪煮茶从而享受人间之极乐，只有将玉泉的名字和真实形态进行匹配才能让他的内心安宁。历史遗产当然需要得到保护和传承，但同时，随着这座城市的发展，能够代表它的“八景”也好、“十景”也罢，必然不是一成不变的，或许有些景点的消失只是顺应了历史规律，没有必要为它们感到过分哀伤，我们需要做的就是顺应时代的步伐“题点”出属于这个时代的新景观。

“燕京八景”各时期的名称演变

朝代	名称
金代	太液秋风、琼岛春阴、道陵夕照、蓟门飞雨、西山积雪、玉泉垂虹、卢沟晓月、居庸叠翠
元代	太液秋波、琼岛春阴、道陵夕照、蓟门飞雨、西山霁雪、玉泉垂虹、卢沟晓月、居庸叠翠
明代	太液晴波、琼岛春云、道陵夕照、蓟门烟树、西山霁雪、玉泉垂虹、卢沟晓月、居庸叠翠
清代·康熙	太液晴波、琼岛春云、道陵夕照、蓟门烟树、西山霁雪、玉泉流虹、卢沟晓月、居庸叠翠
清代·乾隆	太液秋风、琼岛春阴、金台夕照、蓟门烟树、西山晴雪、玉泉趵突、卢沟晓月、居庸叠翠

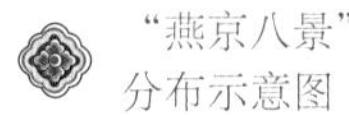
“燕京八景”分布示意图

清·宫廷画师绘·《燕山八景图册页》之《西山晴雪》(故宫博物院藏)

玉泉趵突

爱新觉罗·弘历(1751年)

西山泉皆伏流,至玉泉山势中豁,泉喷跃而出,雪涌涛翻,济南趵突不是过也。向之题八景者目以垂虹,失其实业。爰正其名,且表天下第一泉,而为之记。

玉泉昔日此垂虹,史笔谁真感慨中。
不改千秋翻趵突,几曾百丈落云空!
廓池延月溶溶白,倒壁飞花淡淡红。
笑我亦尝传耳食,未能免俗且雷同。

西山晴雪

爱新觉罗·弘历(1751年)

西山峰岭层叠,不可殚名,因居京师右辅,故以西山概焉。高寒故易积雪,望如削玉。今构静宜园于香山,辄建标其岭志之。

久曾胜迹纪春明,叠嶂嶙峋信莫京。
刚喜应时沾快雪,便教佳景入新晴。
寒村烟动依林袅,古寺钟清隔院鸣。
新傍香山构精舍,好收积玉煮三清。

人工山水之中的帝国心脏
——畅春园和圆明园

明园续梦/畅春境界/赐园兴盛/奉养太后/万园之园/多园依附/灾难笼罩

在本节中，您将了解到：

1. 畅春园是在明代哪座园林的基础上兴建的?
2. 为什么三山五园中园林名称很多都与“春”相关?
3. 圆明园最多时由哪五座园林组成?
4. 西洋楼是如何融汇中西方的传统文化的?
5. 英法联军为什么要火烧三山五园?

今天，海淀区以高等教育和科技创新而享誉世界，但鲜为人知的是，古代的海淀镇凭借优越的自然条件和发达的农业生产，同样闻名遐迩。“海淀”(又称“海甸”或“海店”)一词原本是指广袤的湖泊湿地，后来逐渐演变为地名，而这片古老而浩瀚的水域被称为丹棱沜[17]，康熙帝曾感叹道“沜之大，以百顷，沃野平畴，澄波远岫，绮合绣错，盖神皋之胜区也(《畅春园记》)”，可见它成为了海淀最具特色的自然风光，同时也是农业生产的必要保障。地理学家的研究表明，这里正是永定河过去的河道所遗留下来的水面，其湿地景观大约在距今2000年到3000年的时候就已经形成，而万泉庄一带地下的涌泉和自然的降水使这种景观得以维持。

华北地区旱地居多，中原人擅长农耕；而江浙一带水网密布，拥有先进的围湖造田技术。到了明代，海淀一带以水田为主的农业生产实现了大繁荣，甚至吸引了来自江南的农民至此耕种谋生。当社会经济发展到一定程度时，适宜的生态环境往往促进了园林的诞生。明万历年间(1572—1620年)，被封为武清侯的李伟权倾一时，与著名的书画家米万钟(米芾的后裔)在海淀镇的西北郊外，一西一东地建造了享誉一时的清华园和勺园，被清初官僚宋起凤誉为“京师园囿之盛”，世人还评价它们“李园壮丽，米园曲折；李园不酸，米园不俗”(《帝京景物略》)，意思是这两园虽然立地条件相似，但造园风格不同，而且均具有较高的艺术水准。

勺园是米万钟在京师的三座私家园林中最为著名的一座，寓意园林的规模与海淀一带广阔的水面相比，不过是“一勺”那么小，实际上大约有“百亩耳”(约6.6万平方米)，该园在当时是文人雅集的一个胜地；万历四十五年(1617年)时，米万钟曾亲自用一幅《勺园修禊图》描绘了勺园当时的园林景观。从布局来看，勺园的水域面积占地较大，但由于湖中分布有多个长堤、岛屿、桥梁而倍显曲折幽深，在此基础上可布置堂、楼、阁、舫、榭等大小形制各异的园林建筑，与江南园林十分相似。特别的是，园主不仅为勺海堂等建筑命名，还为园门或桥梁起了风烟里、文水陂、逶迤梁等充满诗意的名称，烘托了整体风格的素雅之美。相比之下，一路之隔的清华园常被人评价“钜丽之甚”，它不仅在占地规模上具有“方十里”(周长5000米)的压倒性优势，而且在长达“十数里”的水上游线中，可观赏到高楼敞宇、假山奇石、繁花异草和各种动物，可谓奢华至极。记述李园风光的诗歌中也不乏针砭之词，如阎尔梅在诗中讽刺到：“天子留心增府库，侯家随意损金钱。知他独爱园林富，不问山中有辋川。”

那么回过头来看，如果说金代“西山八大水院”是三山五园中园林的初创，那么明代出现的私家园林就已经开始向“成熟期”大步迈进了。此时在江南地区，以苏州、无锡等地为代表的私家园林也已经发展到了成熟的阶段，拙政园、艺圃、寄畅园等名园正是在这时诞生。

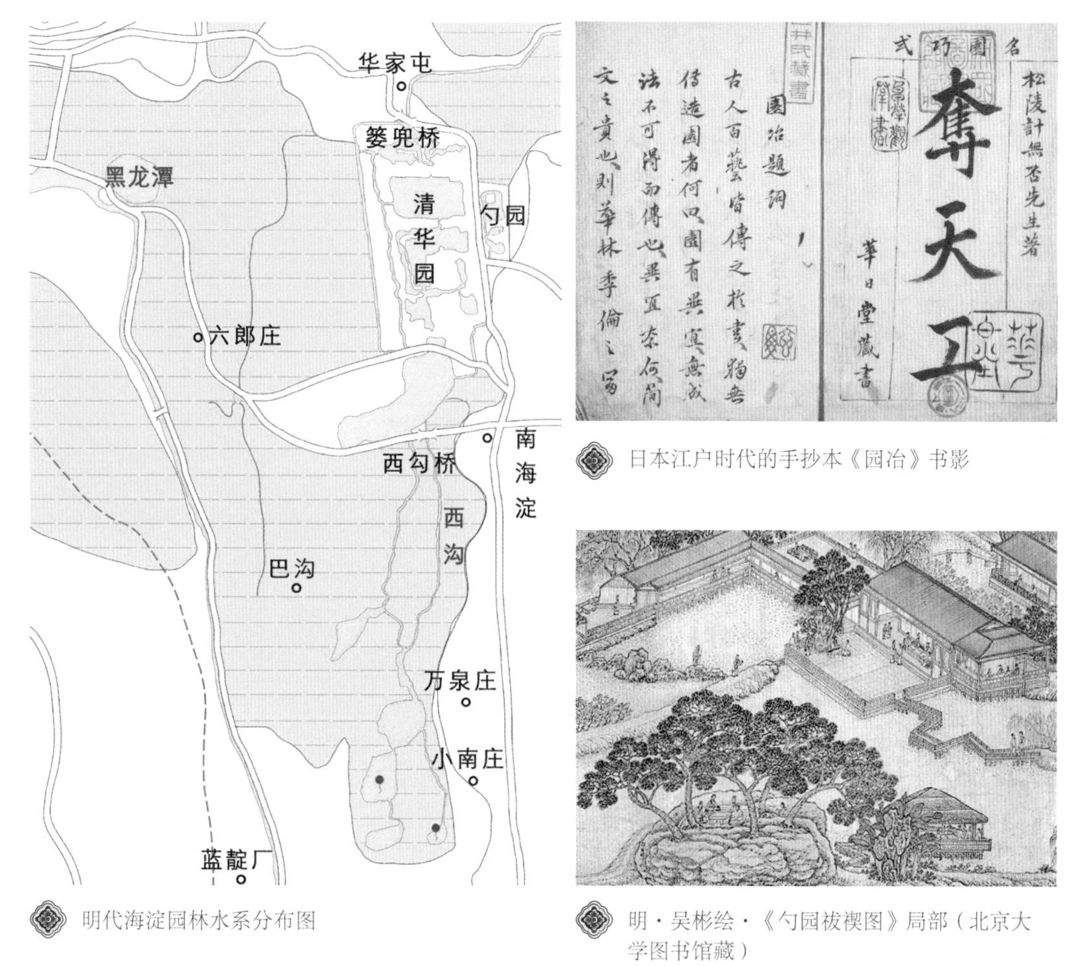

明代海淀园林水系分布图

日本江户时代的手抄本《园冶》书影

明·吴彬绘·《勺园祓禊图》局部（北京大学图书馆藏）

17 泮音pàn。

勺园和清华园与水院最大的区别，不是在于它们的规模大小，而是在于选址和手法。海淀丹棱沜一带地势平缓、水源丰富，若圈出一块适宜的范围并进行人工改造，应该具备很强的可塑性，但同时也对处理山水的手法提出了非常高的要求。相比之下，利用自然山地建造园林就没有这么高的可塑性了，毕竟古人对地形的改造能力十分有限，只能通过局部地削坡和垫高来满足建造房屋的条件，同时山园中也难以具备大范围的湖面和明显的层次感。米万钟和李伟两人，一位出身于艺术世家，另一位则财力雄厚，都毫不犹豫地选择在海淀镇旁的平原湿地中建造自家的园林。虽然清华园因为过于奢华而备受诟病，但总体来看，两园的艺术水平都十分高超，这离不开园林艺术的南北交融。江南的能工巧匠为北方带来了成熟的山水艺术理法，明代造园“哲匠”计成（生于1582年，卒年不详）所创作的《园冶》就是最具说服力的一部经典。

明园续梦

康熙二十三年（1684年），此时鳌拜及三藩之乱业已平定，饱受病痛折磨的康熙帝相中了明代清华园的旧址：这里距离海淀镇仅咫尺之遥，并且有前朝遗留的山水基础，在此建园则具备良好的地宜。于是他稍微缩减了园址范围，并用3年的时间建造了清代的第一座皇家离宫——畅春园，将国家的政治中心正式转移到了三山五园地区。从此之后，皇帝便长时间驻跸于此，也为这里带来了重大的发展机遇。因此说，畅春园的重要历史地位是五园中绝无仅有的。

紧接着，为了安排皇子们也居住在此，他还在西侧主持修建了附属于畅春园的西花园——在交通上，这两座园林都位于海淀镇西北的郊外，若沿着一条专门为皇家修筑的石板道行走，皇帝只需要行走12里（约7公里）的距离就可以到达京城。

康熙帝建造皇家园林时力求简朴，同时也是出于节约经费、避免非议的考虑，畅春园的山水和一部分植物沿用了明代清华园的残存。康熙帝在《畅春园记》中写道："爰诏内司，少加规度，依高为阜，即卑成池"，意思是诏告内务府，对旧园稍加规整，原先的高处就作为山、低处就作为水池，目的是减少工程量。果不其然，明代对清华园的描述和畅春园的布局非常相似，如"园中水程十数里，舟莫或不达，屿石百座，槛莫或不周"（《帝京景物略》），说明园中的水上游览体验非常丰富，点缀有上百座小岛或假山；又如"灵璧、太湖、锦川百计，乔木千计，竹万计，花亿万记，阴莫或不接"，则说明了奇石和植物品种之多，超乎了人们的想象。

即便如此，这里从一座以水景取胜的私家别业，转变为一座气势恢宏的皇家御园，畅春园的改造工程绝不仅仅是"修复"，而是倾注了康熙帝的很多心思。考虑到将要长期居住在此，于是他将皇宫里所有可能发生的活动和那些在皇宫无法开展的活动都植入到了畅春园之中，这些活动包括：

——理政办公、编纂书籍、养育皇子、宗教祭祀；
——颐养身心、观稼验农、检阅校射。

因此，这座85万平方米、水域面积超过一半的园林就成为了清帝国的新宫廷，与布局严整、气势恢宏的紫禁城相比，完全不属于同一个风格；但显而易见的是，园主人更加青睐园林中诗意般的生活。古人常把园林按照东、中、西的横向来划分，但实际上畅春园的布局是纵向展开的，宫廷区、前湖区、后湖区、北湖区由南向北依次布置，农耕区位于西侧呈狭长带状分布；园外西侧是皇子居住和读书的西花园，西北侧是空旷的马厂，用于检阅军队骑射。由于目前比较缺少康熙时期对畅春园的记载，目前仅能从它作为乾隆时期皇太后园时的资料来一窥它的迷人面貌。

清・宫廷画师绘・《康熙帝读书像》
（故宫博物院藏）

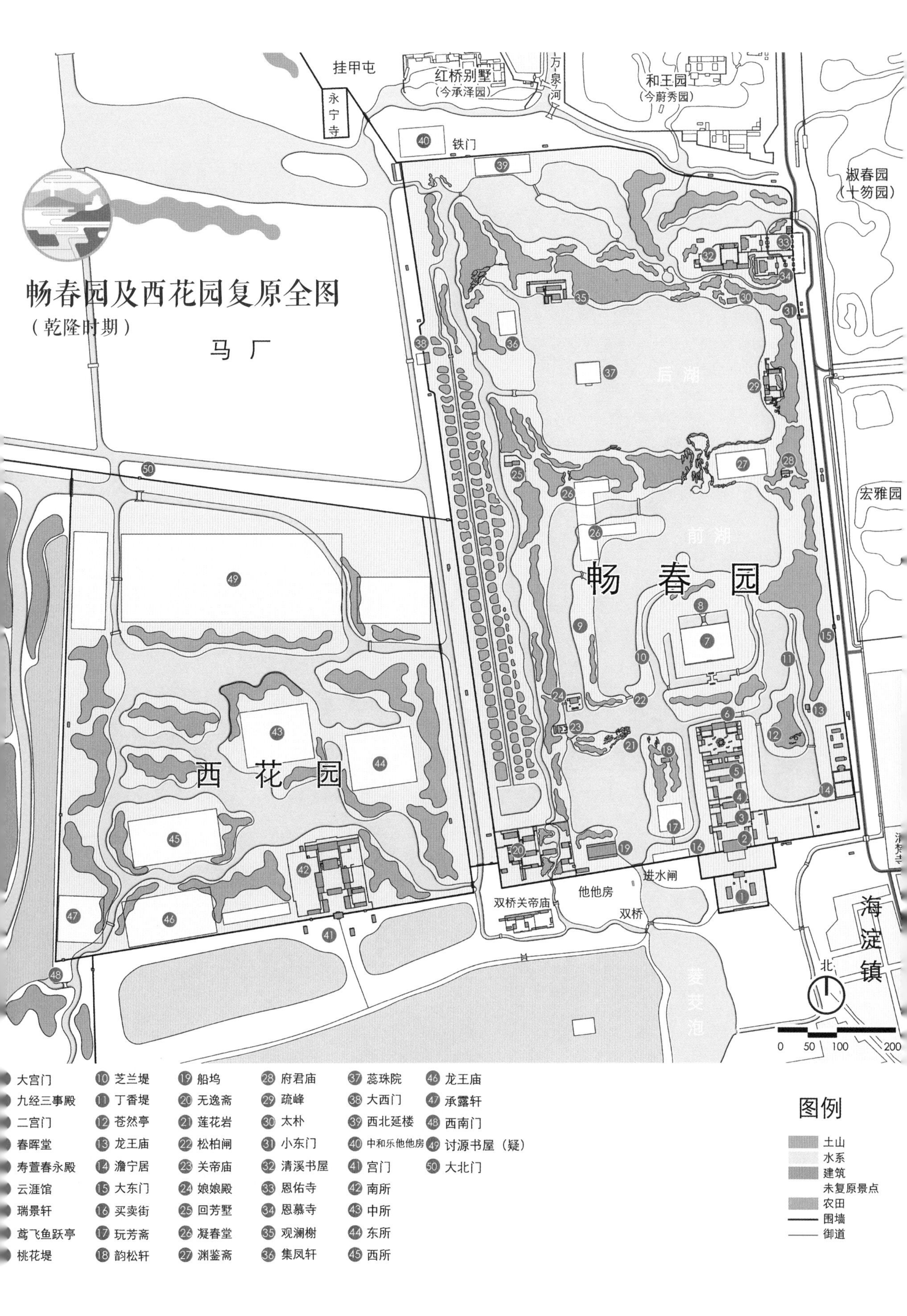

畅春园及西花园复原全图
（乾隆时期）
挂甲屯
永宁寺
红桥别墅
（今承泽园）
万泉河
和王园
（今蔚秀园）
铁门
淑春园
（十笏园）
马 厂
后湖
前湖
畅 春 园
宏雅园
西 花 园
进水闸
他他房
双桥关帝庙
双桥
菱茭泡
海淀镇
北
0 50 100 200
大宫门
九经三事殿
二宫门
春晖堂
寿萱春永殿
云涯馆
瑞景轩
鸢飞鱼跃亭
桃花堤
10 芝兰堤
11 丁香堤
12 苍然亭
13 龙王庙
14 澹宁居
15 大东门
16 买卖街
17 玩芳斋
18 韵松轩
19 船坞
20 无逸斋
21 莲花岩
22 松柏闸
23 关帝庙
24 娘娘殿
25 回芳墅
26 凝春堂
27 渊鉴斋
28 府君庙
29 疏峰
30 太朴
31 小东门
32 清溪书屋
33 恩佑寺
34 恩慕寺
35 观澜榭
36 集凤轩
37 蕊珠院
38 大西门
39 西北延楼
40 中和乐他他房
41 宫门
42 南所
43 中所
44 东所
45 西所
46 龙王庙
47 承露轩
48 西南门
49 讨源书屋（疑）
50 大北门
图例
土山
水系
建筑
未复原景点
农田
围墙
御道

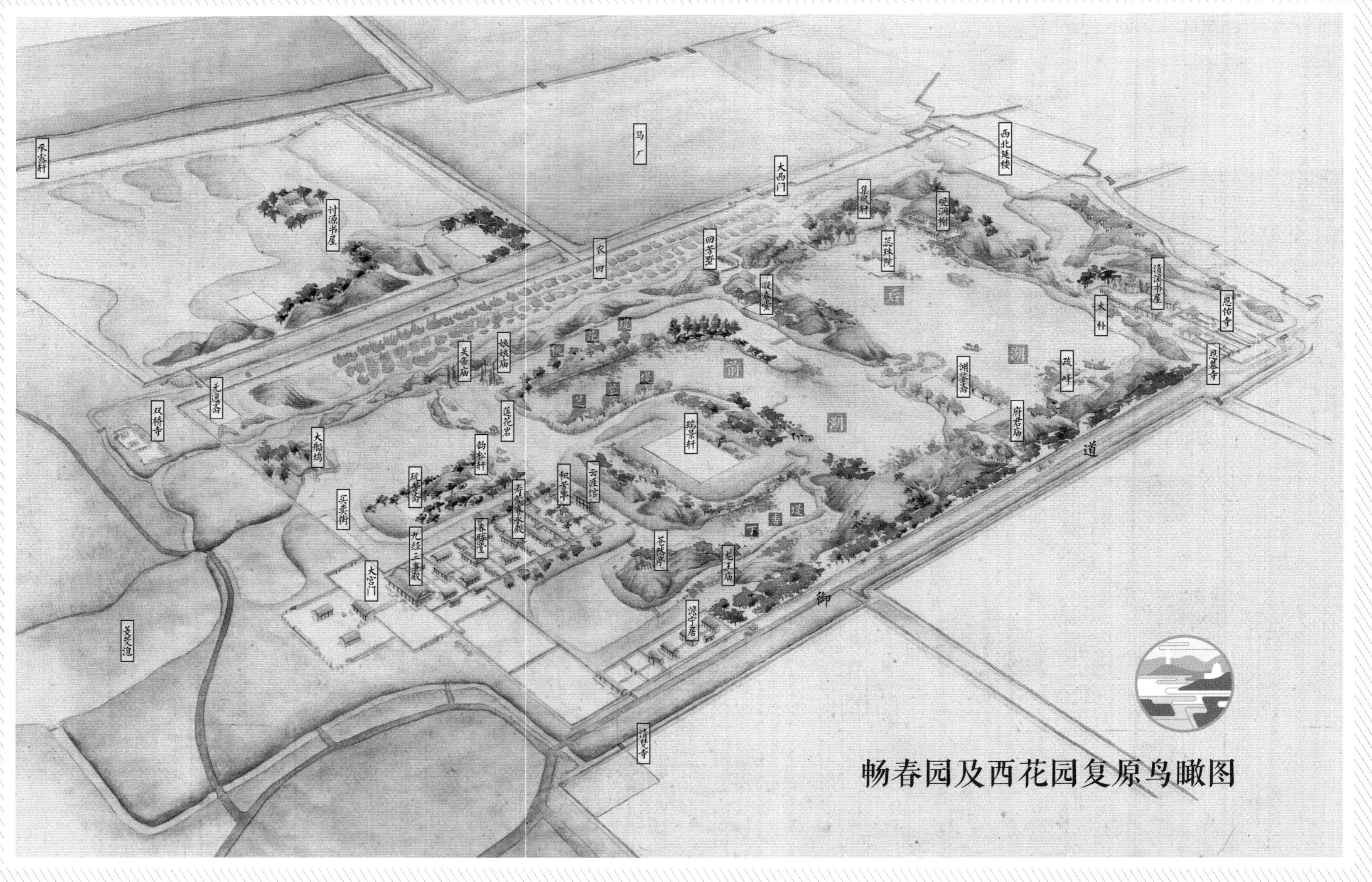
畅春园及西花园复原鸟瞰图
承露轩
讨源书屋
马厂
大西门
西北廷楼
集凤轩
观澜榭
农田
回芳墅
蕊珠院
凝春堂
清溪书屋
恩佑寺
恩慕寺
太朴
疏峰
渊鉴斋
府君庙
前湖
后湖
娘娘庙
关帝庙
无逸斋
双桥寺
大船坞
莲花岩
韵松轩
玩芳斋
瑞景轩
积芳亭
云涯馆
寿萱春永殿
春晖堂
九经三事殿
大宫门
买卖街
苍然亭
龙王庙
澹宁居
清梵寺
道
御

位于最南端、紧邻海淀镇的宫廷区主要围绕一条500多米的中轴线展开，外部有一条狭窄的小河将海淀镇与皇家禁地相分隔。从位于最外侧的大宫门、大影壁依次布置了九经三事殿（全园正殿）、春晖堂、寿萱春永殿、云涯馆、瑞景轩、延爽楼（该建筑为清华园遗构）等8进院落的十余座造型不一的宫廷建筑[18]，主要用于皇室的仪典活动和皇太后的日常起居[19]。虽然这些建筑的体量远远小于紫禁城中轴线上的宫殿，但这种布局手法依然很有皇家特色，能够很好地凸显皇家的威严。

令人意外的是，皇帝办公的场所位于中轴线东侧、紧靠园墙的一处较小的院落之内，名称非常“低调”——澹宁居，取自东汉诸葛亮（181—234年）《诫子书》中的名句“非淡泊无以明志，非宁静无以致远”。为什么皇帝不在中轴线上办公？一方面可能是康熙帝的母亲曾居住在此；另一方面可能是出于实用的考虑，便于在此接见从东门外前来朝见的群臣。虽然位置较偏，但它所处的环境十分别致：澹宁居西侧紧邻湖面，北侧的山坡上还点缀有剑山[20]和两座亭子；清风徐来时，这里一定令人感到非常舒适。

最令康熙帝满意的，可能要数他在清华园的前湖中设计的三条土堤——自西至东分别是桃花堤、芝兰堤和丁香堤。中国的植物文化深厚，他在畅春园这里就以三种特别的植物为土堤命名。桃花常与柳树搭配种在岸边，红绿相映、色彩绚烂；丁香花在春天时香气袭人，花团呈紫色或白色；“芝兰”象征品德高尚，可能是指水岸边的菖蒲等水生植物。由此可见，从视觉、味觉再到文化上的寓意，古人将这三条利用清淤出来的淤泥建造的土堤提高到了很高的艺术水准。后来，他还将避暑山庄中的长堤命名为芝径云堤，该堤在造型上与灵芝有几分相似。

前湖区还有一处重要的文化中心——位于前后湖之间的建筑群——渊鉴斋。他曾经组织文臣在此编纂了多部重要书籍，并亲自做序，如康熙三十五年（1696年）的《佩文斋耕织图》、康熙四十七年（1708年）的《佩文斋书画谱》《佩文斋广群芳谱》、康熙四十九年（1710年）的《古文渊鉴》《渊鉴类函》、康熙五十年（1711年）《佩文韵府》等等……这些带有“渊鉴”或“佩文斋”字眼的典籍，是康熙帝文治的重要见证，也为后世留下了宝贵的精神财富。

畅春园的后湖区以一个300米长、200米宽的大湖面为主景，景点分布于四周，并且均有土山环抱，显得较为私密，这里是作为皇帝居住和游赏的区域。因此，所谓的“前”“后”不光代表着方位上的差别，还有使用对象上的“内”“外”之分。沿湖的西岸、北岸和东岸依次布置有集凤轩、观澜榭、太朴和疏峰等几处小型建筑群，在湖中央的小岛上耸立着一座“水中杰阁”——蕊珠院，构成了整个区域的视觉焦点，它既是水中仙岛的一种象征，同时正如乾隆帝在诗中描述的“镜里岑楼号蕊珠，网轩四面远山图”（乾隆十三年《蕊珠院》诗）那样，是眺望远山的一个制高点。

这一区域最重要的宫殿，也是康熙帝的寝宫——清溪书屋就坐落在后湖区的东北。这组大型的四合院被土山环抱，前临清溪、后望北湖，无疑是一处低调而奢华的居所。但这里也到访过康熙帝身边一些特殊的人士，如外国传教士、罗马教廷派来的使节，以及亲近的大臣。他曾亲手为高士奇（1645—1704年）采下这里栽植的樱桃并赏与他品尝，可见君臣在朝堂之外十分亲近的关系（详见后文：高士奇赐游畅春园记）。

农耕区是畅春园中一个比较特殊的区域。清初一位名叫谈迁（1593—1658年）的文学家曾在《北游记》中记载到：“（清华园）莲欠菰蒲，兼以水稻”，意思是说园中栽植有各种在水中生长的植物，同时种植有水稻。这种将园林与生产相结合的模式并非清华园首创，但在畅春园这里，皇家本不需要依靠

18 普通北京民居的四合院仅为一进院或二进院，与皇家宫殿形成了鲜明反差。

19 “春晖堂”和“寿萱春永”都是乾隆皇帝为建筑题写的名称。

20 一种园林置石的品种，好似百官手持玉笏朝拜皇帝，在圆明园正大光明殿后也有类似的山石。

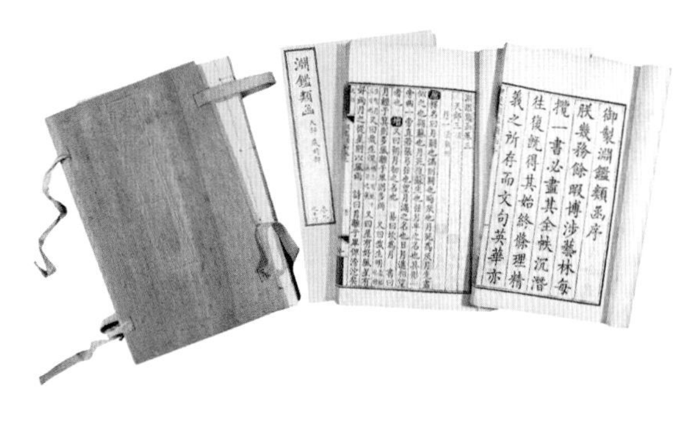

《御制渊鉴类函》（故宫博物院藏）

园林中的几块田地来供给日常餐饮，却还要将占地面积不小的田地保留下来并单独开辟成一个区域，正是出于清代帝王“以农为本”的治国思想。这里分布了多达102块种植了蔬菜、水稻和小麦的小田地，并利用一条长达600多米的灌溉水渠为它们提供水源。在此，康熙帝曾亲自在此查看引种的水稻，并在诗中记载了康熙三十九年（1700年）的盛夏时查看御稻米时的喜悦之情：“七月紫芒五里香，近园遗种祝祯祥。炎方塞北皆称瑞，稼穑天工乐岁穰。”（《畅春园观稻》诗）

西花园虽然园名比较简单，但这座全新的园林与畅春园相比，布局更加简约，也因此拥有更加清新自然的风光。大湖面中的3座岛屿和1座半岛使水面显得层次丰富，丰富的陆生和水生植物使园林饱含生机和适宜不同季节观赏的景色——这样的环境无疑是一处绝佳的修身养性之所。

皇子们居住在园中的南、东、中、西四所，但不同的是，皇太子胤礽（1674—1725年）曾居住在园北部规模较大的宫殿——讨源书屋。皇太子居所的位置优越，反映出森严的封建等级，但他“两立两废”的悲剧故事警示后世帝王公开册立太子的弊端。西花园刚刚建好后，康熙帝就用“春光尽季月，花信露群芳。细草沿阶绿，奇葩扑户香。寸心惜鬓短，尺影逐时长。心向诗书奥，精研莫可荒”（康熙帝《畅春园西新园观花》诗）表达了春花的繁盛与芳香，并由此联想到了芳华易逝，告诫皇子们应该珍惜时光。“讨源”寓意不断地讨求治国理政的心法，这里后来成为乾隆帝频繁光顾和思考的地方，他为此还专门作过一篇《讨源书屋记》。

康熙六十一年十一月十三日的戌刻（1722年12月20日的19:00~21:00），这位开创了中国古代最后一个盛世、缔造了三山五园中首座皇家离宫的帝王在畅春园离开了人世。

康熙帝去世后，胤禛顺利地登上了皇位，虽然民间很多流言说他是篡夺皇位，但史料明确地记载了康熙皇帝的传位遗言“皇四子胤禛人品贵重，著继朕登基”，这句简短的评价和决定一定是经过他长时间的观察和考验才得出的结论。

雍正元年（1723年），为了给父亲祈福，雍正帝在畅春园加建了一座佛寺——敬建恩佑寺。它的选址很有深意，就在先皇故居清溪书屋的东侧；同时在布局上，庙门就位于前往圆明园的御道旁，它坐西朝东、利用原有的清溪作为寺庙的内河，皇帝至此参拜时不必再进到畅春园内部。虽然这时距离他正式驻跸圆明园还有2年时间，但显然他已经为之后的日常祭祖活动提前做好了规划。雍正四年三月初十（1726年4月11日），康熙帝的“御容”画像被正式供奉在此，虽然它在乾隆初年被转移到了新建的圆明园的安佑宫（鸿慈永祜），但自雍正时起，帝王来恩佑寺行礼便成为了一个习惯。

清·宫廷画师绘·胤礽朝服像

清人绘·高士奇画像

高士奇（1645—1704年），字澹人，号江村，浙江钱塘（今杭州）人。能书善画，精于鉴赏，淹通经史。康熙十六年（1677年）经举荐以布衣身份入南书房，与康熙帝切磋诗词文章，并整理、鉴别宫中收藏，得到康熙帝“得士奇，始知学问门径”的高度评价。

右页的这段文字节选自高士奇的个人笔记《蓬山密记》，他以游记的形式，详细地描述了距今300多年前一次被康熙帝“赐游”畅春园的难忘经历，其中包含了游览的多个景点、所看到的壮美景象，甚至是君臣之间的对话，所包含的细节之多令人惊叹，是帮助我们了解畅春园及帝王园居生活的珍贵史料。

高士奇赐游畅春园记（节选）

康熙癸未[21]，三月十六日，臣士奇随驾入都。

十七日，至畅春苑[22]即命入内直。

十八日，恭祝万寿。

二十一日，御前内侍到直庐传旨："尔在内历有年所，与众不同。今日令尔遍观园中诸景。"随至渊鉴斋，上垂问许久。观四壁图书。转入暖阁，彝鼎古玩，西洋乐器，种种清迥。又至斋后，上指示所种玉兰腊梅，岁岁盛开。时，篆竹两丛，猗猗青翠，牡丹异种，开满阑槛间。国色天香，人世罕睹。左有长轩一带，碧櫺玉砌，掩映名花。前为佩文斋，上憩息之所。缥帙锦轴，陈列左右。亦指架上卷轴，示臣，曰："皆朕平日所书。近日南巡赐去五百余幅，尚存二千余幅"。又至一处，堂室五楹，上刻《耕织图》，并御制《耕织图》序及诗[23]。仰见我皇上深宫燕寝，不忘小民之依。

随上登舟，命臣士奇坐于鹢[24]首，缓棹而进，自左岸历绛桃堤、丁香堤。绛桃时已花谢，白丁香初开，琼林瑶蕊，一望参差。黄刺梅含英耀日，繁艳无比，麋鹿埠鹿驯卧山坡，或以竹篙击之，徐起立视，绝不惊跃。初出小鹤，其大如拳，孔雀、白鹇、鹦鹉、竹鸡，各有笼所。凤头白鸭，游戏成群。上曰："人传此种味美，食之有益，然朕爱其洁白，从未烹食，不知其味"。臣士奇曰："皇上仁心，推恩万物，无微不至"。白雁笼近水侧，饮啄自如。上谓臣曰："塞外雁有六种，此乃另一种。在塞北极远，霜未降时，始入内地。瓯脱之人[25]，用占霜信。"

过延赏楼、淳约堂亭台相映。蕊珠院向为回楼周廊，今易高楼七楹，中皆轩厂，陈设古玩。上命臣登楼，楼梯宛转，凡四曲折，乃登不觉其高。遥望西山，若在檐左。楼下牡丹益佳，玉兰高茂。上曰："闻今岁花开极繁"。登舟沿西岸行，葡萄架连数亩，有黑、白、紫、绿及公领孙璪璪[26]诸种，皆自哈蜜贡来。上命各取数枚与臣尝之。谕曰："可将竹篮悬挂，令干，归遗尔母。"

过观澜榭，上曰："尔尚能记此地否？"臣云："尚忆创造时大略。"少顷，至东岸，上命内侍引臣步入山岭，皆种塞北所移山枫、婆罗树[27]，其中可以引纤，可以布帆，隔岸即万树红霞处。桃花万株，今已成林。上坐待于天馥斋，斋前皆植腊梅，梅花冬不畏寒，开花如南土。

转入观剧处，高台宏丽，四周皆楼，设玻璃窗。上指示壁间西洋画令观。复至雅玩斋，所列彝鼎[28]、古磁、汉玉、异珍、书画之类，咸命观之。古色满前，应接难遍。赐武彝蕊茶毕，谕令："且退。数日后，再命汝来观。"登舟棹船，二女皆淡红衫，石青半臂漾舟，送至直庐。是日所经，即内侍少疏远者，亦不能至也。

畅春

渊鉴斋

21 即康熙四十二年（1703年）。

22 即畅春园。

23 详见专题9：图解《御制耕织图》中的23个步骤。

24 鹢音yì，泛指船。

25 指守卫边疆的士兵。

26 璪音zǎo，本意为像玉一样的石头，这里指葡萄品种名。

27 指七叶树。详见后文：全面写仿。

28 指古代祭祀时盛酒的器具，彝音yí。

畅春境界

中国古代文人非常重视给园林起名。“清华”二字是形容园中景物秀丽、“水木湛清华”（谢混《游西池》），那么“畅春”是否也在描绘园中的美景四季如春呢？康熙帝在《畅春园记》中给出了答案：

“既成而以畅春为名，非必其特宜于春日也。夫三统之迭建，以子为天之春，丑为地之春，寅为人之春，而易文言称乾元统天，则四德皆元，四时皆春也。”

这句话的意思是：园林的景观不是一定要特别适宜春天观赏。结合董仲舒（公元前179—前104年）[29]的“三统循环[30]”说法以及《易经》中“乾元之气贯穿天道运行过程”的思想，那么则“元、亨、利、贞”这四德均可圆满，这样一来一年的四季就都是“春天”。

“先王体之以对时育物，使圆顶方趾之众各得其所，跂行喙息之属咸若其生。”

“光天之下，熙熙焉，皞皞焉，八风罔或弗宣，六气罔或弗达，此其所以为畅春者也。”

由此可知，这是康熙帝希望在太平盛世之中，在合适的时节培育合适的品种，人们能够各得其所、安居乐业、精神舒畅，八方所吹来的风和自然中的六种气候变化没有不通畅到达的。可见汉文化底蕴深厚的康熙帝在畅春园这里寄托了对天下万物美好的愿景，这在高度上远远超过了明朝时清华园赞美园景的意趣。这样的思想在同时期还影响了他赐予皇三子胤祉的园林——“熙春园”，这个名字甚至与康熙的年号有一字相重，这是否在暗示他在位的时候真正能够实现上文所述的“春”之境界呢？

康熙帝的子孙们可能领悟到了这一思想，将“春”字代代相传，在园林的命名上体现得尤为突出。举例来说，雍正帝为弘历赐予了“长春居士”的号，进而促使乾隆帝将圆明园中自己在皇子时期的居所命名为“长春仙馆”，将后妃的寝宫命名为“天地一家春”，后来为退位后养老居住的园林命名为“长春园”，为圆明园的两座新建附属园林分别命名为“绮春园”和“春熙院”；嘉庆帝为绮春园景点题名时也包含了“春”字，如“敷春堂”。此外，圆明园周边赐园的名称也受到了影响，如“淑春园”“近春园”等等。可见，这样一个命名上的特色反映出了皇家这一处于社会顶层的家族最美好的愿景，当然也有对长寿的向往。

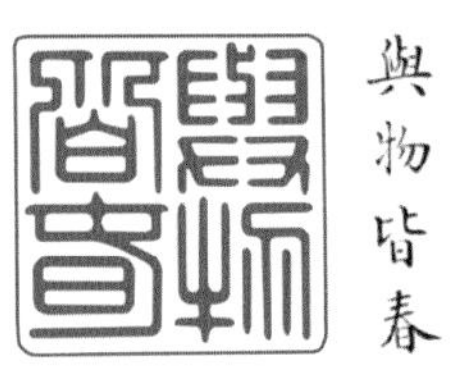

康熙帝在园记中称畅春园的景色“非必其特宜于春日也”，事实上他在主持造园时，非常注重用植物来体现春、夏、秋、冬四季不同的观赏效果。除了前面提到在堤上种植的桃花、丁香等春花植物，春天还有山杏、玉兰、牡丹等，夏天有荷花、樱桃、萱草等，秋天有观赏彩色叶的枫树、黄檗以及水稻等丰收的农作物，冬天虽然落叶树凋零，但依然有油松、柏树、竹子等常绿植物继续维持生机。特别的是，畅春园不光应用了北方的乡土植物，而且还引种了来自江南的蜡梅、西域的葡萄甚至是塞外的七叶树和山枫等植物，虽然它们在现在看来十分常见，但在植物引种栽培技术并不发达的当时也算得上是“奇花异草”了。

除了植物，园中饲养的动物也是丰富多样，除了“珍禽喧于百族”（《畅春园记》），根据乾隆二年（1737年）的一条档案记载，皇帝命人从畅春园的湖中捞鱼，7次打捞上来了金鱼、鲤鱼等10种鱼类共计12260尾，数量十分惊人。此外，西花园中也饲养了水禽和狍子等动物，与园主人生活在一起。不难想象在当时，鸟兽啼鸣和鱼跃鸢飞的场景一定非常动人，因此说，皇家园林不仅仅是皇宫、“出版社”“博物馆”和“试验田”，同时也是“植物园”和“动物园”。

赐园兴盛

康熙四十六年（1707年），几个皇子都已经长大成人[31]，可能都希望能像在京城里一样拥有一套单独的宅邸[32]，不再集体居住在西花园之中。于是在刚刚过完上元节（即农历正月十五）后，几个皇子联合向父皇写了一道奏折：“皇三子胤祉、皇四子胤禛等奏请于畅春园附近建房。”这个请求得到了康熙帝的恩准：“谕：畅春园北新建花园以东空地，赏与尔等建房。”

三月，胤祉又上了一道奏折：“若建七人房屋，此地似觉窄狭，故四阿哥、八阿哥、九阿哥、十阿哥具奏皇父，在此地修建房屋。时臣等曾言另寻地再行具奏”，意思可能是三阿哥、四阿哥、五阿哥、七阿哥、八阿哥、九阿哥、十阿哥这7位皇子在此建园的话用地十分狭窄，他作为里面的最年长的一位，愿意和五弟、七弟搬到较为偏远的地方建房屋，于是胤祉再次上奏："臣买淂水磨村东南、明珠子奎芳家邻近空地一块，以建房屋。"

但正月十八日奏折中提到的"新建花园"究竟是哪里，史料中并没有明确说明，不妨来进行推测。前面提到，西花园的讨源书屋为皇太子胤礽所居，那么根据奏折以及当时在世的几位皇子，这座花园很有可能是赐予大阿哥胤禔的好山园。这位皇子虽然年龄最长，但并没有被立为太子，就在康熙四十七年（1708年）太子胤礽被第一次废黜并幽禁后，他竟然建议父皇诛杀太子，被康熙帝痛斥为"乱臣贼子，天理国法所不容"，于是被"革去王爵，幽禁于府中"。

这样一来，在畅春园和西花园周围就增加了7座皇子居住的小园林，再加上早先赐予皇兄福全（1653—1703年）的萼辉园、赐予重臣纳兰明珠（1635—1708年）的自怡园、重臣和皇亲佟国维（1643—1719年）的佟氏园、重臣索额图（1636—1703年）的索戚畹园，共计有11座大小的园林，可见在这时兴建园林已经蔚然成风。这11座园林中，能够确定位置及发展脉络的可能只有当时皇兄福全的萼辉园（不存，后来绮春园的一部分，今101中学）、皇长子胤禔的好山园（不存，今昆明湖东北畔）、皇三子胤祉的熙春园（遗址，今清华大学校内）、皇四子的圆明园、皇九子胤禟的彩霞园（遗址，今蔚秀园）以及索戚畹园（不存，今东北义园）6座，其余5座大概在漫长的历史变迁中销声匿迹了。

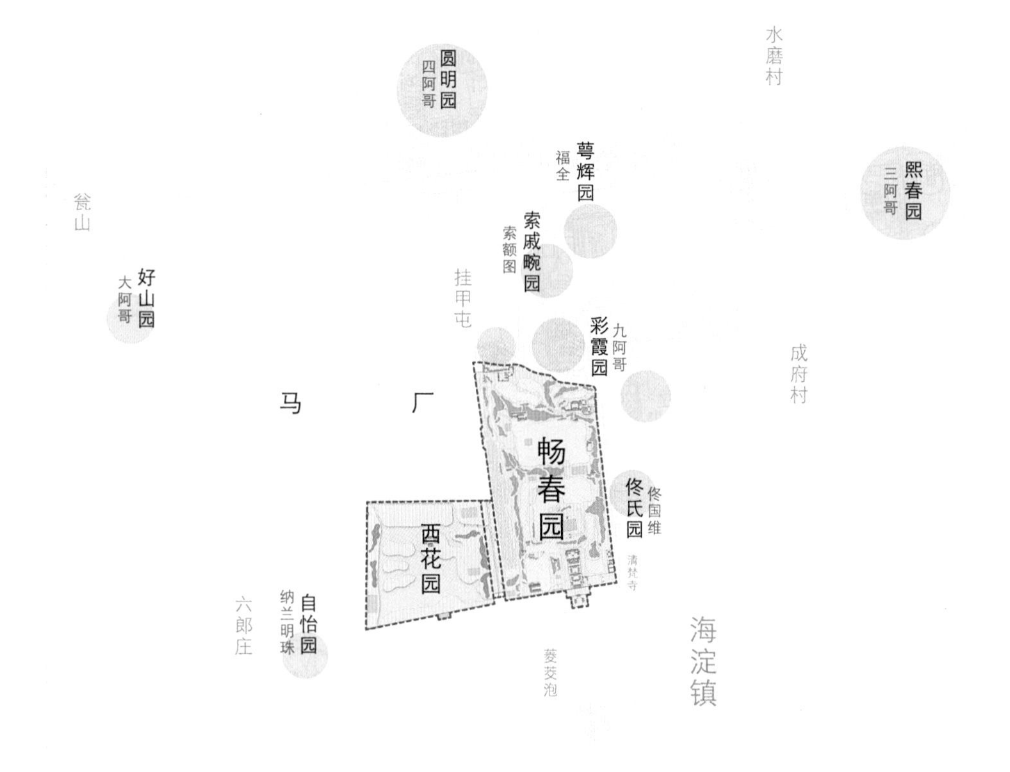

康熙时期海淀园林推测分布图

29 西汉思想家、政治家和教育家，主张"罢黜百家，独尊儒术"，提出了天人感应、三纲五常等儒学理论，备受汉武帝推崇，对后世影响深远。

30 天地人的"三统"轮流交替，分别以子月（农历十一月）作为"天统"的一年之春，以丑月（农历十二月）作为"地统"的一年之春，以寅月（农历正月）作为"人统"的一年之春。

31 如皇长子胤禔1672年生、皇太子胤礽1674年生、皇三子胤祉1677年生、皇四子胤禛1678年生、皇五子胤祺1680年生、皇八子胤禩1681年生。

32 如雍和宫，即早年的雍亲王府始建于康熙三十三年（1694年）。

奉养太后

在康熙时期，畅春园无疑是宫廷生活的中心，但随着雍正时期圆明园的兴起，它的地位和功能就逐渐被取代，直到1843年遭到废弃。因此说，畅春园是清代皇家园林兴衰更替的典型。

雍正帝即位后，将园林建设的重心放在了康熙帝赐予他的圆明园，畅春园则被闲置。除了参拜恩佑寺外，使用记录不多，且不再有皇帝居住在此。雍正九年（1731年）时，胤禛的原配皇后乌拉那拉氏（1681—1731年）在重病期间曾被从圆明园转移到畅春园居住，这位皇后于不久后病逝，她的葬礼也在此举行。

自乾隆三年（1738年）起，经过一番修整，弘历遵循康熙时的旧例，将皇太后安排在此居住，于是畅春园恢复了往日的热闹，由于它位于圆明园以南而被称为“前园”。根据乾隆帝的实录和诗文判断，皇太后不在紫禁城中居住时，大多数的时间都在畅春园居住，偶尔也会在圆明园的长春仙馆。正如乾隆帝御制诗中写到的“畅春养志冀娱亲，来往问安年例循”（乾隆帝《诣畅春园恭问皇太后安岁驻御园即事成什》诗），他隔三岔五地在清早就来到畅春园向皇太后请安，有时还陪同母后一起查看园中稻田的长势。问安完毕后，他便在无逸斋或西花园的讨源书屋短暂地用膳、休息或办公。皇太后非常喜欢居住在畅春园，即便是皇帝在冬天回宫时，她也会留在这里。1763年的冬天，弘历写下了下面的这首《诣畅春园问皇太后安》。

从诗中不难看出，虽然还是冬天，但畅春园这座“仙苑”在他的心目中已是“景如春”了。前往这里请安已经成了多年来的惯例，但是与母亲分别的那些日子仍然令他感到漫长。尾联表达了畅春园是静以明志的地方，而他正心切此事，怎会考虑是否往来过于频繁的意思。无论畅春园是否有此明志之意，母亲住在这里就是他冬日频繁远赴此园的理由。不难猜想，随着年龄的增长，乾隆帝对母亲的感情越来越深厚。

这种母子情深、承欢膝下的美好生活一直持续到了母亲85岁去世，乾隆为了给母亲祈福，依照康熙帝在南苑为孝庄太皇太后修建永慕寺的旧例，在恩佑寺的南侧修建了一座格局相仿的寺庙——恩慕寺。然而，自从乾隆四十二年（1777年）崇庆皇太后去世以后，直至道光皇帝即位的第二年（1822年），这45年中畅春园一直在无人居住、管理人员被裁撤的闲置状态中逐渐荒废，令人惋惜。

在中国北方，杂草的生长速度非常惊人，外加畅春园引活水入园，更是避免不了泥沙的淤积，虽然仍然有人在打理，但它的日常维护不免会因为闲置而懈怠。所以，道光皇帝本来想遵从爷爷乾隆帝“传示子孙，以志勿忘”的叮嘱，将畅春园重新利用起来用于奉养皇太后钮祜禄氏（1776—1850年），但他发现畅春园早已“殿宇墙垣，多就倾敧，池沼亦皆湮塞”，很难在短时间内、用少量的银两修缮好了。

于是他做出了一个艰难的决定：放弃畅春园，并转而将圆明园附属园林之一的绮春园作为皇太后园。此外，道光帝为了减少养护成本，曾多次下令将畅春园的殿宇拆除，只保留了几座小型寺庙，园林养护的日常物品也被大幅缩减。咸丰年间，畅春园继续被拆除，最后可能只剩下了恩佑寺和恩慕寺这两座地位显赫的家庙。而它们的山门也是畅春园目前仅存的两座地面建筑物，诉说着这座名园所剩不多的历史记忆。

诣畅春园问皇太后安

爱新觉罗·弘历（1763年）

皇州冬尚暖，仙苑景如春。

温清斯欣适，起居此敬询。

率因成例事，已觉阔多辰。

迩年以皇太后喜居畅春园，故自木兰回跸，虽因冬令时享还宫，每间数日，辄命驾问安。冬至前始奉皇太后还宫，率成例事。

养志吾心切，那论来往频？

恩佑寺（右）和恩慕寺（左）旧影及现状

崇庆皇太后居住过的紫禁城寿康宫

万园之园

圆明园的名字是由康熙帝亲自为胤禛题写的，根据胤禛在《圆明园记》中的解释：

“圆而入神，君子之时中也。”“圆”寓意品德圆满，立身行事合乎时宜；

“明而普照，达人之睿智也。”“明”寓意明辨是非，具备得道者的睿智。

这个意味深长的名字寄托了父亲对儿子的殷切期许，也带有很强的政治色彩，在多座赐园中显得较为特殊。

今人常用“万园之园”一词来形容圆明园的无与伦比，但实际上这个词语是由欧洲人笔下的“the Garden of Gardens”翻译而来，也可以理解为圆明园由若干个园中之园组成。而若从区域的角度来看，圆明园连同周边十几座紧密分布的大小园林一起，才是名副其实的“万园之园”。

在三山五园鼎盛的乾隆和嘉庆时期，圆明园一带居住有数量众多的皇室贵胄和朝臣。虽然他们在京内也拥有府邸，但由于皇帝长时间在此，为了办事方便，也就追随至此。他们居住或办公的园林被称作“赐园”，意味着并不属于个人所有，而是由皇帝直接指定它们的归属权，有的还是由集体使用。

不妨来粗略地盘点一下皇帝直接使用的“御园”：

❶圆明园，附属有：❷长春园、❸❹熙春园[33]、❺绮春园和❻春熙院4座小园林，共计5座；

❼畅春园，还附属有❽西花园，共计2座；

这7座园林被重重的围墙包围、连接或者以“过街楼[34]”相连，周边密布有驻守的八旗军队，彰显着它们的“无上权威”。

在圆明园和畅春园的旁边，分布有多座小型的人工山水园。虽然它们的名字和归属曾经发生过十分复杂的变迁，但以下几座的布局十分明确：

紧邻畅春园北侧的是❾承泽园和❿蔚秀园，共计2座；

畅春园御道以东的是⓫鸣鹤园、⓬镜春园、⓭朗润园[35]、⓮淑春园（十笏园）、⓯治贝子园以及大臣居住的⓰宏雅园（集贤院），共计6座；

圆明园大宫门附近的是⓱翰林花园（澄怀园）、⓲御马园（自得园），共计2座；

以上这些园林累计共17座。园林之间的空地中还包含了昇平署、圆明园档房、皇木厂等衙署以及挂甲屯、阜兴庄等小型村镇。

除此之外，海淀镇及周边的村落中还分布有多座私家别业，由于目前多已不存而难以进行统计。如此密集而体量庞大的园林分布，在中国古代是非常罕见的；更何况因为封建等级的原因，它们的体量相差悬殊，最小的镜春园仅有1.6万平方米，而最大的圆明园（主园）却多达207万平方米。

未易窺嘗稽古籍之言
體認圓明之德夫圓而
入神君子之時中也明
而普照達人之睿智也
若舉斯義以銘戶牖以

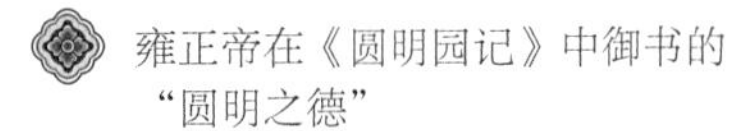

雍正帝在《圆明园记》中御书的“圆明之德”

33 熙春园在道光年间被拆分为东西两部分，即目前清华大学校内的近春园（西侧，又称荒岛）和清华园（东侧，又称荷塘月色和工字厅），此清华园与明代的清华园除名字相同外毫无关联。

34 长春园和熙春园之间相隔数十米，清代时这里架有天桥，便于皇帝往来御园之间。

35 这三座园林可能由一座大园林拆分而成，目前尚无定论。

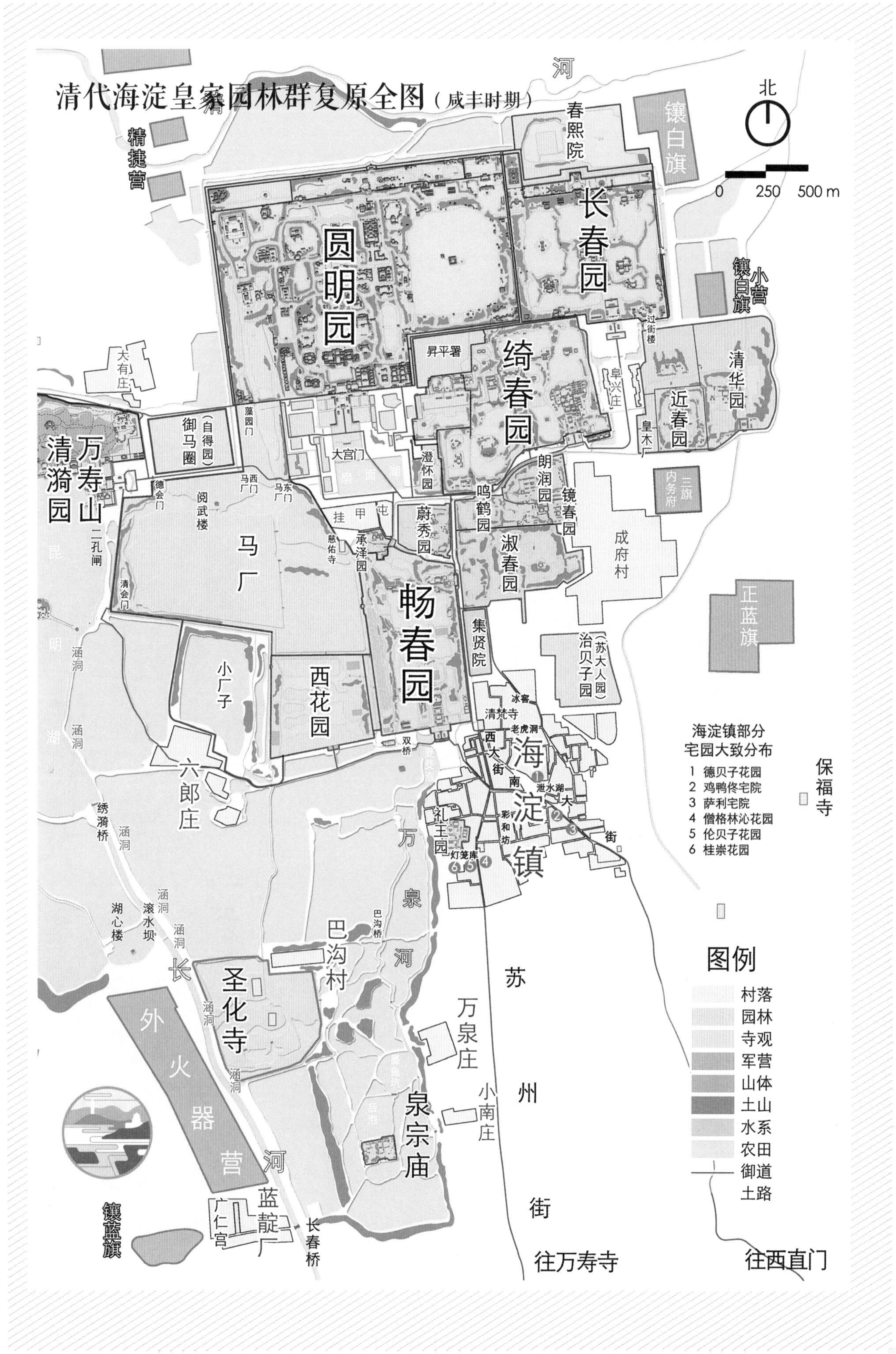
清代海淀皇家园林群复原全图（咸丰时期）
北
0 250 500 m
圆明园
长春园
绮春园
春熙院
镶白旗
精捷营
昇平署
阜兴庄
过街楼
清华园
近春园
皇木厂
镶白旗小营
大有庄
御马圈
（自得园）
藻园门
大宫门
扇面湖
澄怀园
朗润园
鸣鹤园
镜春园
内务府三旗
万寿山
清漪园
德会门
阅武楼
西厂门
马厂
马厂东门
挂甲屯
蔚秀园
淑春园
成府村
二孔闸
昆明湖
慈佑寺
承泽园
清会门
畅春园
集贤院
正蓝旗
涵洞
小厂子
西花园
治贝子园
（苏大人园）
冰窖
清梵寺
老虎洞
西大街
海淀镇
双桥
南大街
泄水湖
彩和坊
礼王园
灯笼库
六郎庄
绣漪桥
万泉河
海淀镇部分宅园大致分布
1 德贝子花园
2 鸡鸭佟宅院
3 萨利宅院
4 僧格林沁花园
5 伦贝子花园
6 桂崇花园
保福寺
湖心楼
滚水坝
巴沟桥
巴沟村
圣化寺
长河
外火器营
万泉庄
苏州街
图例
村落
园林
寺观
军营
山体
土山
水系
农田
御道
土路
小南庄
泉宗庙
镶蓝旗
广仁宫
蓝靛厂
长春桥
往万寿寺
往西直门

这一“园林核心区”之中的核心，当然是皇帝及后妃居住的圆明园。

圆明园是以皇家的办公、居住、祭祀、外交功能为主，兼备娱乐、游赏、阅兵、农业等多种功能于一体的大型综合性皇家宫苑。与康熙时期的畅春园相比，它的整体格局完全不受到原有的场地和财力的限制，可以按照雍正帝的理想模式进行打造：圆明园的规模更大、功能更全、景致更美……在各方面都称得上是“豪华版配置”。

自古以来，皇家园林在财力和规模上就拥有得天独厚的优势，这是民间的私家园林完全难以望其项背的，就连康熙时期皇子居住的圆明园也是如此。但历史选择了胤禛继位当皇帝，也就是选择了圆明园作为御园。今天，我们仍然无从获知他为什么没有继承畅春园的遗产并在其中办公居住，或许是清圣祖的旧居过于“神圣”，也或许是圆明园更加宜居，还或许是他渴望以建造新园的形式来表达他的政治理念……但无论如何，新建的圆明园给予了中国古代造园艺术一次全新的展示机会，在继承了畅春园造园艺术的基础上，进一步地奠定了具有清代特色的造园风格，并且它明显地区别于明代以来的紫禁城和西苑三海。

截止嘉庆时期，圆明园和附属的长春园、绮春园累计共拥有超过108处主题景区（见各园复原平面图）。

——圆明园拥有乾隆帝御题的“四十景”和其他8处景区，总面积207万平方米；

——长春园几乎全部是乾隆帝一手规划，包括30余处中式和欧式景区，总面积76万平方米；

——绮春园主要有嘉庆帝御题的“三十景”，总面积70万平方米。

这些景区的主题涵盖了治国思想、宗教祭祀、古典文学、阡陌农桑、神话传说、江南写仿、异国风情等多种多样的内容，将古人的想象力发挥到了极致。它们均是利用人工的山水、宫殿和动植物这几种要素，却通过有机的组合，无一雷同——这一点给后世的艺术家提供了取之不尽的创作灵感，或许是圆明园最大的艺术价值。

在微观层面，造型多样的大小房屋中，还陈列着数不清的由顶级匠师制作的木质家具、金银器、玉器、瓷器、漆器等御用陈设，以及流传了上千年的书画、青铜器等皇室珍藏。应该说这样的成就在清代之前，甚至是全世界范围内的宫苑中都是举世无双的，圆明园当之无愧地享有至高无上的声誉。1792年英国使团秘书约翰·巴罗认为“圆明园的风光很引人入胜，它不是东拼西凑的建筑，更像是一处完美的天然风景”，认为园中风

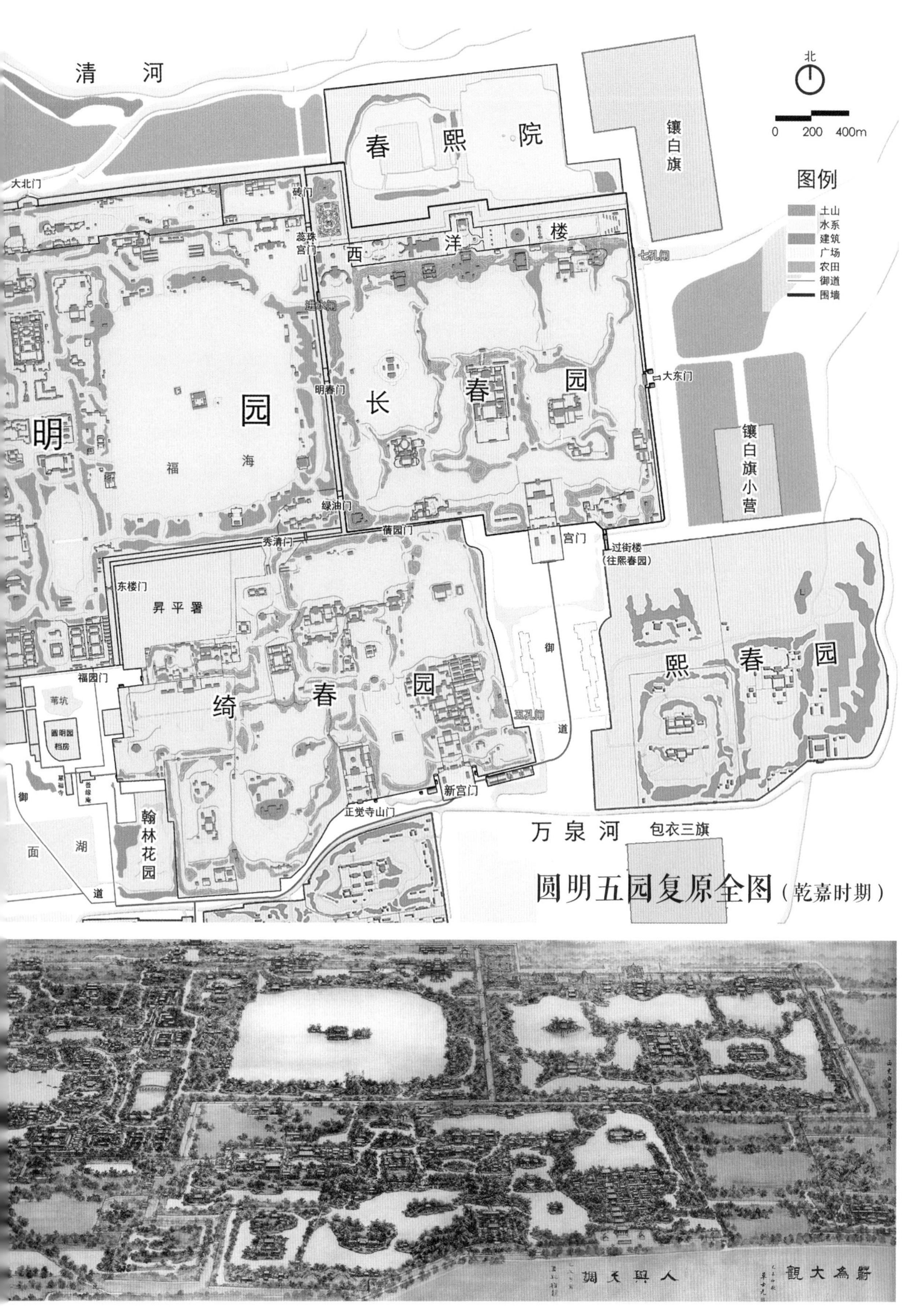

白日新绘·《圆明、长春、绮春三园复原鸟瞰图》（《圆明园盛世一百零八景图注》，后同）

圆明园复原全图（咸丰时期）

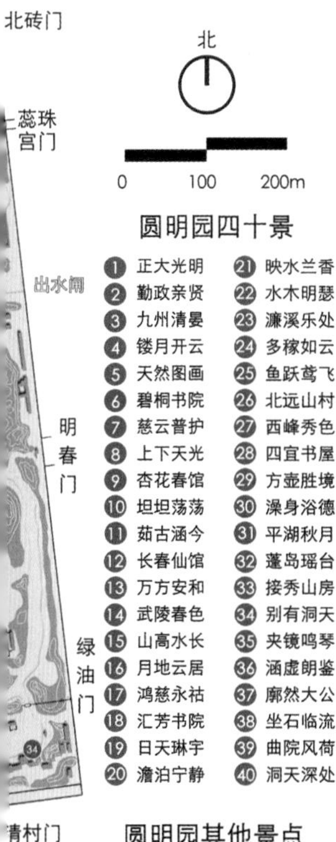

圆明园其他景点

41 紫碧山房
42 顺木天
43 若帆之阁
44 关帝庙
45 天宇空明
46 三潭印月
47 望瀛洲
48 双峰插云
49 松风阁
50 雷峰夕照
51 同乐园
52 买卖街
53 舍卫城
54 文源阁
55 柳浪闻莺
56 断桥残雪
57 汇万总春之庙
58 魁星楼
59 刘猛将军庙
60 藻园
61 十三所
62 御膳房

图例

土山
水系
建筑
广场
稻田
围墙

景“经过精心设计”，且“好似天然形成”。法国文豪维克多·雨果曾在1861年《致巴雷特大尉的一封信》中对圆明园高度赞扬，称“这是一个令人叹为观止的，无与伦比的艺术杰作。这里对它的描绘还是站在离它很远很远的地方，而且又是在一片神秘色彩的苍茫暮色中作出来的，它就宛如是在欧洲文明的地平线上影影绰绰地呈现出来的亚洲文明的一个剪影。”

让我们追溯一下圆明园在一个多世纪中的“成长”经历。

“皇四子多罗贝勒胤禛，恭请帝幸其花园进宴。寻，帝赐园额为圆明。”

1707年初，康熙帝的7位儿子在畅春园的北部分别建造自己的花园，而圆明园就是其中之一。这条记载表明，就在当年十一月，胤禛邀请康熙帝到刚刚完工的园中进宴，就此诞生了“圆明”的名字——这块康熙御题的匾额后来被悬挂在九州清晏景区的圆明园殿上，此为圆明园之伊始。

早期的圆明园究竟有哪些景点？是否与盛期的面貌相同呢？胤禛曾为它题点了牡丹台、金鱼池、竹子

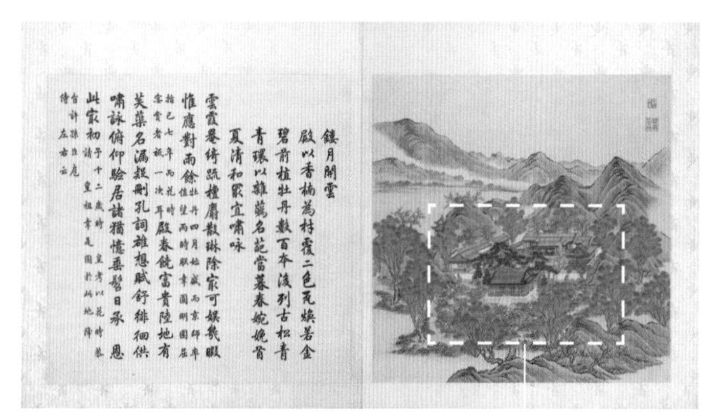

清·宫廷画师绘·《圆明园四十景图咏》之《镂月开云》（法国国家图书馆藏，后同）

36 扈音hù，随从。

37 楠木是中国特有的一种珍稀的建材树种。清代皇家园林中，避暑山庄的澹泊敬诚殿、北海的大慈真如殿是现存的珍贵实物。

38 古时童子不束发，故称童子为"垂髫"。

清·宫廷画师绘·《雍正帝读书像轴》（故宫博物院藏）

院、桃花坞、深柳读书堂、菜圃、葡萄院等12处小型景点并赋诗。从"叠云层石秀，曲水绕台斜"（《牡丹台》）、"深院溪流转，回廊竹径通"（《竹子院》）、"碧畦一雨过，青壤百蔬妍"（《菜圃》）等诗文中不难想象出，园林景致别有情调，清新脱俗而且像畅春园一样栽植蔬菜和葡萄等农作物，完全不是《圆明园四十景图》描绘的那样富丽堂皇。

就在康熙六十一年三月十二日（1722年4月27日），圆明园的历史上迎来了重要的一天：12岁（虚岁）的皇孙弘历（即乾隆皇帝）在牡丹台见到了68岁高龄的祖父康熙皇帝，因得到了皇祖格外恩宠，特"许孙臣扈[36]侍左右"并"养育宫中"，被赐居在畅春园的澹宁居。谁能想到，康熙帝的大限将至。在三月到十一月的8个月中，弘历陪伴在皇祖身边，不仅在畅春园和紫禁城内处理国事，还到南苑和塞外巡幸狩猎，共同度过了一段短暂而美好的时光，这为幼年的弘历和晚年的康熙帝留下了生命中一段珍藏的记忆。

这个佳话的发生地、也是圆明园最著名的一个景点，就是后来"圆明园四十景"之一的镂月开云。乾隆帝用雕刻月亮、剪裁云彩的诗意来隐喻皇祖、皇父对自己的启蒙和教导。在盛开的牡丹丛中，耸立着一座造型别致且色彩斑斓的楠木殿[37]——纪恩堂，正是点明了诗中"犹忆垂髫[38]日，承恩此最初"（乾隆九年《镂月开云》诗）蕴含的深厚感情。

"胜地同灵囿，遗规继畅春。"（乾隆九年《正大光明》诗）

这是乾隆帝对圆明园的高度概括，意思是圆明园这处"胜地"就像是周文王的园囿一样，雍正帝在继位后扩建时，继承了康熙帝在建造畅春园时的理念。这句诗直接证明了两座园林在规划思想上的关联。

整座园林的最南端是核心的宫廷区，主要用于举办仪典、日常办公和养育皇子。气势宏伟的大宫门、二宫门和正大光明殿沿中轴线依次由南到北布局，若从宫门外的御道到达大殿，需要穿过2道宫门、步行260多米。其他几处景区均位于中轴线以东，并呈"一"字排开，并全部用游廊相串接：以洞明堂、勤政殿为核心的办公区位于正大光明殿东侧，与畅春园的澹宁居位于九经三事殿以东的相对方位相同。在这些尺度宜人的院落中，点缀有各种花木和山石，不像宫中那样严肃。皇子居住和读书的四所和"皇家书画院"——如意馆位于勤政殿以东，均为规则的四合院式布局，类似于西花园（详见

康熙、雍正及乾隆三个时期的圆明园景点对照表

康熙	雍正	乾隆	康熙	雍正	乾隆
–	正大光明殿	正大光明	–	多稼轩	映水兰香
–	勤政殿	勤政亲贤	耕织轩	耕织轩	水木明瑟
–	九州清晏	九州清晏	–	香雪廊等	濂溪乐处
牡丹台	牡丹台	镂月开云	–	观稼轩	多稼如云
竹子院	天然图画	天然图画	–	鱼跃鸢飞	鱼跃鸢飞
梧桐院	碧桐书院	碧桐书院	–	北苑山房	北远山村
涧阁	慈云普护	慈云普护	–	西峰秀色	西峰秀色
–	平安院	上下天光	–	四宜书屋	四宜书屋
菜圃	杏花春馆	杏花春馆	–	–	方壶胜境
金鱼池	金鱼池	坦坦荡荡	–	溪月松风	澡身浴德
–	–	茹古涵今	–	平湖秋月	平湖秋月
莲花池	莲花馆	长春仙馆	–	蓬莱洲	蓬岛瑶台
–	万方安和	万方安和	–	接秀山房	接秀山房
桃花坞、壶中天	桃花坞、壶中天	武陵春色	–	秀清村	别有洞天
–	引见楼	山高水长	–	湖山在望等	夹镜鸣琴
–	乐志山庄	月地云居	–	–	涵虚朗鉴
–	–	鸿慈永祜	深柳读书堂	深柳读书堂	廓然大公
–	–	汇芳书院	–	流杯亭、同乐园	坐石临流
–	佛楼	日天琳宇	–	–	曲院风荷
–	田字房	澹泊宁静	–	皇子四所	洞天深处

后文：前朝后宫）。

正大光明殿以西，康熙时期建造的莲花池一景被改为莲花馆，它位于山环水绕的岛屿之上，与中轴线以东的前垂天贶、中天景物和后天不老三座水中小岛格局相似，此二者虽然相距较远，但它们应为对称式的布局，均隐含有求仙的思想。自雍正七年（1729年）起，皇四子弘历便被赐居于此，4年后（1733年）他又在一场法事活动中被父皇“圆明居士”赐予了“长春居士”的号。“长春”寄托着雍正帝对这位皇位继承人的殷切希望，那就是能够长久地胸怀宽广、接纳万物、蓬勃向上，这一景点的名称后来被乾隆帝改为“长春仙馆”。这不禁让人联想到郎世宁创作的《平安春信图》。只见画面中两位身着汉服的男子站立在优雅的园林之中，年长者向年幼者递来一枝象征着平安五福的梅花似乎正在传递着希望。有学者认为画中二人并非雍正与乾隆父子，而是中年和少年的弘历，当72岁的“古稀天子”弘历再次欣赏这幅画卷时，竟发现难以认出自己年轻时的模样，也就在画上题写了“入室皤然

清・郎世宁绘・《平安春信图》
（故宫博物院藏）

者，不知此是谁”的感叹。

与畅春园相似的是，圆明园在湖面布置上也有前湖和后湖，而前湖最主要的功能就是利用土山和水面将皇室生活区与宫廷区相隔离。

自战国以来，“九州”因为泛指汉地中9个区域而逐渐成为了古代中国的代称之一，无论是《尚书·禹贡》还是战国阴阳家邹衍（约公元前324—公元前250年）的“裨海[39]周环为九岛者九，大瀛海环其外”之说，都使这一观念越发地深入人心。这一说法诞生了1000多年后，在圆明园这里竟出现了一个具象的、刻画在土地上的“微缩版”九州：9座大小不同、造型各异的岛屿，环绕在200多米见方的后湖四周，岛屿之间及9岛的外部一圈均都有河流，总占地面积约19万平方米，这就是九州景区。显而易见的是，后湖象征着裨海，而那些河流则象征大瀛海，这些都反映出雍正帝在造园时细心的刻画。

景区中最大的岛屿上，沿宫廷区的中轴线布置有三大殿——圆明园殿、奉三无私殿和九州清晏殿，这一布局显然受到了紫禁城的影响。其中，“奉三无私”出自《礼记》中孔子的话，其读法应为“奉 / 三无私”，即“天无私覆，地无私载，日月无私照”，寓意帝王应像天地日月一样毫无私心地普照万物。北端临湖的九州清晏殿则直接点明了这一景区的主题，寓意天下太平、河清海晏，这可能是每个帝王心中最大的愿望了，而雍正帝特别地通过园林山水加以表达。“三大殿”的东西两侧则是帝后的寝宫建筑群（详见后文：前朝后宫）。

其余8座岛屿中有7座都分别被设置了观赏主题：

——以观赏植物为主景的镂月开云（牡丹）、天然图画（竹子）、碧桐书院（梧桐）和杏花春馆（杏花、蔬菜）；

——以祭祀为主的慈云普护；

白日新绘·《圆明、长春、绮春三园复原鸟瞰图》之九州景区

——以观鱼为主题的坦坦荡荡；

——观水为主题的上下天光。

其中天然图画的景名是指整个后湖景区在西山的映衬下宛若一幅天然图画，清漪园画中游也具有类似的意境。后来乾隆年间在九州清晏以西的岛屿上又加建有茹古涵今，使九州景区完整。这些景区的宫殿中，唯有慈云普护岛上的钟楼最为特殊：这座三层的六角钟楼上，二层朝南的位置安装有一台自鸣钟，可能是最早进入圆明园的进口欧洲机械产品；钟楼的屋顶上则是一杆凤凰造型的试风旗。仅

39 传说中大海的名字，裨音bì或pí。

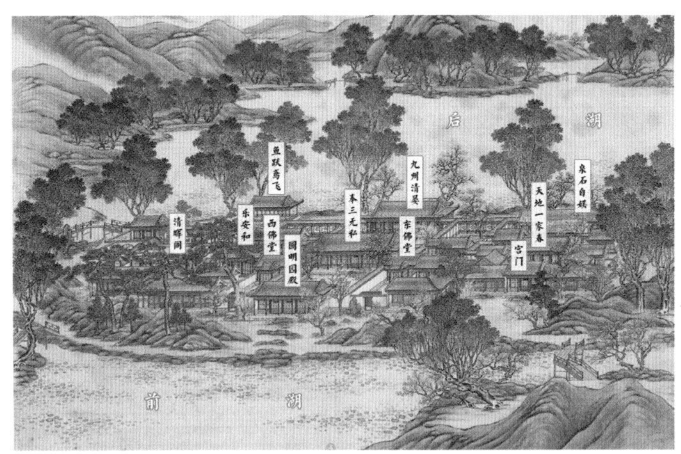

清・宫廷画师绘・《圆明园四十景图》之《九州清晏》《天然图画》《慈云普护》局部

通过这一座建筑，皇帝在九州清晏就能隔湖眺望到时间和风向，堪称一个十分精巧的设计。

除了将九州微缩，圆明园的另一个独特的创意就是“模山范水”。由于圆明园不像静宜、静明两园拥有真山，为了搭建一个整体格局来模拟帝国西北高、东南低，山由西北发自昆仑、水向东南汇入大海的地理特点，只能通过人工挖湖堆山的手段来实现。为了尽可能地模拟自然并且满足每个小景区的观赏需求，这样一个庞大工程的难度远高于建造宫殿。

雍正帝不仅将九州景区的最高峰选在了西北角的杏花春馆，还在全园的西北角用山石堆叠了另一座高峰，即紫碧山房，景名取自传说中昆仑山上的“紫翠丹房”。

园中之水主要来自两路：主要的水源从西南而入、并引到西北，再从西北向东南顺着地势流向各个景区，最终汇入东部福海的大湖面；另一路则从紫碧山房西墙外的护园河引入，形成了一道长达1.5公里长的蜿蜒引水渠贯穿全园东西，主要用于灌溉园中开辟的农田，类似于畅春园西侧的农田区。

此外，为了模拟东海的意境，雍正帝下令开凿了一个500米左右见方的汪洋巨湖——福海。这是一个更为大胆的设计，光是它的水域面积就超过了整个“九州”景区。为了更好地观赏湖景，他不仅在湖面四周的10个大型岛屿上布置景点，湖中央还模仿唐代画家李思训（651—716年）的画意，再现了神话传说中东海的三座仙岛——蓬莱、方丈和瀛洲，取名为蓬莱洲（蓬岛瑶台），反映了帝王求仙、长寿的愿望。中央的大岛为四合院式的建筑群，其中临水的门殿悬挂了“镜中阁”的匾额——这是对它临湖位置的极具诗意的描述，同时该殿的骑楼上插着另一面铜凤试风旗，为福海中的船只提供风向信息。

这个巨型水面成为了紫禁城中不具备的水上活动中心，在这里举办的活动包括每年五月端午节的龙舟竞渡；七月中元节的夜晚，这里还是燃放焰火与安放河灯的场所，可谓热闹非凡。陆上的宫廷活动中心除了在正大光明和九州清晏的宫殿中，比较特别的还有同乐园和引见楼（山高水长）两处。

“人有乐，君共之，君有乐，人庆之，可谓同乐矣。”（《新唐书·魏元忠传》）

“与民同乐”是帝王的美好愿景，于是胤禛将宫廷的“娱乐中心”命名为此，这里包含了买卖街和大戏楼等宫廷建筑群，是节庆时听戏、观灯等活动的场所。此外，位于圆明园西南的山高水长会举办一些焰火、杂技、摔跤表演等需要开阔场地条件

清·宫廷画师绘·《圆明园四十景图咏》之《蓬岛瑶台》

《林钟盛夏图轴》中的福海泛舟景象（台北故宫博物院藏）

清·宫廷画师绘·《圆明园四十景图咏》之《万方安和》局部

清·宫廷画师绘·《圆明园四十景图咏》之《澹泊宁静》局部

的活动，这里也是三山五园中皇帝检阅军队的重要场所之一（详见后文：骑射演武）。

“万方归覆冒，一意愿安和。”（乾隆九年《万方安和》诗）

为了彰显帝国的民族政策，在紧邻山高水长东侧的狭长形湖面中，雍正帝主持建造的在平面上呈佛教符号“卍”形的水上建筑，它堪称造型最独特的中国古代建筑之一。雍正帝之所以将它题名为万方安和，实际上是为了集中表达佛教内涵和天下太平的思想。

雍正帝笃信佛教和道教，除了慈云普护，包括佛楼（日天琳宇）、舍卫城等大小建筑分布在园中各处，为圆明园中宗教园林的兴盛埋下伏笔（关于舍卫城详见后文：全面写仿）。他还继承了康熙帝重视农耕的思想，在圆明园中部的大片农田中点缀了多稼轩、观稼轩、耕织轩几处表达重农思想的景点，特别是平面上呈“田”字形的澹泊宁静（田字房）。

此外，胤禛还利用园中得天独厚的山水条件，再现了多处古典文学中的意境，反映出他深厚的汉文化底蕴和造园思想，如下面的3个例子：

“山有小口，仿佛若有光。便舍船，从口入。初极狭，才通人。复行数十步，豁然开朗。土地平旷，屋舍俨然，有良田美池桑竹之属。”（陶渊明《桃花源记》）

从后湖向北泛舟，转而向西则进入了一条长溪，《桃花源记》的故事就此开启：溪流的尽端是一座由青石堆叠的假山洞，洞内狭窄而黑暗，出洞后转而向北再划一小段路，就会看到土山环抱之中的桃花坞，这里全部是由低矮而素色的房屋组成的院落。或许经过这番空间上的体验，会让人产生一种暂时逃避现世的错觉。

“予独爱莲之出淤泥而不染，濯清涟而不妖，中通外直，不蔓不枝，香远益清，亭亭净植，可远观而不可亵玩焉。”（周敦颐《爱莲说》）

武陵春色以北，在四周由土山紧密围合的大湖中，宫殿群点缀在湖中央的岛屿上，甚至架空在了水面之上。在这个“秘境”之中，可以近距离地观赏品种各异的荷花，听流瀑、听蝉鸣、闻芳香，多种感官的深度体验让人流连忘返，仿佛与古代哲人进行穿越时空的对话。

“此地有崇山峻岭，茂林修竹，又有清流激湍，映带左右，引以为流觞曲水，列坐其次。虽无丝竹管弦之盛，一觞一咏，亦足以畅叙幽情。”（王羲之《兰亭集序》）

同乐园之西，一条小溪从北向南地顺流蜿蜒而下。将这股水流局部拓宽、在溪中置石，就可以将亭子安放在此，哪里还需要什么台基？既然《兰亭集序》的真迹未能流传至今，就在这个地方与大臣亲信们一起感受晋人的“畅叙幽情”吧。就让他们暂时放下君臣之间的等级观念，一起酣畅淋漓地当一回真正的文人隐士。

这些极具人文情怀的设计为山水赋予了诗情画意，以园林实物的形式传承了流传了千百年的古典文学。应该说，以上这些景点正是帝王们鲜为人知的内心写照。

乾隆皇帝即位后，对父亲留下的这笔遗产倍加珍视，在对局部进行改建的同时，新建了皇家祖庙安佑宫（鸿慈永祜）、另一处仙境主题的方壶胜境等几处景点，使功能和景观布局更加完善，并用“勤政亲贤”等四字词语将景名进行统一。安佑宫的功能“与（景山）寿皇殿无异”，都是在太庙之外的皇

武陵春色

濂溪乐处

坐石临流

清・宫廷画师绘・《圆明园四十景图咏》之《武陵春色》《濂溪乐处》《坐石临流》局部

清・郎世宁绘・《心写治平图》中的乾隆帝（美国克利夫兰艺术博物馆藏）

方壶胜境的绢本界画、水粉画与木刻版画

家祖庙。这里专门用于悬挂先皇及后妃的“御容”，并于每年的上元节、诞辰日和忌辰日在此举办隆重的仪典，来表达对先祖的无限怀念与感激之情，同时也是一种对执政的自我勉励。乾隆帝在《鸿慈永祜》诗中描写到：“万年佑启垂谟烈，继序兢兢矢勉旃”；而嘉庆帝也表达了“物阜民安祈赐佑，敬承大业凛仔肩”的类似感慨。

乾隆九年（1744年）时，圆明园最重要的一套绘画——《圆明园四十景图咏》正式完成。这套精美绝伦的工笔绘画由如意馆画家唐岱和沈源合作完成，写实地描绘了40个景点在多个季节的风貌[40]，并配上大臣汪由敦誊写的乾隆帝御制诗文，以雍正帝的《圆明园记》作序、乾隆帝的《圆明园后记》收尾。因此，无论从历史还是艺术价值上，它都具有举足轻重的地位。另外，这套绘画还衍生出了水彩版、木刻版等多种版本，它曾通过传教士传到了西方，让“圆明园”这个名字和其中一幅幅动人的场景声名远播。这些图像成为了今天了解圆明园最重要的途径之一（详见后文：前朝后宫之如意馆）。

> “规模之宏敞，邱壑之幽深，风土草木之清佳，高楼邃室之具备，亦可称观止。实天宝地灵之区，帝王豫游之地，无以踰此。”（乾隆帝《圆明园后记》）

这段话的大意是圆明园具备了一切人世间最美好的要素，令人叹为观止，再也无法找到比它更好的苑囿了。这句话虽然洋溢着自满的情绪，但事实也的确如此，也正是因为这样，乾隆帝自己许下诺言：“后世子孙必不舍此而重费民力以创建苑囿”，防止再耗费大量的人力物力建造皇家园林。遗憾的是，这句话并不意味着清代皇家造园的尾声，相反他对造园的兴趣才刚刚开始。由于并没有遵守不再造园的这个承诺，他也就无法给“后世子孙”做榜样了。

40 绘画中除山体表现得较为夸张外，水面、房屋、植物等均十分写实。

外国传教士眼中的圆明园

皇帝的别宫非常妩媚迷人。它占地面积非常广阔，几座人工堆起的小山有20~60法尺高，形成无边无际的小山谷。几条水渠中的清澈的水向小山谷的深处流去，这几条水渠有好几个汇合处形成一些池塘湖泊。人们乘着美丽的游船在这些水渠、池塘、湖泊中荡漾。我看到一只游船有13托依斯长[41]4托依斯宽，船上有一幢漂亮的房子。在每一个小峡谷，在水渠边，有一些错落有致的建筑群，其中有好几个四合院，有院子，有四通八达或者封闭的走廊，有花园，有花坛，有瀑布等等。一眼望去，真是美丽如画。

沿着山中小径走出一个小山谷，山中的小径不是欧洲那种美丽笔直的小道，而是逶迤曲折盘山而行的小道，还时有小亭子、小山洞作点缀，从山洞里走出来又进入了与前一个完全不同的小山谷，有时候是地形不同，有时候是亭楼建筑不同。

所有的山丘都被树木覆盖。这里最常见的是开花的树。真是一个人间天堂。我们国内的水渠两壁是用切削过的石头，借助拉线砌成，他们是用不经切削的岩石块堆砌而成，表面凹凸不平，它们放置得那么巧妙，真像是天然的产物。水渠时宽时窄，有时卷曲，有时又呈弧线，好像它真的是跟着山丘岩石的走势而定。从水渠壁上的石头缝中生长出朵朵鲜花，好像是野生的。每个季节都有各种不同的花朵。除了水渠，到处都有路，尤其是镶有石子边的小径，这些小径从一个山谷通到另一个山谷。这些小径也是曲曲折折，一会儿在水渠旁边，一会儿又远离水渠伸向他方。

走进山谷，可以看到一座座房子。房子正面是一根根柱子和窗户，屋架上镀了金，上了油漆，围墙上的灰砖排列整齐，上了光，屋顶上的琉璃瓦有红色的、黄色的、蓝色的、紫色的。这些琉璃瓦组合在一起五彩缤纷，煞是好看。这些房子几乎都是平房，它们高出地面2法尺、4法尺、6法尺或8法尺。有几幢房子有二层楼。上楼并不是通过精工细作的石阶，而是通过似乎天然而成的岩石一级级登上楼的。这些仙境似的宫殿真是无与伦比。这些宫殿矗立在空地中间的一座假山上。假山上的小路高低不平，弯弯曲曲。

房屋内部和外部一样富丽堂皇，房屋布局非常合理，家具摆设典雅昂贵。在院子里和通道上放有大理石的、瓷的、铜的大花瓶，花瓶里插满了鲜花。有几幢屋子前面并没有放置裸体的人物雕像，而是放了有大理石座的青铜或黄铜的有象征意义的动物和供烧香用的香炉。

每一个小山谷里都有别具特色、小巧玲珑的小别墅，围墙占地面积都很大，小别墅富丽堂皇，我们欧洲最大的君主及其整个宫廷人马完全可以住下。好几幢小别墅是松木结构，木料是从500法里以外的地方砍下运来的。您想想在这块广阔的地方的一个个小山谷中有多少这样的宫殿？有200多个，太监住的房子还不计在内。太监们负责看管每一座宫殿，

他们的住房总是在近旁，与宫殿相距几个托依斯。太监们的住房很简陋，经常被墙根和山丘淹没了。

我上文说过，水渠都注入盆地的湖泊之中，注入所谓的海中。有一个湖直径有半法里，人们都称它为海，这是这个别宫中最美的地方之一。湖边隔一段距离就有一个大建筑群，人造的假山、水渠夹在这些楼宇中间。

在海中央有一个小岛。或者说一块高低不平、不经斧凿的岩石。高出水面1个托依斯左右。岩石上建筑了一个小小的宫殿，内有100多个房间或厅堂。它有四个门，我无法形容它的高雅优美。从这座宫殿看到的景色美极了，可以看到这个湖的四周彼此相隔不远的一座座宫殿。所有的山丘都延伸到此为止。所有的水渠也流到此为止，注入湖中或又从湖中得到水后远去。看到矗立在湖泊尽头或水渠入口的所有的桥，看到所有的亭子或桥洞，看到所有把一个个建筑群隔开的或遮掩住的树丛，这些树丛挡住了人们站在同一边互相遥望的视线。

这个美丽的可爱的湖的四周变化无穷，没有两处地方是相像的。这里是齐整的石板平台，走廊、小路、大路都汇聚在此，那里是高低不平的石子平台，以巧夺天工的技巧修成一些阶梯形的平台。从每一个角度都有一个高度直到山顶上的楼宇。越过那些平台，还有其他阶梯形平台和建筑群。别处还有一座开花的树林展现在您的眼前，再远一点，您可以看到空无人迹的山上郁郁葱葱的野生树丛。那里有高大的用材林，也有外国树种包括花树、果树。

在这个湖的四周有许多亭台楼阁。一半在湖中，一半在陆地上，各种各样的水鸟在亭楼上憩息。在陆地，有一个个小猎场。特别值得一看的是一种金鱼。大部分金鱼的颜色确实像黄金一样熠熠发光，金鱼五颜六色，有银色、红色、绿色、紫色、黑色、亚麻色。花园有几个水池，最重要的就是金鱼池了。这个池子四周有一个很细密的铜丝编成的网，以防止金鱼流失到湖中。

我很想把您带到那里去让您更好地体会这个美丽的地方。金碧辉煌的船只在湖面上荡漾、垂钓、操练、比武或进行其他的比赛，煞是好看。尤其是放焰火的夜晚，所有的宫殿、楼宇、树林灯火通明。对于灯火和焰火，中国人把我们远远甩在后面了。我在北京看到的远远超过了我在意大利和法国看到的一切。

法国传教士王致诚（Jean Denis Attiret，1702—1768年）是一名供职于圆明园的传教士，本文节选自一封他寄望欧洲的书信——《给达索先生的信》。该信以外国人的独特视角，用生动的语言描述了他工作的圆明园，不难看出，他对于中国传统园林的美景表现出了极大的惊奇与高度的赞美。

41 托依斯（toise）=1.949米。

多园依附

古稀天子的寓所——长春园

“予有夙愿，若至乾隆六十年，寿登八十五，彼时亦应归政，故临圆明园之东预修此园，为他日优游之地。虽属奢望，然果得如此，亦国家景运之隆，天下臣民之庆也。”（乾隆帝《长春园题句》）

作为圆明园的首座附属园林，长春园是乾隆帝在紧邻圆明园的东部，给自己建造的一座养老花园。他以自己的号“长春”为园林命名，正是标志着这里是他的“专属空间”，其功能类似于紫禁城内的宁寿宫花园[42]。

乾隆十二年（1747年），全园的山水布局和主体景点已经基本完成；之后他又陆续在原有的山水格局上，添建了若干个写仿景点，再造了包括扬州趣园、南京瞻园、苏州狮子林在内的多个江南名园，直到乾隆三十七年（1772年）狮子林完工，全园共拥有15个中式园林景区。

整个长春园接近于一个正方形，占地面积约为76万平方米，接近圆明园的1/3。它的整体风格既不同于布局紧凑、以院落为主的宁寿宫花园，也不同于圆明园中几十个独立景区的集锦式布局，而是以全园中央开阔的大湖面及中央岛屿为主体、四周穿插堤岛的疏朗式布局。如最大的两处方形湖面约为6万~7万平方米，超过了九州景区的后湖及其他的小水面，但又远小于福海。同时在陆地上，大湖四周均堆叠有连绵起伏的土山，多个寺庙、园中园就分散在其中。因此，长春园的游览体验是完全不同于圆明园的。

按照惯例，长春园的宫门和正殿均位于最南端，与圆明园相比，这里无论是在布局还是功能上都简单了不少。正殿澹怀堂坐落在平台上，殿后则是临水的众乐亭，与对岸的水榭互为对景。

乾隆帝将寝宫布置在了中央最大的岛屿上，这组规则的巨型宫殿建筑群约1.8万平方米，其南北向的中轴线却与宫门的轴线向西偏移了100米。从东、西、南3个方向的牌楼入园，穿过宫门之后，便是含经堂、淳化轩和蕴真斋“三大殿”，这些宫殿名称无一不具有深刻的文化内涵。

宋太宗赵光义，宋朝的第二位皇帝，年号淳化。992年，他命内府将历代墨迹摹勒于石并刊刻，名曰《淳化阁帖》，共十卷，收录了103人的420帖，是中国古代书法作品中的瑰宝。

乾隆帝将宫殿与法帖联系起来，自然有他的用意。乾隆三十五年（1770年），他效仿宋太宗，命人将收藏的《淳化阁帖》重新摹刻，并将《重刻淳化阁帖》的石刻镶嵌在淳化轩前左右的游廊之中，每块石刻均用楠木镶边。这样一来，他不仅在园林中就能直接欣赏到这些书法经典，而且还能像宋太宗一样文治天下、流传千古。在这件事上，他为传承历史文化做出了一定的贡献。

淳化轩遗址（整修后）

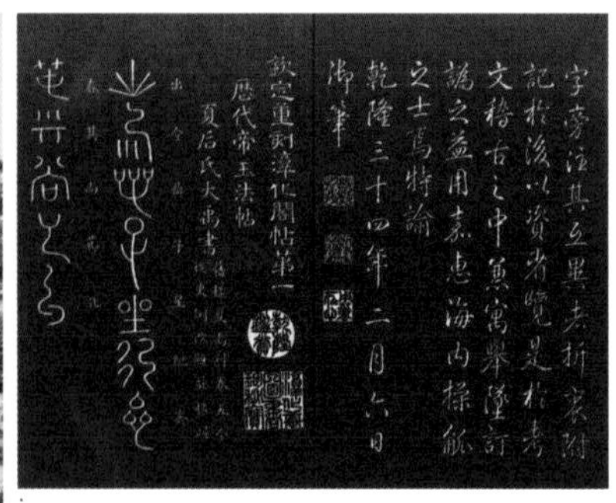

《钦定重刻淳化阁帖》局部

42 位于紫禁城东北，又称“乾隆花园”，建于1771—1776年，是内廷园林的精品，包含了古华轩、禊赏亭、符望阁、倦勤斋等宫殿，总占地面积约0.6万平方米。

长春园复原全图（咸丰时期）

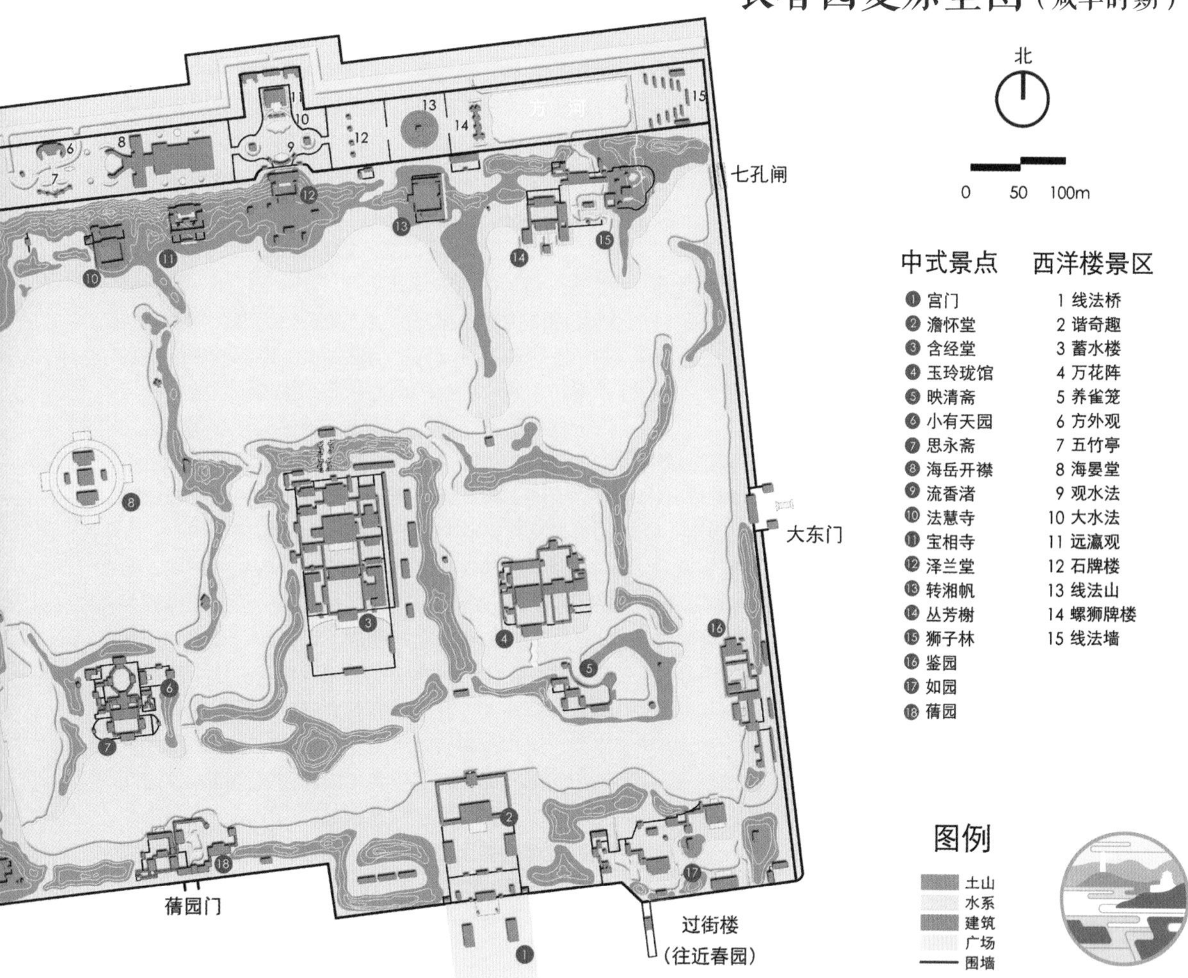

白日新绘·《圆明、长春、绮春三园复原鸟瞰图》之长春园

在岛屿周围的堤岛上，几组景点各具特色。海岳开襟位于湖中央的圆形岛屿上，“海岳”即海上仙山，因此带有明显的求仙思想。登临这座高大的3层楼阁，向西可眺望圆明园的全景及西山美景。玉玲珑馆是含经堂东侧岛屿之上的院落，以“玉玲珑”来形容假山的玲珑剔透；岛上的鹤安斋、狎鸥亭都表达了一种安逸的生活情趣，而芥舟实际上是一个微缩版的画舫，取自《庄子·逍遥游》中的名句：“覆杯水于坳堂之上，则芥为之舟”。

“回廊弯似弓，斋阁据当中。三面全临水，八窗迥俯空。”（乾隆帝《映清斋》诗）

南侧的映清斋为三面邻水的异形建筑，以临水的弧形游廊最具特色，在此可获得观水的绝佳体验。

长春园北部的土山之上，法慧寺、宝相寺、泽兰堂、转湘帆、丛芳榭、狮子林几个小型景点呈“一”字排开，它们或隐匿山谷，或居高临下，或背山面水，使这座长约700米的人工山体拥有多样的景观。而鉴园、茜园、如园、得全阁等均沿着长春园南部贯穿东西的河道临水布置，登临码头即可入园，进园后会发现别有一番天地。此外，水面中还有桥梁用于阻隔视线——不难想象，在此泛舟游园的体验与扬州的瘦西湖有不少的相似之处（详见后文：名园再造）。

中欧园林的混搭——西洋楼

极为特殊的是，在长春园的北部条带上，出现了一座中国园林史上前所未有的欧式花园——西洋楼，占地面积约为8.6万平方米，约占长春园总面积的11.3%。

从乾隆十二年（1747年）开始设计首座欧式宫殿——谐奇趣，直到乾隆四十八年（1783年）的远瀛观正式完工，西洋楼的建设前后共跨越了36年的时间。它是在乾隆帝的直接策划和构思下，由欧洲传教士和中国工匠共同建成的，里面蕴含着丰富的中国传统文化和欧洲文艺复兴时期的文化，可以说它不仅是清帝国鼎盛时期的文化产物，更是中欧文化交流代表性的艺术结晶。

早在康熙时期，欧洲的科技就已经随着传教士进入到了中国的宫廷之中[43]。雍正年间，西洋装饰和西洋钟等机械产品就已经开始出现在皇家园林中，圆明园的慈云普护自鸣钟楼、西峰秀色的小匡庐瀑布、水木明瑟的水力风扇和室内陈设的各种自鸣钟摆件等都是典型的代表，但这些无非是宫廷之中一些简单的机械装置，对园林的景观风貌产生不了太大的影响。但长春园的西洋楼作为一个独立的园林，具有完全不同于中式园林的整体特色。

整个西洋楼景区在东西方向沿着轴线布局，全长为850米，南北墙之间仅为60米，因此显得较为狭长。同时，在条带的西端（谐奇趣、喷泉池及万花阵）和正中（大水法、远瀛观和观水法）的两个位置局部放大，并围绕着南北向辅助轴线设置观赏序列，这样能够有效地避免游人在狭窄的园林中感到单调和压抑。为了避免中式与欧式两种园林之间的不协调，整个景区的四周都被高墙所封闭，南侧紧邻长春园的土山，这样只能通过西端的线法桥和长春园的泽兰堂两个入口进入。

西洋楼虽然整体风格是欧式，但其中融合了中国园林与欧洲园林不同的处理手法。谐奇趣的主楼体量庞大，由一座3层高楼、两座八角楼阁及连廊组成，楼体的两侧却由圆明园中常见的土山和置石进行围合。进入万花阵之前，欧式风格的花园大门前却有两只石狮互望。万花阵实为一座约为90米×60米的方形迷宫，所采用的形式并非欧洲常用的绿篱，而是装饰有“万字不到头”等纹饰的矮墙；而迷宫

43 早在万历年间（1612年），明代大臣、科学家徐光启（1562—1633年）与意大利传教士熊三拔（Sabbathino de Ursis，1575—1620年）曾合译了一本介绍欧洲水利科学的著作《泰西水法》。

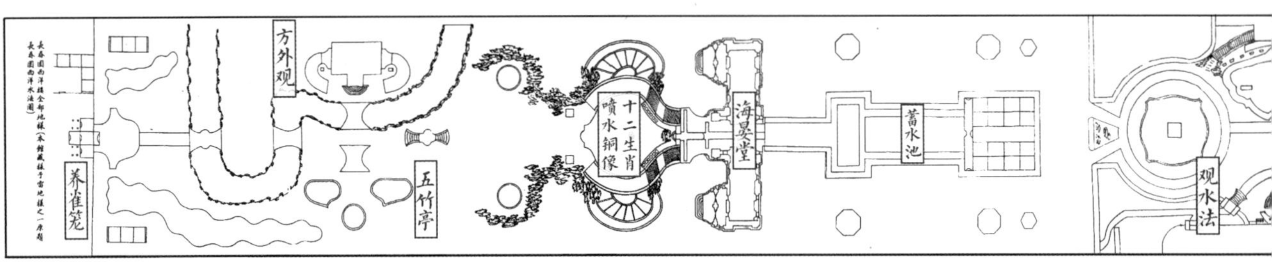

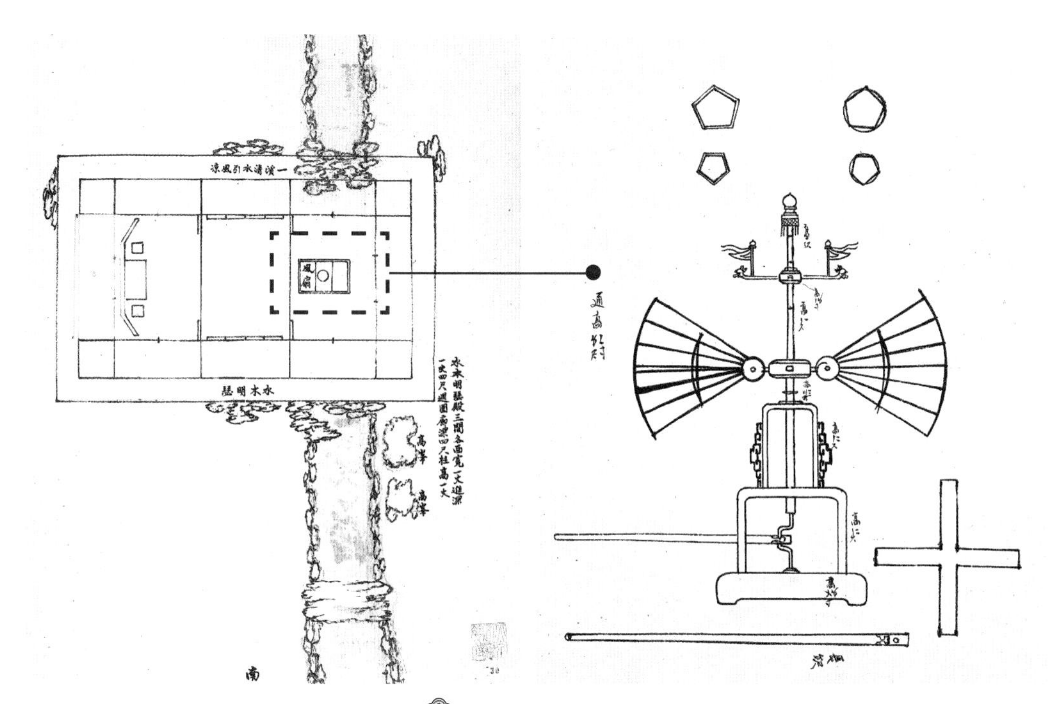

清・样式房绘・圆明园水木明瑟水法平立样（国家图书馆藏）

的三面被护城河一样的水渠环绕，北侧则是一座土山和耸立在上的中式亭子——这样的布局不禁让人联想到古代城市的理想风水格局，显然，即便是具有欧洲特色的迷宫，在西洋楼这里也被包装成为了“中国化”的产物，而这样的特色几乎体现在西洋楼的各个角落。

穿过养雀笼后，就正式进入了西洋楼的狭长形区域。在第一个空间中，方外观和海晏堂的景名尤其值得关注。作为圆明园中唯一一处类似于清真寺的建筑，也是维吾尔族妃子容妃做礼拜的场所，乾隆帝将这座二层小楼命名为方外观，意思是世外的寺观，隐含着求仙的寓意；当然这里相对于圆明园的中式景点来说，确实算得上是“方外”了。

而就在不远处，另一处高大的欧式宫殿被称作海晏堂，意思与九州清晏相同。但若从建筑造型和它伸出的“八”字形的楼梯来看，似乎并不是很“切题”。实际上，乾隆帝将中国文化“植入”到了建筑之前的水池之中。水池靠里一侧的顶端是两条尾部缠绕的鱼，口中喷出的水沿着水池边跌落而下，它的下方是一块巨大的扇贝形石雕，水从这里流出并跌落到下方的假山石上——这正是“海水江崖”的纹饰。更具创意的是水池的左右两侧，12个兽首人身铜像分列左右，代表着中国的十二生肖，含蓄地表达了全天下的人能够共享太平盛世。如果从细部来看，这12个雕塑虽然是动物形象，但它们的动作与真人无异，如手摇折扇的兔、紧握弓箭的狗、恭敬作揖的蛇、手持金箍棒的猴等，喷泉在不同的时辰由不同的铜像向中央喷水。

海晏堂以东的，就是西洋楼最著名的大水法喷泉池。在这里，喷泉与一座欧式拱门和对称布置的两座11层佛塔相结合。拱门门洞中央的狮子向下

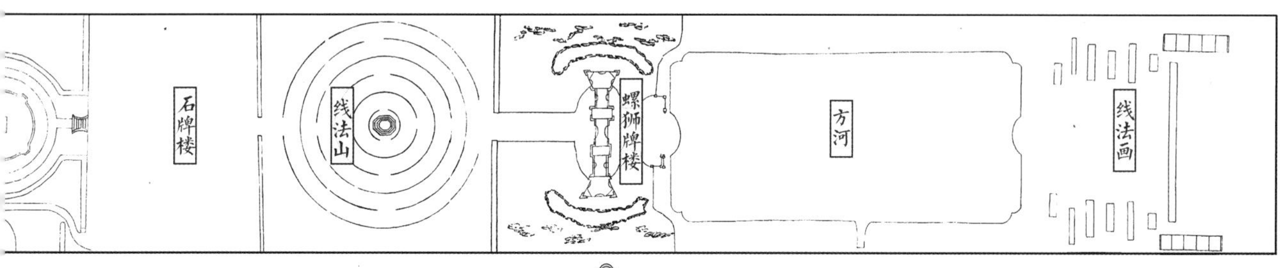

清・样式房绘・《长春园西洋楼全部地样》（国家图书馆藏）

喷水，形成了层层珠帘；前方的蝙蝠形水池中“上演”了一场热闹的“猎狗逐鹿”的古希腊神话表演，不仅10条猎狗都向中央的鹿喷水，而鹿的犄角上也喷出了多个水柱。这一主题虽然来自于西方，但它与满族的游牧骑射文化不谋而合。这组喷泉的对面，是安放皇帝宝座的平台及屏风，观水法的这种坐南朝北的布局非常罕见，或许在西洋楼这里就不必严格遵守那些规矩。屏风中镶嵌了5块大理石浮雕，上面雕刻有甲胄、火炮、刀剑等兵器，与其他动物、植物、传统纹饰相比显得十分特殊。而在大水法后面的高台之上，耸立着一座高大的建筑物远瀛观，它将欧式的钟楼和立面装饰与中式的大屋顶相结合，使观水法拥有了一个富有变化的观赏面。嘉庆帝经常来到这里游赏，他的诗歌洋溢着作为天朝大国君主的自信。

远瀛观

爱新觉罗·颙琰

楼式仿西洋，圣皇声教彰。
远瀛咸向化，绝域尽来王。
可识天威畅，同沾惠泽长。
大清超万古，继序凛无遑。

清·宫廷画师绘·《西洋楼铜版画》之《海晏堂西面》及十二生肖喷水铜像（故宫博物院藏，后同）

清·宫廷画师绘·《西洋楼铜版画》`之《谐奇趣南面》

清·宫廷画师绘·《西洋楼铜版画》之《大水法南面》

清·宫廷画师绘·《西洋楼铜版画》之《远瀛观南面》

西洋楼景区的最后一个空间，由一座螺旋山——线法山和远眺的透景画——线法画等建筑组成。在乾隆时期的很多宫殿之中，皇帝常会命画师绘制“通景画”（即透视画）装裱在室内，仿佛在画中还有另一个空间，代表性的案例就是上文提及的宁寿宫花园。但将这个通景画应用在室外，算得上是一种具有创意的设计了。根据《西洋楼铜版画》呈现的场景，若登上这座不到10米的线法山，向东侧的250米处眺望，就会发现仿佛有一个欧洲的村落如海市蜃楼一般浮现在水面之上，远处则是连绵起伏的山脉。实际上，这些逼真的场景完全都是墙上的立面装饰所呈现的。通过将这些墙体按照一点透视的原理布置，这里或许真的能产生绘画中的效果。

在同时期的欧洲，皇室贵族以拥有中国风格的器物或装饰品为傲，甚至模仿中国园林和建筑的样式，在自家花园中建造，今天依然能够看到邱园（Kew Garden）中由当时著名的建筑师钱伯斯（William Chambers, 1723—1796年）设计建造的中国塔。中国的“西风东渐”和欧洲的“东风西渐”，彼此的模仿与崇尚，这一现象堪称世界文化史上的一个佳话。乾隆五十八年（1793年）欧洲使团来访时，乾隆帝曾特意命人将“瞻仰”他的欧式花园作为使团的行程之一，目的就是为了通过西洋楼这一令他引以为傲的设计作品来彰显天朝大国的威严。

在长春园这里，乾隆帝为自己规划了异常美好的太上皇生活。嘉庆元年（1796年）的正月初一，在紫禁城的太和殿举办了清朝历史上首次禅位大典，乾隆帝在此向全天下宣布：“朕为太上皇帝。凡军国政务、用人行政诸大端，朕未至倦勤，不敢自逸。部院衙门及各省题奏事件，悉遵前旨行。”

正月初九日，父子两位皇帝一同从京城来到圆明园驻跸。值得关注的是，乾隆帝并没有从九州清晏搬到长春园居住，并且他安排新皇帝住在了自己继位前居住的长春仙馆。同样，在紫禁城内居住时，他也没有从养心殿搬进宁寿宫，新皇帝则被赐居在自己继位前居住的毓庆宫。这样一种安排似乎暗示了颙琰只是名义上的新皇帝。嘉庆帝还在当天写下了《赐居长春仙馆恭纪》诗以表达感恩之情。

事实上，早在乾隆三十七年（1772年）的时候，乾隆帝就公开表露过将在85岁也就是继位60年之后归政的心愿。但实际上真正等到了那一天，他并没有将权力真正地传递给嘉庆皇帝，而是以“训政”为理由，牢牢地掌握着皇权达长达三年之久——新皇帝也只能在父亲旁边唯命是从，并且手无实权。但这样煎熬的日子并没有持续很久，嘉庆四年的正月初三（1799年），这位统治了中国长达63年的帝王、89岁的乾隆皇帝在紫禁城养心殿去世，留下了三山五园这一庞大的家产和一个危机四伏的大清帝国，同时清王朝的历史也翻开了新的一页。

清・宫廷画师绘・《西洋楼铜版画》之《湖东线法画》

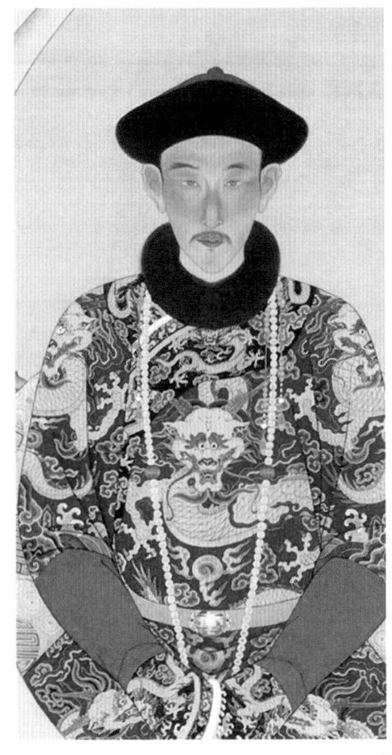

清・宫廷画师绘・允祥及富察・傅恒的画像

盛世造园的尾声——绮春园

嘉庆帝的主要造园成就，是打造了圆明园的另一座附属园林——绮春园。而绮春园的演变历史，也是三山五园几座皇家园林中过程比较曲折的。

“朕既筑畅春园，时往以省耕观稼，炎暑蒸郁，亦将以憩息于此也。东北御果园旧地，以赐裕亲王，其地有清泉乔木，因而葺治，循乎自然林樾丘壑，具萧远之致。”（康熙帝《萼辉园记》）

绮春园所在的位置最初为康熙皇帝赐予皇兄福全（1653—1703年）[44]的萼辉园。雍正帝继位后，将其赐予十三弟允祥（1686—1730年）[45]，更名为交辉园。后来又由乾隆帝赐予孝贤皇后的弟弟、也是著名的大臣傅恒（约1720—1770年），并以他的字“春和”来更名为“春和园”。

44 裕亲王福全是顺治皇帝的次子，比康熙帝年长1岁，在军事上有过突出贡献。

45 怡亲王允祥是与雍正皇帝关系最亲近的弟弟，雍正帝曾赐予弟弟“忠敬诚直勤慎廉明”的8字匾额，他还把允祥的诗文《交辉园遗稿》附在御制诗集的后面。

赐居长春仙馆恭纪

爱新觉罗・颙琰

毓德钟祥地，年光六十过。

（长春仙馆为圆明园四十景之一，雍正年间皇父曾蒙皇祖赐居，越今六十年。予亦蒙皇父恩赐居此，实深感庆。）

赐居慕长庆，承泽应春和。

孔固征无极，斯干叶有那。

开韶多喜气，淑蔼播笙歌。

乾隆三十四年（1769年），春和园被收归皇家，乾隆帝将其更名为“绮春园”，寓意“绮丽的春天”，似乎是继“畅春”“长春”之后的另一个“春”字的衍生主题。但是热爱写诗的他却没有给绮春园的风景留下诗文，史料中对绮春园的建设记录大多体现在工程档案中，如乾隆四十五年（1780年）左右，园中就已经有正觉寺、明善堂、双寿寺、雅园、碧涛书屋、眺吟楼、浩然亭、松风萝月、乐水山房、清吟书屋等诸多景点[46]，其中明善堂一景最早可追溯至雍正时期；另外由于松风萝月、眺吟楼和浩然亭3处景点位于后来绮春园的东北部，正觉寺位于中部（现存），我们不难推测：乾隆时期的绮春园已经具有了一定规模。

> “爰自嘉庆六年驻跸御园之后，暇时临莅，弗适于怀，每岁修理一二处，屏绝藻绘，惟尚朴淳，花木遂其地产之茂繁，溪山趁其天成之幽秀，园境较圆明园仅十分之三，而别有结构。”（嘉庆帝《绮春园记》）

虽然颙琰自称嘉庆六年（1801年）才正式开始修缮绮春园，但在乾隆帝刚刚驾崩后，绮春园的建设工程就已经开始了：当年正月，他首先严厉查处了父皇生前的宠臣和珅，并在正月十八赐令和珅自尽。在颁布的二十大罪状中，和珅自家的淑春园（十笏园）就因为在设计上“模仿”圆明园的布局而成为其中之一，嘉庆帝怒斥道“不知是何肺肠”。理所当然的，这座园林也是被查抄的和珅巨额家产之一。

同年二月，嘉庆帝下令将淑春园进行拆分，西段赏给和珅之子丰绅殷德（1775—1810年）与乾隆帝最宠爱的固伦和孝公主（1775—1823年）夫妇，东段则赏予自己的哥哥成亲王永瑆（1752—1823年）。

事实上，之前永瑆一直住在绮春园和圆明园之间的西爽村，这次改赐的真正目的是为了将西爽村并入御园之中，并且将短暂出现的绮春园宫门开在了西爽村。但同时，绮春园西南的含晖园[47]仍然被改赐为自己的第三女庄敬和硕公主（1781—1811年）居住。这时绮春园的范围与最终相比，应该只差了南园（含晖园）。

嘉庆四年（1799年），圆明园大宫门以东的西爽村门就被作为进入绮春园的入口[48]，嘉庆帝在此新建了朝房并从圆明园和长春园调拨了6名看守人员。两年后，包括含淳堂、展诗应律和敷春堂在内的第一批景点开始建设。

嘉庆十年（1805年），“绮春园三十景”被正式确定，嘉庆帝效仿父亲为每一处景点都题写了景名和诗歌。嘉庆十五年（1810年）时，他才按照规制，在现在的位置添建了绮春园宫门和勤政殿，使它与其他几座皇家园林的地位齐平；同时期兴建的景点还有烟雨楼、涵秋馆、茂月精舍等。第二年（1811年），由于三公主的病逝，含晖园被并入了绮春园并更名为南园，这使绮春园也终于迎来了全盛时期。

此时，圆明园除了主园外，还拥有长春园、绮春园和熙春园这三座附属园林。早先春熙院在嘉庆七年（1802年）的时候就被赏赐给四公主庄静固伦公主（1784—1811年）居住，它也由此脱离了圆明园的“御园”体系。

道光皇帝继位后，皇家园林的归属再次发生了一次较大的变化。道光二年（1822年），绮春园取代了残破的畅春园，成为了专供皇太后居住的园林，同时畅春园的管理官员也被调往同时管理这两园的事务。圆明园的另一座附属园林——熙春园在这时候被一分为二，分别赏赐给自己的三弟绵恺和四弟绵忻居住，它也因此脱离了“御园”体系。这座与圆明园同时期兴建的皇家赐园，最早是康熙帝的皇三子允祉的赐园；自乾隆三十二年（1767年）时起被收归皇家所有。后来历经园主的更替，成为了现在清华大学校内西侧的近春园和东侧的清华园，目前它们的部分山形水系和古建筑尚存。

相关档案表明，绮春园内居住了包括皇太后在内的多位前朝后妃，应该说这里是她们颐养天年的场所。在1860年圆明园沦陷时，居住在绮春园的常嫔就因惊吓而死，不禁令人叹息。

46 根据当年的工程奏折粗略统计而成。

47 含晖园位于绮春园西南角，这个名字在乾隆时期并没有文献记载，有可能是乾隆三十四年（1769年）傅恒的春和园被收归皇家之后，这一区域单独的名字。

48 根据《钦定总管内务府现行则例-圆明园卷》，嘉庆十五年（1810年）时才建成现在位置的绮春园宫门，而嘉庆十三年（1808年）时，西爽村“着仍称绮春园宫门”。

西爽村门

运料门

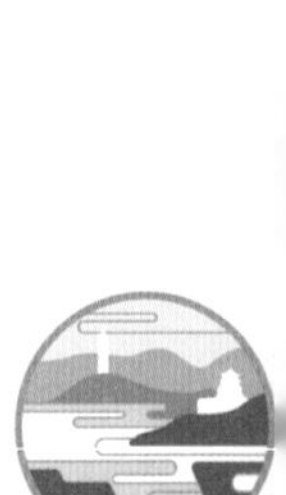

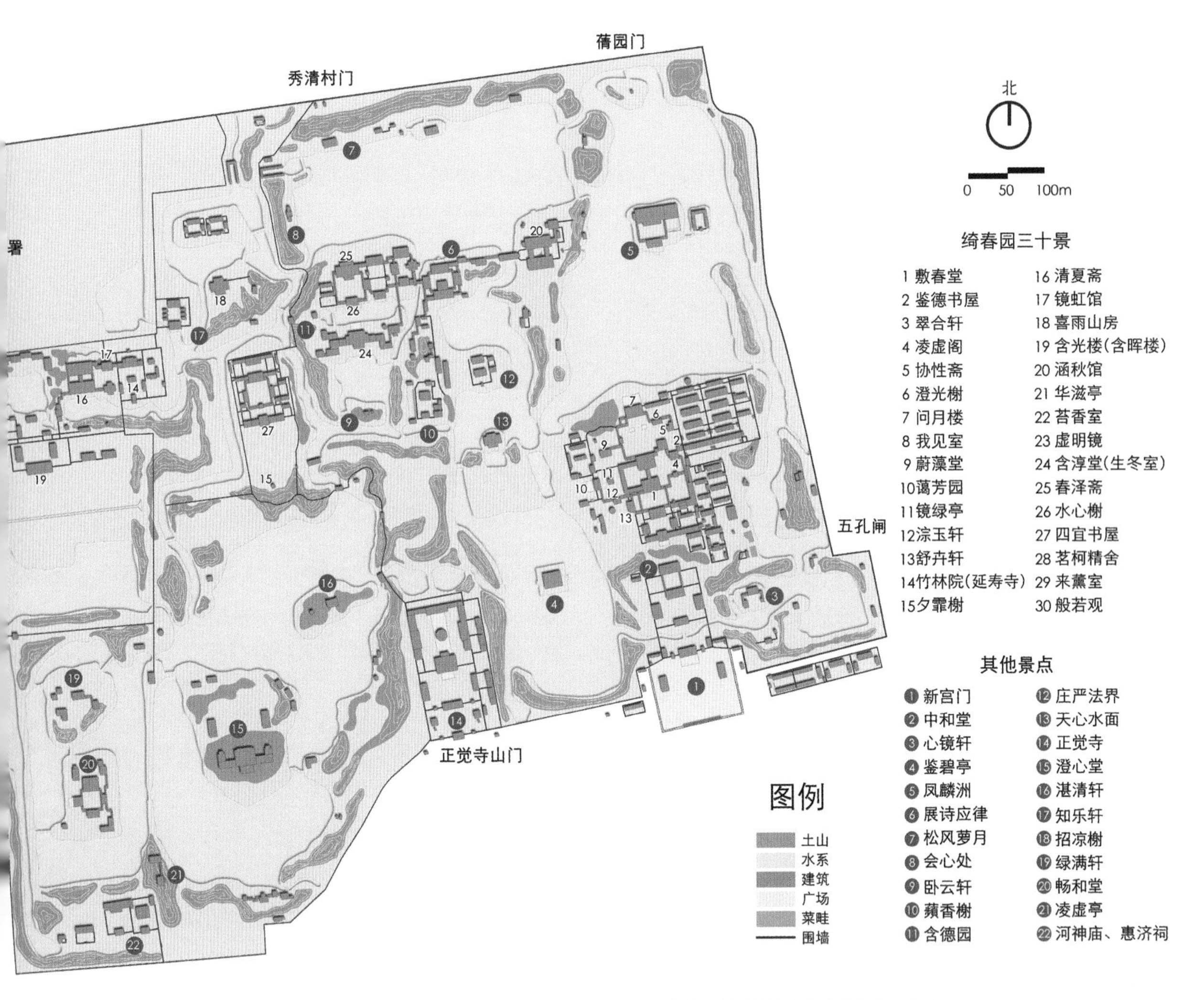

绮春园复原全图（咸丰时期）

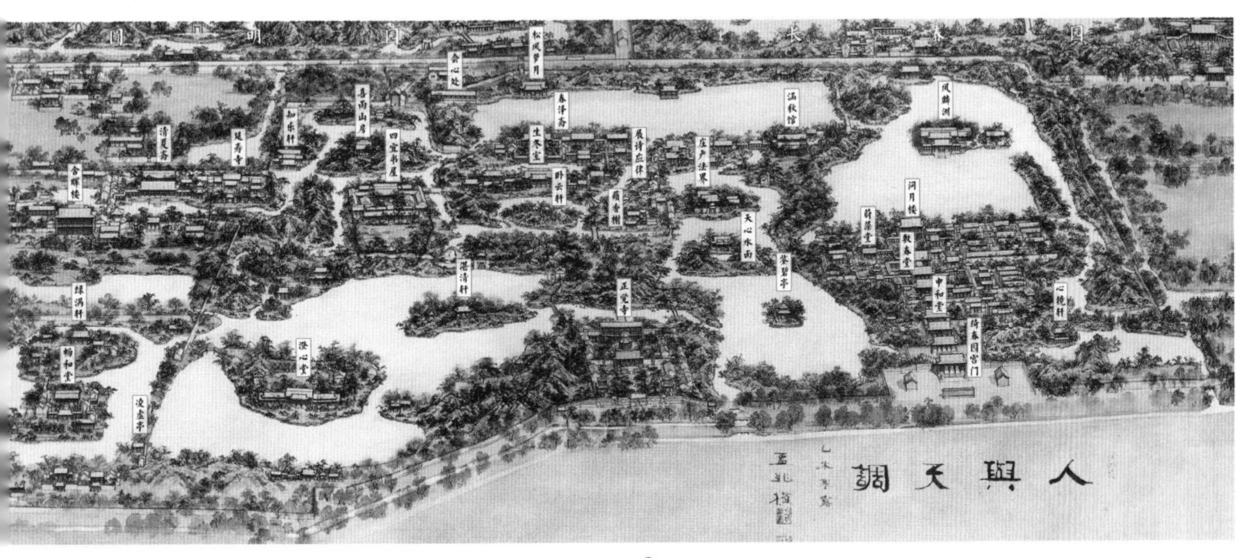

白日新绘·《圆明、长春、绮春三园复原鸟瞰图》之绮春园

再来看绮春园的布局特色。这座占地面积70万平方米的大型皇家园林实际上包含了东、西、中3个部分，彼此之间虽然水系相通，但用围墙彼此分隔，在水上游览时可以穿过建在围墙上的“水门”而进入到另一个园林空间之中，景色层出不穷。西侧主要包含先后被并入御园的含晖园和西爽村；而中部和东部占据了主体，它们是在道光二年（1822年）时被一道蜿蜒的围墙分隔开的，东部应主要是供太后和太妃们居住的区域。

“四时之春”最初是由康熙帝在《畅春园记》中提出的哲学思想，嘉庆帝在“三十景”中规划了春夏秋冬的四季主题景观向曾祖父“致敬”，寓意“阴阳序而两仪顺，建极中和体天育物”（嘉庆帝《绮春园记》），也就是帝王心中四季万物正常运转的理想状态。这四个景点分散于园中，春景对应宫门以北的起居建筑群敷春堂，夏景则对应西北角西爽村中临溪而建的清夏斋，秋景对应东北部长堤上的院落涵秋馆，而冬景对应前后面水的生冬室。从皇帝亲自撰写的说明来看，每一个季节都蕴含着深厚的哲学寓意，但这些文化究竟是如何在园林景观中体现出来的仍然值得探索。此外，他还通过圆明园的同名景点四宜书屋对这四季景观加以总结，寓意“四序咸宜，八方永泰”。

绮春园之春景：敷春堂

“上天敷春而生庶物，人君敷仁而育万民，德至大也。”

绮春园之夏景：清夏斋

“何时能使官民浃洽中夏，澄清阜财，解愠熙皞，康和庶酬，考眷于万一焉？”

绮春园之秋景：涵秋馆

“生于春，长于夏，成于秋，宰制庶物涵育群生，实天地之常，经古今之通义也。”

绮春园之冬景：生冬室

“敬绎圣制生冬诗题奥旨，因以名室。”（嘉庆帝《绮春园记》）

绮春园的山水布局既不像圆明园那样拥有明确的寓意，也不像长春园那样规整清晰，而是显得灵活而变幻莫测。为了给敷春堂创造更加宜居的环境，嘉庆帝干脆将它变成一座庞大的岛屿，并在东、西、北三面都布置了水面。心镜轩、鉴碧亭、凤麟洲这些景点就位于湖中的堤岛之上，成为了主

 凤麟洲遗址

 正觉寺山门

岛在不同方向的景观。凤麟洲是《十洲记》中神话传说的仙岛之一，“洲上多凤麟，数万各为群”，在绮春园这里是具有求仙寓意的主体景观。有趣的是，嘉庆帝曾在诗文中十分鄙视这种求仙行为，似乎在这里建造该景的目的，是为了提醒自己不要迷信这些荒谬的说法，还是应该勤勤恳恳地工作。

“秦汉求无已，蓬瀛孰见之？诞词真刺谬，妄念动愚痴。”（嘉庆帝《凤麟洲十二韵》）

位于绮春园宫门以西的正觉寺始建于乾隆三十八年（1773年），这座藏传佛寺与香山附近的宝相寺一样，用于供奉文殊菩萨。当年乾隆帝下令，从香山附近的宝谛寺拨来大喇嘛1名和小喇嘛40名到此念经修行；而且这些喇嘛的薪水由皇家负责发放，他们的工作地点也不仅仅在正觉寺一处，还被任命在每月的初一、十五、初八、十三和三十日前往长春园的含经堂念经。另外，也正是因为它与畅春园的恩慕寺、恩佑寺具有类似临街的位置，幸运地成为了目前整个圆明园唯一拥有幸存木构建筑的景点，距今已经有接近250年的历史。

在正觉寺以西是绮春园最大的水面，也是中部一个相对独立的区域。在面积超过8万平方米的湖面之中，分布着一大一小的两座湖心岛，澄心堂就位于大岛之上。它位于假山堆叠的高台之上，平面上呈“山”字形，可同时向南北两个方向观赏湖景及对岸的建筑。正如圆明园中的“卍”字和“田”字大殿，异形的建筑在皇家园林中逐渐变得十分常见，如清夏斋的“工”字殿、涵秋馆的“口”字殿等。

绮春园西南角的区域又称南园，同样相对独立，它大体可分为南北两部分：北半部分地势空旷，功能类似于圆明园的山高水长，但并不用于举办大型的政治和外交活动，是皇帝与其兄长共同观看骑射活动的重要场地，一条东西向长度约为250米的跑马道横亘在楼前。南半部分保留着早先居住和游赏的功能，绿满轩和畅和堂分别位于一北一南的两座岛屿之上，最南端的陆地上则是河神庙和惠济祠两座小庙。

纵观三山五园的发展史，绮春园是清王朝鼎盛时期最后一座大规模兴建的皇家园林，在人工山水之中依然反映出了深厚的政治和文化寓意，其造园风格及审美与乾隆时期相比已经发生了重要变化，并且它还在道光和咸丰年间扮演了皇太后园的重要角色。

灾难笼罩

然而悲剧的是，圆明园，连同万寿山·清漪园、玉泉山·静明园和香山·静宜园等代表着中国古代最高艺术成就的皇家园林，在历经了清帝国长达200多年的苦心经营之后，绝大部分都在咸丰十年（1860年）毁于英国和法国发动的侵华战争。这次文化浩劫，是中华民族历史上一个刻骨铭心的记忆。对于这场发生在一个多世纪前的灾难，我们希望能通过对影像、日记、奏折等不同类型的国内外史料加以考证，并用文字和图像大致勾勒出它的经过，以供读者朋友们参考。

1860年的屈辱之战

若要追溯这场战争的根源，时间还要回到乾隆五十八年（1793年）和嘉庆二十一年（1816年）。英国先后派遣马戛尔尼（George Macartney）和阿美士德（William Pitt Amherst）使团来华觐见[49]，并在圆明园向乾隆皇帝展示了马车、枪炮、天文仪器等产品，希望能够打开中国市场的大门。但自诩为“天朝上国”的大清帝国并不承认这些所谓“蛮夷之邦”的平等国地位，也就不可能与之进行官方的贸易往来。特别是英国使团第二次来华时，阿美士德因为拒绝行三跪九叩礼而被嘉庆帝遣返，并“嘱其嗣后毋庸遣使来华”，这时距离第一次鸦片战争爆发仅有20余年。在当时，广州“十三行”是唯一的合法口岸，中国生产的瓷器、丝绸、茶叶等产品从这里远销欧洲并备受欢迎；而英国的工业品生意却十分惨淡（除皇家订购的钟表等欧洲工艺品）。总之长久以来，中英贸易出现了巨大的贸易差额。嘉庆年间，一些不法的英国商人开始走私鸦片，渴望通过这种卑鄙的手段从中国牟取暴利，鸦片逐渐发展为英国对华输出的主要产品。虽然嘉庆帝和道光帝屡次下令禁烟，但收效甚微，鸦片还是迅速地在全国泛滥并毒害着广大军民。

49 推荐阅读《英使谒见乾隆纪实》《马戛尔尼使团使华观感》。

事态在道光十九年（1839年）出现了转折，也就是著名的虎门销烟，此次“共销毁了鸦片19176箱又2119袋，实重237万斤。这个数字占1838至1839年季风季节运往中国的鸦片总额六成左右”（茅海建《天朝的崩溃》）。就在次年，英国悍然发动了侵华战争，以中国失败并割地赔款而告终。1842年，清政府被迫签订了近代第一个丧权辱国的不平等条约——《南京条约》，包括割让香港岛、赔偿2100万银元、废除行商制度并且开放厦门等5个新口岸等内容。后来，一系列新的不平等条约接踵而至。

十几年后，第二次鸦片战争爆发。1857年，英法两国以修约为借口，派军队攻陷了广州[50]；1858年，两国派遣联军又穷凶极恶地北上以武力相逼。面对威胁，咸丰帝下令拒绝一切关于赔款、增开口岸、派使进京、内地传教等要求。紧接着英法联军攻陷了天津，迫使清政府被与英、法、美、俄4国签订《天津条约》。次年，英法两国由于进京向皇帝换约未果，派遣13艘军舰强行闯入天津白河并试图拆除航道上的阻拦设施，结果遭到了清军的痛击。为此，咸丰帝下令嘉奖了僧格林沁（1811—1865年）部队。

1860年，命运多舛的大清帝国再次被战争的阴影笼罩，英法两国仅在战败数月之后，就发动了这场报复性的侵略战争，其中英军约11000人，法军6790人。由此可见，自1840年的几十年来，帝国主义企图将中国变为殖民地的野心昭然若揭，三山五园所遭受的浩劫正是发生在前面复杂的政治、外交和军事的背景之上。应该明确的是，英法联军所谓的“报复”“惩罚”其实都是非正义性的，他们在这场战争中的所有言行都让这些霸权者、侵略者和强盗的本性暴露无遗，正如英军随军牧师麦吉在日记中记述道：“各种不同形状和吨位的船只，有帆船也有蒸汽船，覆盖了整个大海，一眼望不到边，载着其勇敢的儿女，从古老的英国横跨半个世界，来惩罚背信弃义、妄自尊大的大清帝国。”

清军面对再次进犯的英法舰队，信心满满地在大沽口炮台迎战。但由于俄使提前向他们提供了清军的防御情报，敌人改从后面包抄，最终选在北塘登陆而且意外地没有遭到抵抗。8月21日，英法联军攻陷大沽口炮台，由于装备有较为先进的“阿姆斯特朗炮”，英军伤亡仅200人，法军伤亡100人，而清军的伤亡人数多达1800人。

9月，英法军队沿着白河向天津进发，被安排驻扎在天津河西务（今天津武清区）。面对战争失利，咸丰帝在英法代表进京换约一事上做了让步，但他强调“不准多带从人，方准来京（埃利松日记）”；9月8日，他命怡亲王载垣和兵部尚书穆荫为钦差大臣，前往北京通州与英法联军议和；英法派遣了包括英国参赞巴夏礼（Harry Smith Parkes）在内的30多人作为谈判代表前往通州，一同前往的人员还有军官、翻译、传教士、使馆秘书、《泰晤士报》记者以及19名印度骑兵。在答应议和的同时，咸丰帝为此做了两手准备。一方面，

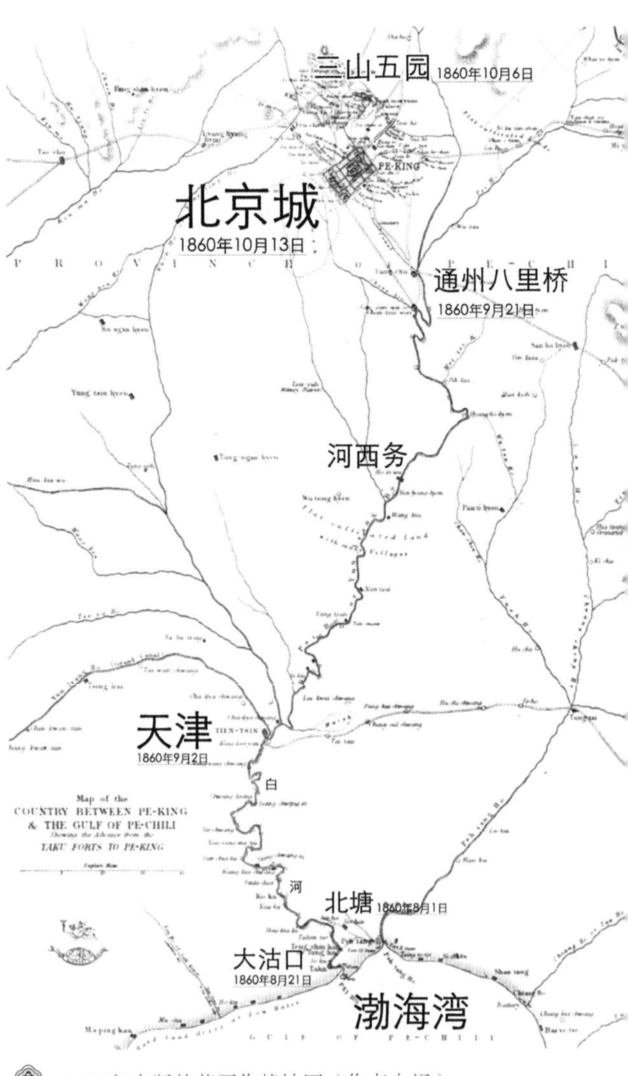

1863年出版的英军作战地图（作者自译）

50 推荐了解“亚罗号事件”及“法国天主教神甫马赖事件”。

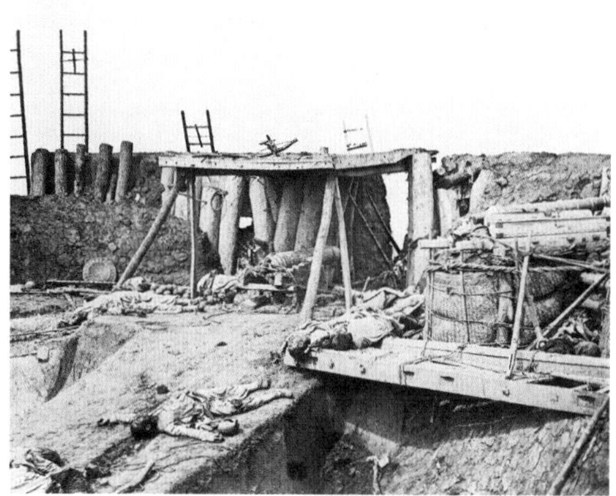

英法联军占领大沽口炮台，Felice Beato摄

英军统帅格兰特将军，Felice Beato摄

法军统帅蒙托邦将军旧影

清政府表面上安排英法代表等待谈判；另一方面又命僧格林沁调遣军队，准备与敌人决一死战，他在上谕中说道：“合议必不能成，惟有与之决战。”9月17日，中方会见英法代表，对方不仅要亲自向咸丰帝呈递国书，还要求清军撤除北京周边之防御，遭到了钦差大臣的断然拒绝，谈判也随即破裂。次日，英法联军突袭通州张家湾，清军在溃败后，僧格林沁、胜保、瑞麟等率领的6万大军退守八里桥，准备死守北京城外的最后一道防线。此时，清军俘虏了英法谈判代表团并移至海淀。9月21日，虽然清军有很大的人数优势并且英勇作战，但由于战术和装备上的致命弱点，在八里桥之战中被打得溃不成军。而法军的蒙托邦将军后来竟被拿破仑三世封为“八里桥伯爵”。

通州八里桥，Felice Beato摄

今天，八里桥还静静地矗立在通惠河上，但这次战役的惨烈程度远非几个数字能够形容或想象。法国翻译官埃利松形容它“如同做梦一般。我们前进，射击，杀敌，没有一个人牺牲，或者说几乎没有人牺牲”，他还记载了一个清军旗手殉国的过程，令我们悲泣：“在大桥入口，有一个身材高大的鞑靼兵，像是一个统帅的旗手。他举着一面上写黑字的杏黄大旗，朝四面挥舞。这是僧王[52]的帅旗，所有的将领都看着这顶黄旗，因为它在向中国人的所有军队传达着命令。敌人已经全线撤退，战场上和这支精英部队防守的大桥上都已经尸首遍地。这个鞑靼兵一直站在那里，其他人都已经离开，只剩下他一人可能还在传达着僧王最后的命令。子弹和炮弹在他身边呼啸而过，他却毫无惧色。他的勇敢让我们惊叹不已，蒙托邦将军情不自禁地说‘啊，多么勇敢的士兵！我希望不要把他打死。这个家伙为什么不跟其他人一起撤退啊。你们别杀他！’几个士兵冲上前想把他活捉。这时，已经被战火眷顾了半个小时仍没受伤的他——仿佛是要把他那英勇的形象慢慢地刻进我们的记忆里——终于被一颗炮弹打中，倒在了地上，死掉了。杏黄大旗被炸得飞了起来，还带着他那紧紧握着旗杆的手臂。他被炸得支离破碎。”

10月5日，英法军队到达北京城，他们从俘虏口中得知，清军逃往了北京西北郊的圆明园。三山五园的悲惨命运就此开始。

皇帝逃亡

讽刺的是，就在英法联军兵临城下的时候，30岁的咸丰帝乱了阵脚。从英军在圆明园缴获的大臣奏折分析，当时的大臣分为两派，以僧格林沁为代表的“逃跑派”，主张皇帝逃往热河秋狝[51]，他密奏皇上道：“恳请皇上按照惯例，暂离京城，秋狩热河；命令亲王和内阁大臣全权处理政务，确保京城做好防御，直到六大公爵的援兵赶到，他们通力合作，发动攻击并最终消灭敌军……毫无疑问，臣定会将功赎罪，让这些卑鄙可耻之徒消失。”大多数大臣都是“守京派”，他们多以联名奏折的身份，多次坚决反对皇帝出逃。

“如今夷兵已经兵临城下，而皇上选择在此时开始巡幸木兰，必然会引起最大的恐慌和混乱……冒如此之大的风险，列祖列宗的在天之灵也会受到惊扰，皇上以后必将痛苦不堪，后悔莫及……他们进入山东、福建、上海以及其他地方，都是为了占领港口，而不是要占领这个国家，而且他们也没有征服中国的企图。”（吏部尚书和其他40人的联名奏折）

51 指清朝皇室至木兰围场进行秋猎，今河北省承德市围场满族蒙古族自治县北部。狝音xiǎn。

52 即僧格林沁。

“难道皇上要将先帝留下的伟业像一只破鞋一样抛弃？未来一千年，历史会如何评判皇上？在危难时刻竟然要巡幸出游、逃避困难，这是闻所未闻的。如果京城受到了骚扰，为了安抚民心，恳请皇上立即返回宫廷。京城戒备森严，百姓的士气高涨，即便妇孺儿童也决心殊死一战。”（湖广总督的奏折）

即便如此，皇帝更倾向于秋狝，甚至佯言亲自指挥抗战。9月22日，他带着官员和家眷数百人，在2000名禁卫军的护送下，匆忙地从圆明园逃往热河。京城官眷商民也纷纷出城逃难。

圆明园大洗劫

10月6日，法国和英国军队相继到达圆明园。这时，圆明园的大门紧闭，没有人知道里面究竟藏了多少军队。但当他们试图翻墙进入时，仅遭到了20余名守园太监的激烈抵抗，禁卫军却不见踪影。很快，圆明园这座巨型的皇家博物馆，彻底落入了侵略者手中。总管内务府大臣兼圆明园管园大臣文丰投福海殉国，后人感慨道：“应怜蓬岛一孤臣，欲持高洁比灵均。丞相迎兵祗握节，徒人拒寇死当门。”（《圆明园词》）

在英法联军的日记中，他们用大量的溢美之词来描述园中美景以及被中国园林艺术所折服的激动心情，但这并不代表他们会爱惜它、保护它，相反在他们眼里，这一切都只是可以被理所应当地抢夺和破坏的“战利品”， 正如麦吉写道的：“假若你能幻想神仙也和常人一般大小，此处就可算作人间仙境了。此前，我从未遇见一处景色，能让你犹如身处仙境，今日方算实现梦想。不过要是宫殿主人没有那么高傲自大和虚伪残酷，他可能仍然可以享受这一切。”

一开始，“园内一切物件‘原封未动’”，但后来，格兰特将军默许“随行的军官们任意选取他们喜爱的物件，以作为纪念品。每个人都不愿放弃这个特权，欲火中烧，肆意妄为。有人也许喜欢景泰蓝的宫瓶，有人则贪恋一件绣花的长袍，还有人目光较为长远，挑选一件皮大衣留着冬天御寒”（麦吉日记）。就这样，宫殿中安放的陈设、仓库中贮藏的物品，无一不是他们疯狂掠夺的对象，原本极其珍贵罕见的御用物品因为数量庞大，变得无比廉价并被任意践踏，比如有一间“储存丝绸锦缎的库房”“因为这些服装布料都从箱子里拉扯了出来，胡乱扔在地上，当你走进屋子里时，它们几乎都要遮没到膝盖”。（麦吉日记）

抢劫逐渐失去了控制，蒙托邦和格兰特的心里虽然清楚这样下去将造成的恶劣影响，但并没有下定决心阻止士兵抢劫，只是象征性地劝说了几句。英法军队还组织了一个“6人委员会”，挑选最贵重的物品送给他们的君主。就这样，在10月7日和8日，圆明园大洗劫持续了整整两天。

更令人愤怒的是，中国劫匪也趁火打劫，加入了洗劫圆明园的行列。据蒙托邦日记记载：“英法联

安定门，Felice Beato摄

军后面跟着一群强盗，我们朝他们开枪迫使他们远离我们的营地。越接近北京，强盗的数量就越多。这个大城市里的所有贫民都来了，还有好多穷人通过围墙的缺口闯进圆明园。”灾难不仅降临在圆明园，万寿山·清漪园、玉泉山·静明园以及附近的商铺也遭到了洗劫。清漪园的员外郎泰清全家自焚殉难。

在他们撤离圆明园时，几乎所有能够容纳物品的地方都被赃物填满，此外还有相当一部分珍宝被粗暴地破坏。虽然埃利松的这段话像是在对园林及珍宝表达惋惜，但这更像是在遗憾没能够百分之百地将整座圆明园打包带走：“当我看到，在我们离开时，看到这些挂钟、招人喜爱的摆钟、杰出的时钟、雕镂精美的象牙制品被扔到地上用来填平车辙供大炮和车子通过；看到面前有几座精巧而瑰丽的建筑在火焰中变形并消失的时候，我承认，我的心在流血。”

10月13日，英法联军占领了安定门并驻扎在城外，炮口向南指向了紫禁城。

圆明园及三山被焚

在大多数资料的介绍中，洗劫与火烧三山五园看似是同时发生的，但实际上后者是英国人以人质事件为借口的一次严重暴力行为。

“中国人在通州共抓走了26个英国人，他们送回来13个活的和13个死了的；他们抓走了13个法国人，送回来6个活着的和7个死了的。”（埃利松）

据北京《成府村志》及侵略军的回忆录，清朝官兵确实在审讯和关押英法联军俘虏时出现过暴力和凌辱的行为，地点之一是圆明园南侧集贤院的提督公所，俘虏的随身物品还被呈送给咸丰皇帝并存放在圆明园的正大光明殿——这些后来恰好被参与洗劫的士兵们发现。身为非法入侵并且战胜方的英军丝毫没有在乎他们发动的战争对中国人的生命及财产造成的巨大伤害，反倒是因为十几名在战争中死去的人质而自诩为“受害者”，并且要愤怒地通过摧毁皇家园林的方式进行报复。麦吉在日记中写道：“必须要用联军的武力狠狠教训它（清政府），让他们付出代价。”

由于留在北京的最高领导人恭亲王奕訢也逃往郊区，就在谈判陷入僵局的1860年10月17日，英国最高代表额尔金（James Bruce, 8th earl of Elgin）决议摧毁圆明园（其父因抢劫雅典卫城石雕而臭名昭著），并反复游说法军也来参与焚园，他甚至还命人在城中到处张贴“圆明园内廷殿宇立行拆毁”的布告。但此时，英法两国在利益诉求和计划上出现了分歧，法国最高代表葛罗（Jean-Baptiste Louis Gros）拒绝参与焚园，他认为，“焚烧没有防御的夏宫会变成一种胜而不武、无利可图、甚至毫无危险的行动，因此这种行动将会损害眼看就要到手的谈判成果”（埃利松），即便如此，法军在早先洗劫圆明园时就焚烧了部分景点，因此他们都应该受到同样严厉的谴责。史学家分析，当时冬季即将来临，为了尽早迫使清政府签订条约并撤离北京，此举是对清政府的一次严厉的精神打击。

10月18日，英军派出一支约3500人的纵队，专程前往北京西郊开展这一罪恶的行动。麦吉在日记中

被焚毁的静宜园香山寺

静明园幸存的寺庙及宝塔

被焚毁的万寿山，Felice Beato摄

被焚毁的西洋楼谐奇趣，奥尔末（Ernst Ohlmer）于1877年摄

记述道：“当天，按照总司令的命令，第一师在米切尔的指挥下，前去焚毁圆明园以及几英里内所有皇室的财物”；“有一两个连队散布在乡间，放火燃烧四个皇家园林中的所有宫殿，首先从圆明园开始，其次转向西边的万寿园（山）、静明园，最后是香山。”

在战争最后沦为牺牲品的，不是什么防御设施，竟是矗立了几百年的园林及建筑艺术杰作，而他们的建造者和所有者也没有任何力量去保护它们，这是何等的悲剧。英国人说，他们看到园林被烧毁的场景时，也会感到悲愤，甚至在多年后会有些后悔。但这种伪善甚至看起来可笑的话语不过是在寻求一种“心安”。在寻求心理平衡后，他们非但根本不会因此而停下暴行，反而会觉得自己成了正义的一方而做出了理所当然的事情。

“一条石砌的道路环绕着一座高墙，我从墙角处转弯过去，一片浓密的烟雾弥漫在我们面前，凶猛的烈火在烟雾的顶端，发出的熊熊火焰远远高出了树梢……这些树木掩映的庙宇，差不多已有好几百年了。可以看到镀金的横梁和五光十色的庙顶，当然最多的还是御用的黄色——所有的这一切都任由大火吞噬。虽然对庙内供奉的神灵，你没有任何同情之心，但是看到几百年前所建造的建筑惨遭毁坏，不禁感觉有点悖逆天理、摧残造物似的。”

“目睹此情此景，一腔悲愤的情感荡气回肠。古往今来，无数人所爱慕的杰出建筑毁于一旦，再也无缘目睹。这些建筑展现了往日的技艺和风格，举世无双，你曾经看过一次，就永远不能再见。它们已经化为灰烬，人类再也无法重建。你转过身去，不忍再目睹这种景象。”

“我这一生中，无论何时，想到美丽与品位，技巧与古雅的时候，园林中的那些景色，那些宫殿便会历历在目；甚至后悔当初不该给予虽然公正但是过于严厉的处罚，使它们都化为灰烬了。”（麦吉日记）

在连续整整两天的大火中，四座大型皇家园林的绝大部分景点和建筑都被焚为焦土，侵略者的罪行被清晰地记录在了无数张黑白的老照片中，一幅幅宛若炼狱般的悲凉景象是何等的触目惊心。恭亲王在写给咸丰帝的奏折中说道：“正在谆嘱商办间，即见西北一带烟焰忽炽，旋接探报，夷人带有马步数千名前赴海淀一带，将圆明园、三山等处宫殿焚烧。臣等登高眺望，见火光至今未熄，痛心惨目所不忍言。”（咸丰十年九月初六日《奕䜣等奏夷兵焚毁园庭片》）王闿运在《圆明园词》中写道：“百年成毁何仓促，四海荒残如在目。”在这场“庚申之变”中，国人的内心受到了极大地震撼，特别是当时的官僚士大夫阶层。而直至今日，这种心灵创伤尚未完全愈合。

同时，三山五园大部分的文物珍宝都在战争中流失。据一份咸丰十年十月二十五日的朱批奏折记载：除圆明园，清漪园、静明园、静宜园、碧云寺等处累计陈设87781件，共丢失75692件，保存完整9596件，破坏不全的陈设2493件。可见其遗失及损毁率高达89.06%，而圆明园损失的陈设数量更是不容小觑，只是由于史料缺失而暂时无从统计。

火烧三山和圆明园确实达到了英法联军预期的效果。咸丰皇帝虽远在热河，但他内心受到的沉重打击犹如近在咫尺，他下令尽快答应英法两国的所有条件。同时，他还担心英法军队北上热河，接连下诏调兵护驾。

10月24日，英国与清政府在礼部签订《北京条约》。

10月25日，法国与清政府在礼部签订《北京条约》。

10月28日，英法军队在传教士墓举办遇难士兵的葬礼。直到11月初，英法军队撤离北京。在他们撤离直到抵达欧洲的路上，皇家园林的珍宝一次又一次地遭到贱卖，它们至今散落在全世界的许多博

恭亲王奕訢，Felice Beato摄

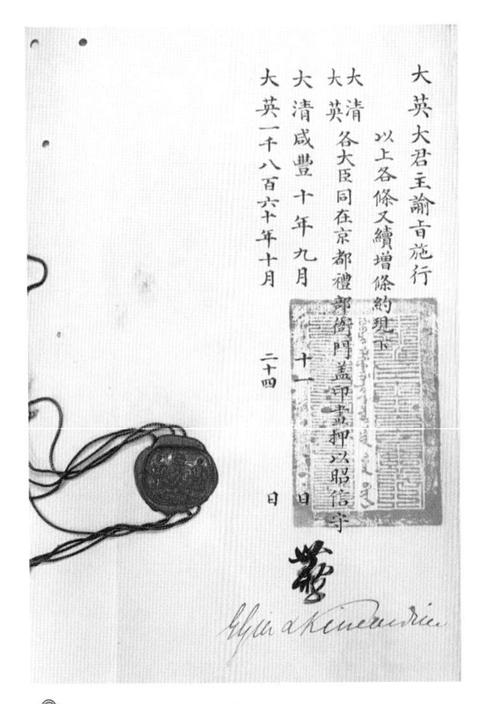

大英大君主諭旨施行
以上各條又續增條約現下
大清 大英 各大臣同在京都禮部衙門蓋印畫押以昭信守
大清咸豐十年九月 十一 日
大英一千八百六十年十月 二十四 日

中英《北京条约》原件

物馆和私人收藏家手中。

“明火执仗的强盗无耻地把野蛮行径看作了不起的业绩，而正直的人们则为之无比愤怒”（张超《家国天下》）。1861年，法国文豪雨果在《致巴特雷大尉的信》中斥责了英法联军在北京的暴行：

“一天，两个强盗走进了圆明园，一个抢掠，一个放火。可以说，胜利是偷盗者的胜利，两个胜利者一起彻底毁灭了圆明园。人们仿佛又看到了因将帕特农拆运回英国而臭名远扬的额尔金的名字。

当初在帕特农所发生的事情又在圆明园重演了，而且这次干得更凶、更彻底，以至于片瓦不留。我们所有教堂的所有珍品加起来也抵不上这座神奇无比、光彩夺目的东方博物馆。那里不仅有艺术珍品，而且还有数不胜数的金银财宝。多么伟大的功绩！多么丰硕的意外横财！这两个胜利者一个装满了口袋，另一个装满了钱柜。然后勾肩搭臂，眉开眼笑地回到了欧洲，这就是两个强盗的故事。”

法国前总统德斯坦先生在《1860：圆明园大劫难》的序言中写道：“焚掠圆明园，对中国至为残酷，而英法两国殖民军则极其可耻”。中国著名历史学家朱维铮说：“火烧圆明园是对文明的破坏，纵火者堪称文明恶棍。”

法国枫丹白露宫的中国馆内景

附：国内外收藏有三山五园文物的文博机构（不完全统计）

国内

中国国家博物馆：海晏河清尊，长春园西洋楼海晏堂兔首、鼠首

故宫博物院：《胤禛十二美人图》《弘历行乐图》《道光帝喜溢秋庭图》《静宜园二十八景图卷》《长春园西洋楼铜版画》等

台北故宫博物院：《寒食帖》《雪竹图》《胤禛十二月行乐图》等

中国园林博物馆：长春园茜园《青莲朵》太湖石

圆明园展览馆：玉器、瓷器等文物残件，圆明园汇万总春之庙御笔石刻，廓然大公规月桥御笔石刻，长春园西洋楼建筑构件等

保利艺术博物馆：长春园西洋楼海晏堂猪首、虎首、牛首、猴首

北京大学：圆明园安佑宫华表及石麒麟、断桥残雪牌坊、长春园西洋楼建筑构件等

北京中山公园：绮春园涵秋馆仙人承露台基座、长春园含经堂太湖石等

国家图书馆文津街分馆：圆明园安佑宫华表、山高水长乾隆御制碑、长春园石狮等

沈阳故宫博物院：《静宜园图》《静明园图屏十六开》等

上海博物馆：《浮玉山居图》

苏州拙政园：长春园西洋楼建筑构件

辽宁抚顺雨亭公园：泉宗庙石牌坊

保定动物园鹰山及猴山：圆明园文源阁太湖石

国外

大英博物馆："万寿山清漪园宝"玉玺等

法国国家图书馆：《圆明园四十景图咏》《御制职贡图》

法国枫丹白露宫中国馆：瓷器、玉器、金银铜器、唐卡等30000件文物

法国集美博物馆："圆明园"玉玺

法国荣军院：乾隆帝御用铠甲、宝剑等

德国科隆东亚艺术博物馆："静宜园宝"玉玺

美国大都会博物馆：《虞山林壑图》《归去来兮辞图》等

美国波士顿美术馆：《柳荫归牧图》

日本大阪市立美术馆：《骏骨图》

日本东洋文库：圆明园文源阁藏《四库全书》

清・样式房制作・同治年间的绮春园清夏斋烫样（故宫博物院藏）

事后经过内务府官员的清点，圆明、长春和绮春三园仅有十几处地处偏远的景点得以幸存，是中国古代艺术和文化最为惨重的损失之一。

在同治年间，皇帝虽然曾试图“以备圣慈燕憩，用资颐养（同治十二年八月十一日皇帝上谕）”，用奉养皇太后的名义对圆明园进行秘密重修，并命内务府进行了紧锣密鼓的设计和施工等筹备工作。但由于皇室的经费捉襟见肘，皇帝不但号召广大朝臣捐献银两以“报效”国家，而且不惜下令拆除了三山及周边赐园幸存的建筑材料。

“臣等拟将各员报效银共148000两，除出运渣土、供梁动用过银29060余两外，尚存银118900余两，即应酌量发交各商备办物料，以便兴修。”（同治十三年正月十四日总管内务府奏折）

“现存近春园拆卸木植，并清漪园领来木植，着算房详细查明根件尺寸，除去糟朽不堪用之外，尽数选用。”（同治十三年三月十七日圆明园总司档案）

圆明园中的正大光明、勤政亲贤、安佑宫、九州清晏、镂月开云、上下天光等景点，以及绮春园被改名为万春园后，迎晖殿、天地一家春、清夏堂（由清夏斋更名）等景点，均由样式房制作了精细的图纸和烫样（模型），其中甚至不乏室内装修的画样。同治十二年（1873年）时，在这些地方还按照习俗举行了上梁仪式。

但在清帝国日渐西山的背景下，这显然是一种荒谬而徒劳的行为。

“本年开工后，朕曾亲往阅看数次，见工程浩大，非克期所能蒇功。现在物力艰难，经费支绌，军务未尽平定，各省时有偏灾。

朕仰体慈怀，甚不欲以土木之工重劳民力，所有圆明园一切工程，均着即行停止，俟将来边境又安，库款充裕，再行兴修。”（同治十三年七月二十九日皇帝上谕）

重修圆明园的工程在不到一年的时间内，由于财力枯竭，在反对的声音中彻底宣告失败。不仅圆明园没有重现光彩，而且三山五园的其他园林也为此付出了惨重的代价。在清朝最后的日子里，这三座园林的废墟仍然由皇家进行管理，慈禧太后还曾携光绪帝多次至此游赏廓然大公、濂溪乐处等幸存景点，可见他们对圆明园深厚的情感寄托。

在清朝灭亡之后，圆明园彻底沦为了无人看管的“建材市场”，并遭遇了几十年的人为的破坏：建筑物、围墙、植物、山石等凡是能够被重新利用的材料都被各种人以各种理由移走，园中最体现艺术价值的山水也有一大部分被夷为平地并用作农田或形成村落。这也就是为什么今天的圆明园遗址如此荒凉，以及为什么圆明园的建筑构件散落在全国的多个地方。

圆明园遗址现状全图（2022年）

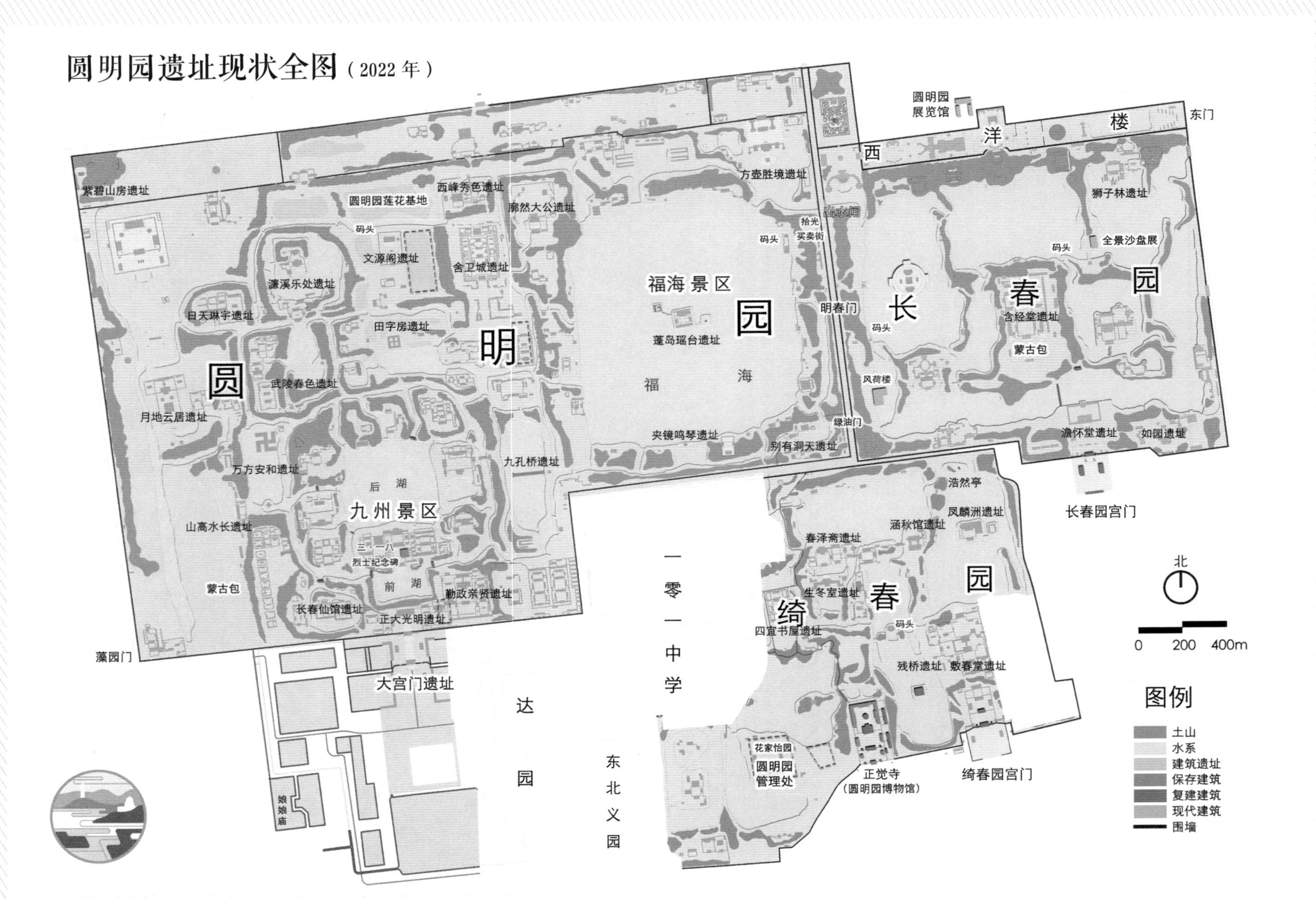

以水利为初衷的园林建设——清漪园到颐和园

水利兴园/为母祝寿/大局成形/落日余晖

在本节中，您将了解到：

1. 清漪园是如何体现祝寿的主题的？
2. 为什么说万寿山是一个“佛国仙境”？
3. 颐和园与清漪园相比都有哪些区别？

说起北京现存的皇家宫苑，人们脑海中浮现的除了故宫、北海，恐怕当属著名的世界文化遗产——颐和园了。就像是《苍穹之昴》等宫廷剧拍得那样，这座大园子里曾经上演了晚清时一幕幕的政治斗争与歌舞升平，而当时的清帝国正处在内忧外困、危在旦夕的状态之中。因此，即便是这里美轮美奂的湖山盛景也无法掩饰封建王朝的末日穷途。

事实上，这座名园是在同治年间重修圆明园失败的背景下，于光绪年间在清漪园的废墟上重建的。而它由于建造的时间最晚、也是三山五园中目前唯一一座保存相对完好的皇家园林。因此，颐和园是中国古代皇家园林的绝响和整个三山五园的遗珍。虽然人们的脑海中关于颐和园的记忆主要发生在晚清，但若想看透它的本质和源流，就不得不追溯到乾隆时期的两个重大历史事件。

 慈禧太后在德和园乘肩舆，勋龄摄（1903年）

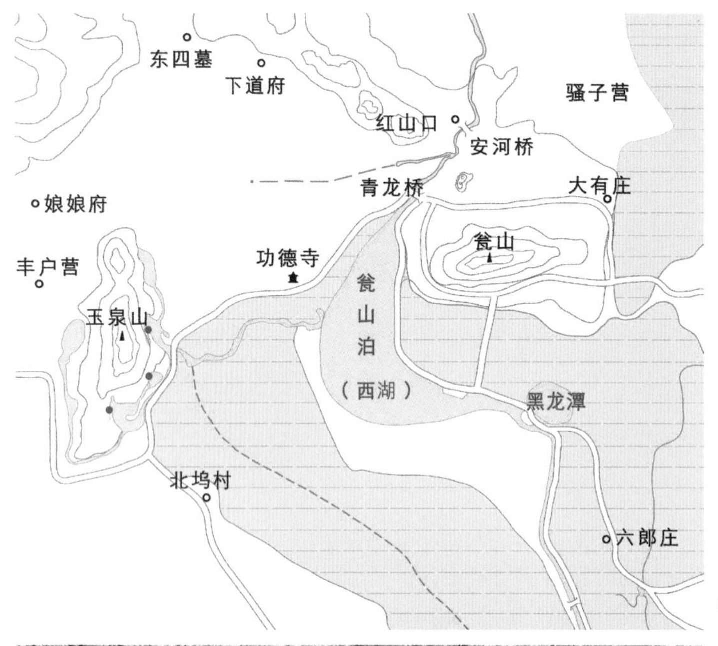

53 尧（约公元前2188—2067年），字放勋。中国上古时期的方国联盟首领，“五帝”之一，在治理水患上取得了影响深远的功绩。

明代的瓮山和玉泉山平面图

昌平白浮泉

水利兴园

“湖既成，因赐名万寿山昆明湖，景仰放勋[53]之迹，兼寓习武之意。”

“得泉瓮山而易之曰万寿云者，则以今年恭逢皇太后六旬大庆，建延寿寺于山之阳。”（乾隆帝《万寿山昆明湖记》）

在颐和园，曾有一座不高的荒山，据传说有人开凿出了一个“花虫雕刻文”的石瓮，于是它便得名为“瓮山”。在离山的不远处，曾有一片距今至少2300多年历史的湖面，由于地处京城之西，百姓俗称它为“西湖”或者“瓮山泊”。乾隆十五年（1750年）之前，万寿山和昆明湖这一山一水的名字还不存在，而上面这两句话直接说明了它们诞生的背景。可令人不解的是，就在几年之前，乾隆帝明明在《圆明园后记》中向全天下许下了诺言并告诫子孙后代：不再兴建皇家宫苑，为什么非要顶着巨大的舆论压力在这个偏远的郊外大兴土木呢？

其根本的缘由，就是治水。

今天，人们常通过修建水库和河渠的方法来保证城市用水、防控洪涝灾害，但这个方法并非当代人所创。早在元代至元年间，著名科学家郭守敬（1231—1316年）为元大都的水利工程立下了汗马功劳：由他主持修筑的引水渠——白浮堰将昌平白浮泉一带的泉水源源不断地运送到瓮山泊这个大型的半人工水库，再将水通过金代开凿的长河向东南输送到都城，最终由新开凿的通惠河注入大运河，以供给漕运用水。这样一个庞大的水利系统堪称北京城的命脉，在城市史中具有举足轻重的地位，同时它也将西北郊的风景与城市生活紧密地绑定在一起。

明代，白浮堰被逐渐荒废，玉泉山的泉水仍然能够维持瓮山泊这个水利枢纽的运转，这里曾一度成为帝王和达官贵人的游赏场所，被誉为“拟江浙西湖之盛”（《长安客话》）。自清代畅春园建园以来，随着皇室越来越青睐于生活在“风土清佳”（康熙帝《畅春园记》）的西郊海淀，周边的小型园林越建越多，雍正时期规模庞大的御园圆明园更是使这一带具备了前所未有战略意义。

“夫河渠，国家之大事也。”（乾隆帝《万寿山昆明湖记》）

为了解决西郊园林用水和下游京城用水的矛盾，同时大力发展农业、使这一带的风景更具诗情画意，乾隆帝经过深思熟虑，决定大干一场。

他并没有立即开始解决这个问题，而是首先考证了这一带的地理情况，并且先后在《麦庄桥记》《万泉庄记》《天下第一泉记》等几篇御制文章中写下了自己的“调研报告”，纠正了当时流传的多个谬误，在今天看来仍然具有很强的实证科学价值。他发现，以前人们都以为长河的水是由海淀巴沟的泉水注入的，但实际上这里的泉水一路通过万泉河顺着地势由南向北流去，最终汇入清河，“独水尽向北流，从无涓滴向南者”（乾隆帝《万泉庄记》），也就是说压根与长河没有关系。换句话说，玉泉山和巴沟的水系都是众多泉水汇集而成的水源地，它们不仅没有交集，而且流向也完全不同。乾隆皇帝身为一名高高在上的封建君主，通过亲自考证资料和实地考察，不仅弄清了事情的原委，并且避免了日后以讹传讹，他的这种实证精神是值得肯定的。

此外，西山一带的水资源存在着浪费的现象：“西山、碧云、香山诸寺皆有明泉，其源甚旺，以数十计。然惟曲注于招提精蓝之内，一出山而伏流不见矣”（乾隆帝《麦庄桥记》）。这意味着泉水在流出山后就再也找不到了。

弄清了这些之后，一个改变三山五园面貌的宏大水利规划就此诞生，并且在乾隆十四年（1749年）到乾隆二十四年（1759年）长达十年的时间中，逐渐变成了现实。

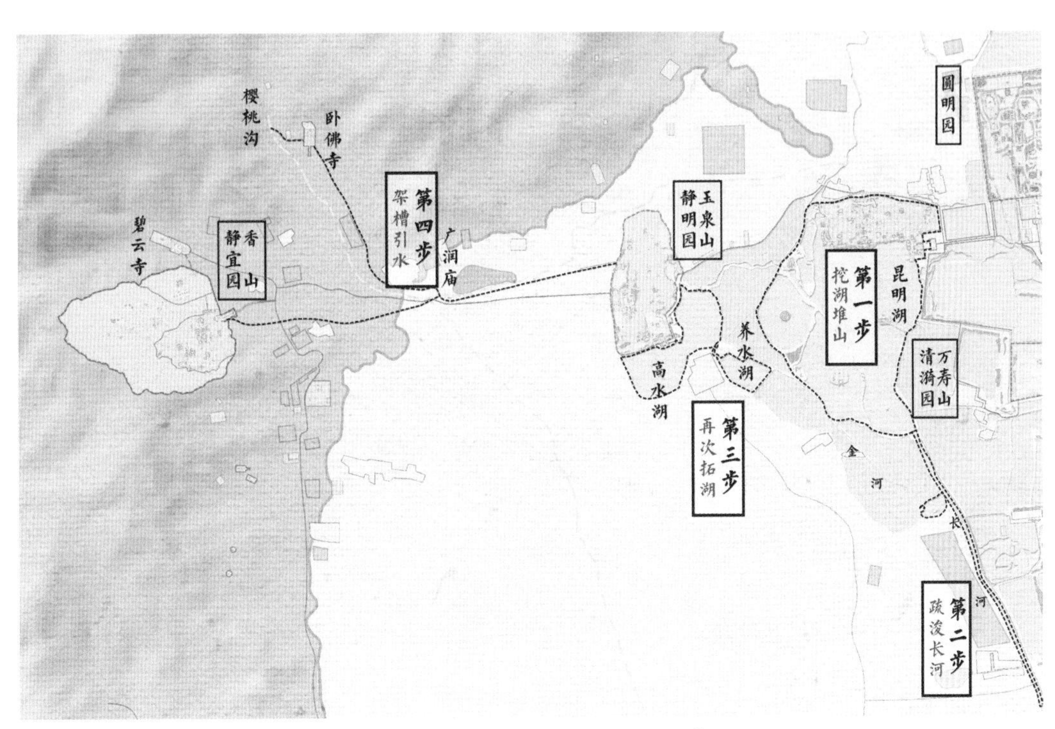

乾隆年间西郊水利工程步骤示意图

第一步，挖湖堆山

“西海受水地，岁久颇泥淤。疏浚命将作，内帑[54]出余储。乘冬农务暇，受值利贫夫。”（乾隆十五年《西海名之曰昆明湖而记以诗》）

“西堤此日是东堤，名象何曾定可稽？（西堤在畅春园西墙外，向以卫园而设，仅昆明湖乃在堤外，其西更置堤，则此为东矣）。”（乾隆二十九年《西堤》诗）

乾隆十四年（1749年）的冬天起，闲暇时节的农民们被皇家召集到一起，仅用了2个月的时间，共同将冰冻的瓮山泊开拓成为了一个占地面积达220万平方米的巨大湖面，相当于一个圆明园（不含附园）的大小。湖面的造型模仿杭州西湖“一堤六桥”的布局，由一条长达2公里的西堤将其划分为东西两部分，西边的水溢流到东侧的大湖，而这条西堤正是瓮山泊东堤所在的位置。玉泉山的泉水通过玉河向东进入昆明湖后得以存蓄，并且由北端的青龙桥、东堤上的二龙闸等多个水闸共同控制昆明湖的水位，开闸即可向稻田放水或在洪涝时节泄水。昆明湖也因此而被誉为“北京郊区出现的第一个人工水库”。

与此同时，挖湖产生的泥土得到了充分的利用，毫不起眼的瓮山经过一番艺术化地改造，转眼间变成了气势宏伟的万寿山，为之后的清漪园造园工程打好了基础。

再看这眼前的湖光山色和西边远处的西山山脉，不正是令乾隆帝魂牵梦绕的孤山和西湖吗？当他怀念杭州的美景时，来清漪园这里看看，几乎就是一模一样的感受。

“蜿蜒长堤接六桥，虚明镜里荡兰桡。群芳傲得东坡句，西子奚称独冶尧。”（乾隆三十一年《昆明湖泛舟作》）

第二步，疏浚长河

乾隆帝认为，上游水量的增加完全可以使京城与海淀之间的通航成为可能，于是自乾隆十九年（1754年），在历经3年的施工后，这条长达8.5公

清·宫廷画师绘·《西湖十景图卷》中的杭州西湖与《崇庆皇太后万寿庆典图》中的清漪园昆明湖（分别藏于台北故宫博物院和北京故宫博物院）

里的河道焕然一新，河水途经了长春桥、麦庄桥、广源闸、白石桥等桥闸，最终抵达京城西直门外的高梁桥。为了满足游赏功能，他还命人修建了位于高梁桥西侧的倚虹堂行宫（又称高亮桥行宫）及码头，并重修了始建于明代的万寿寺。这样，不仅河道的首尾两端有景可赏，而且中途也能够观赏到广仁宫、昌运宫和万寿寺等多座古刹，且“夹岸梵宇颇丽”（乾隆帝《麦庄桥记》）。

第三步，再次拓湖

“昆明湖蓄水以灌稻田。每当春月雨缺放水灌畦，湖内或艰行舟。”（乾隆二十二年《昆明湖泛舟至万寿山即景杂咏》）

可见，春天雨水稀少、恰好是稻田缺水的时候，昆明湖的用水出现了紧张的情况，连龙舟的航行都成了问题。为了解决这个问题，乾隆帝命人在玉泉山·静明园外开拓了高水湖和养水湖两个湖面。这项工程耗时3年，于乾隆二十四年（1759年）完工。为了防止高水湖发生洪涝，他将古代的金河作为泄水河，并在南侧尽端再拓一小河泡，湖水在此通过滚水坝注入长河之中，向京城流去。

第四步，架槽引水

“地势高则置槽于平地，覆以石瓦；地势下则于垣上置槽。兹二流逶迤曲赴至四王府之广润庙内，汇入石池，复由池内引而东行。于土峰上置槽，经普通、香露、妙喜诸寺夹垣之上，然后入静明园”。（《钦定日下旧闻考》）

乾隆二十二年（1757年）[55]，最后一项规模庞大的水利工程正式完工。西山的多个泉水经过引水石槽一路向东运到玉泉山下的湖中，地势较高的地方则将水

54 指皇家银库。

55 根据《钦定总管内务府则例-静明园卷》，涵漪斋于当年七月完工，证明西山引水石槽的建成不会晚于此时。因此严格意义来讲，本文的第三步和第四步可能同时进行。

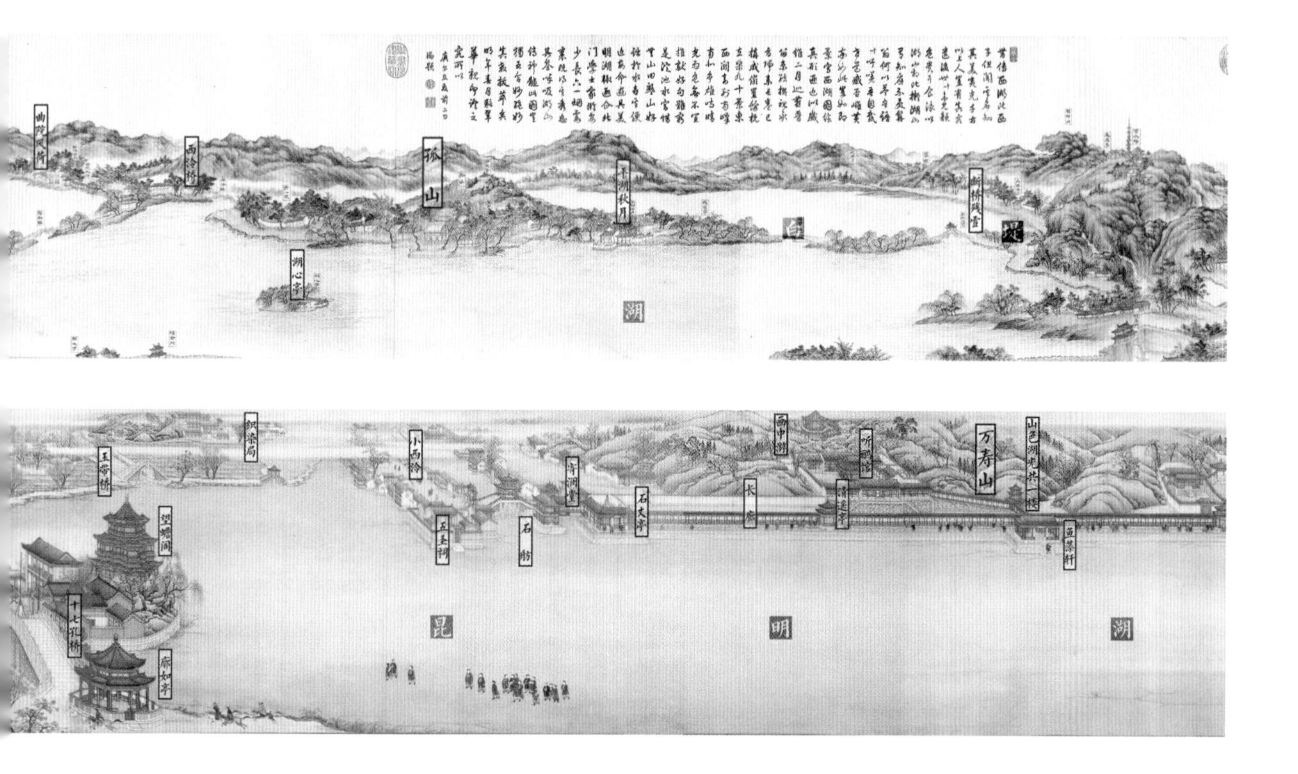

槽放于平地，并且覆上石瓦；而地势低的地方则将石槽放到墙的顶部。自西侧的香山和碧云寺来的泉水与北侧卧佛寺来的泉水在四王府村的广润庙内汇集，之后便通过石槽朝东北流向静明园。

另外，在广润庙附近，还分布有两条旱河，一条向东注入清河，另一条则向东南注入现在玉渊潭所在位置的湖面、进而汇入护城河。它们虽然平时干旱，但能在洪涝时期起到关键性的泄洪作用，以保证下游皇家园林的安全。

西郊的水利工程正是经过了上面这四大步骤，才最终完成。虽然工程量浩大，并且跨越了漫长的时间，但是它从根本上解决了北京城和三山五园的水利问题，堪称为元代郭守敬之后，中国古代科学技术上的又一次里程碑式的案例。更为重要的是，清漪园也在乾隆十五年（1750年）到乾隆二十六年（1761年）期间陆续修建完成，静明园的扩建工程也随着乾隆二十二年（1757年）仁育宫的完工而基本告竣。

清漪园的重要价值主要体现在，一是如何艺术化地处理工程问题，将诗情画意植入到山水景观之中；二是如何进一步地将它与政治和军事相结合，使园林景观为他的封建统治服务——在这两点上，它给出了一份堪称完美的“答卷”。

从昆明湖上看万寿山全景

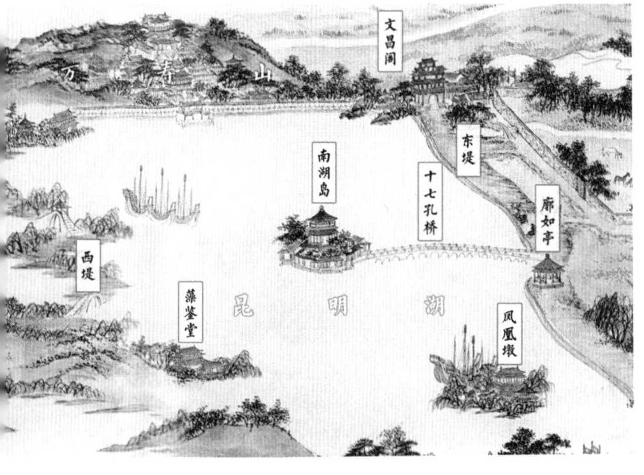

西山引水石槽遗址，侯仁之摄

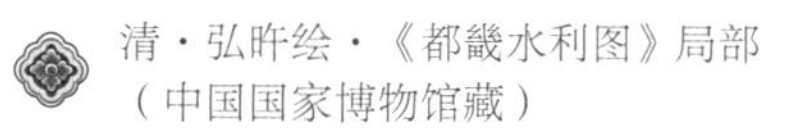

清·弘旿绘·《都畿水利图》局部
（中国国家博物馆藏）

倚虹堂与长河旧影

颐和园航拍照（1959年）

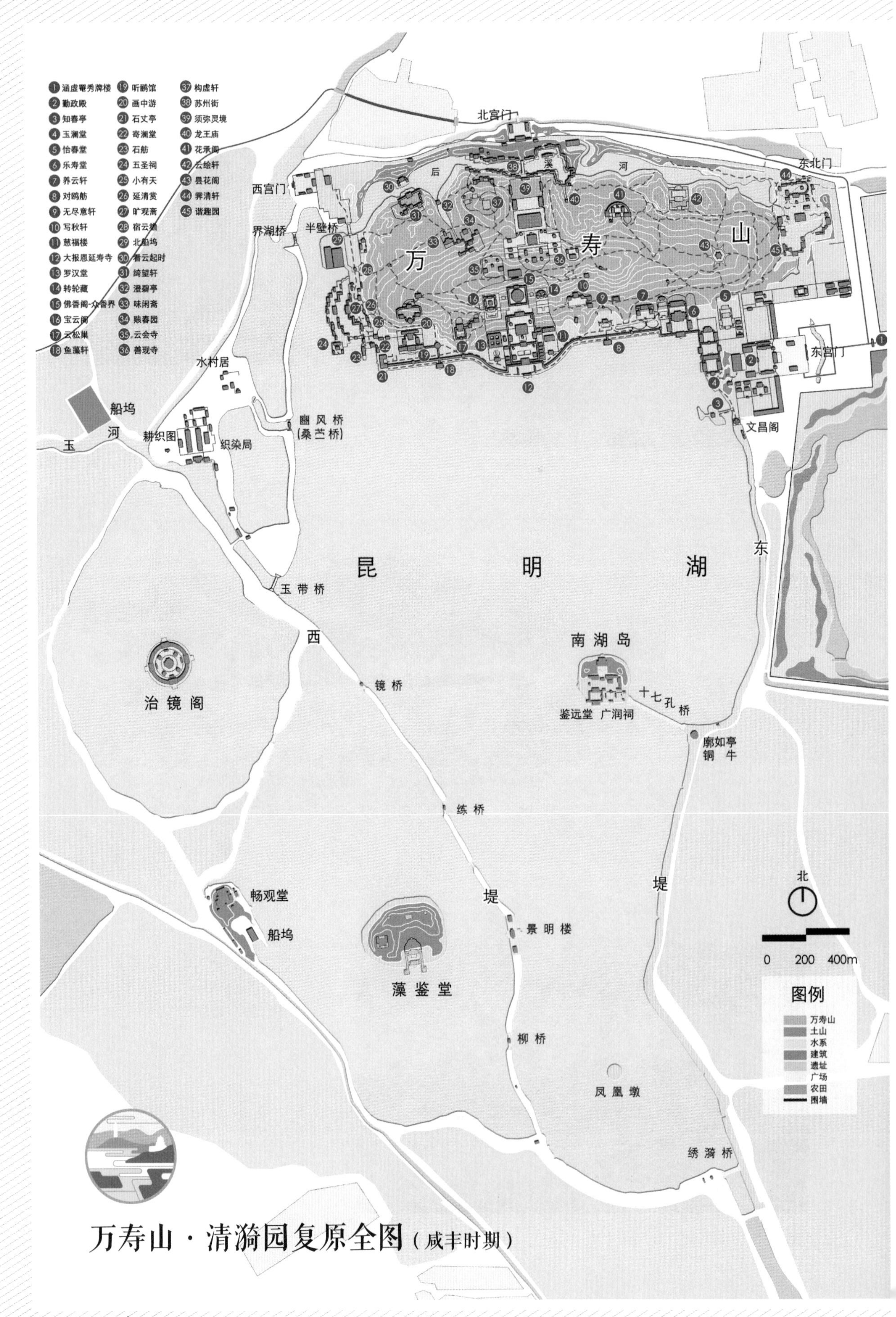

万寿山·清漪园复原全图（咸丰时期）

祝寿献礼

乾隆皇帝的生母钮祜禄氏被尊称为崇庆皇太后，她称得上是中国封建历史上“最幸福的太后”。早先，她13岁时（康熙四十三年，1704年）嫁给了26岁的皇四子胤禛，19岁时（康熙五十年，1711年）生下弘历，31岁时（雍正元年，1723年）丈夫胤禛继承大统，她相继被雍正皇帝册封为“熹妃”和“熹贵妃”，44岁时（乾隆元年，1736年）儿子弘历继承大统，她被尊为皇太后，从此过上了无比尊贵的生活。

兴建清漪园的另外一个原因，正是为了庆祝母亲在乾隆十六年（1751年）的六十大寿。

“我圣母仁心为质，崇信净业，登斯寺也，必有欣然合掌、喜溢慈颜者，亦足为承欢养志之一助。且山容清净，贞固恒久，宝幢金刹，日月常新。藉慈山之命名，申建寺之宏愿，春晖寸草之心与俱永焉。”（乾隆帝《万寿山大报恩延寿寺碑记》）

万寿山一带自元代起就有建寺的历史，元代的大承天护圣寺、明代的圆静寺、功德寺等都曾繁盛一时。伴随着湖山的整治工程，在万寿山前的临湖处，又诞生了一座金碧辉煌的皇家佛寺——大报恩延寿寺，寺的一东一西还建有慈福楼和罗汉堂两组建筑群。由于母亲崇信佛教，“思报之心与为罔极[56]”的乾隆帝认为，用这样一座寺庙来表达自己的“春晖寸草之心”并且祈求母亲健康长寿，要比仅仅办寿宴、送寿礼有意义多了。

大报恩延寿寺在布局上吸收了汉传佛寺的特点，临湖处设三面牌楼作为登岸后的第一个空间，在中轴线上依次布置有天王殿（今排云门的位置）、大雄宝殿（今排云殿的位置）和多宝殿（今德辉殿的位置）用于供奉佛像。这些建筑的地势逐层抬高，到第三进院落时，多宝殿已经通过爬山廊到达了高台之上，在这个空间之中，人显得十分渺小。乾隆帝本打算在寺庙后方砌筑高台，模拟杭州六和塔[57]造型建造延寿塔，使它成为整个清漪园的构图中心。

56 指报恩的心无穷无尽。

57 位于杭州市钱塘江畔，始建于北宋年间。僧人智元禅师为镇江潮而创建，得名于佛教的“六和敬”之义。

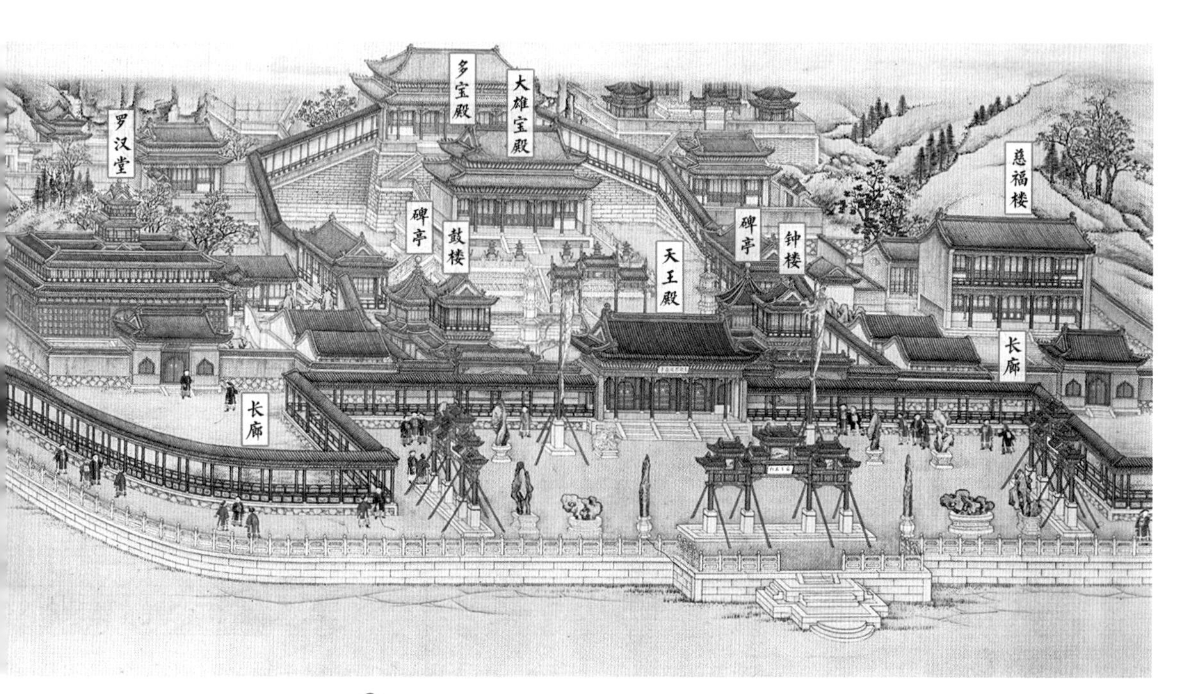

清·宫廷画师绘·《崇庆皇太后万寿庆典图》之大报恩延寿寺（故宫博物院藏）

“塔影渐高出岭上，林光增密锁岩阿。”（山前延寿塔今至第五层，已高出山顶矣。）（乾隆二十年《雨后万寿山》诗）

“隔岁山容忽入夏，阅时塔影渐横云。”（时构塔已至第八层，尚未毕工。）（乾隆二十二年《万寿山即景》诗）

但他万万没想到的是，乾隆二十二年（1757年）就在自己满心欢喜地期待着延寿塔建成时，已经建好了8层的宝塔因为出现了某种意外而叫停，乾隆在诗中也只用了“南北况异宜，窣堵建未妥”和“工作不臻亦颇[58]”模糊不清的说法来解释。真实的原因目前仍未有定论。一种说法是这很有可能是凭借当时的工程条件，无法使石台承载一座体量如此庞大的佛塔，于是乾隆帝不得不

颐和园排云殿-佛香阁建筑群

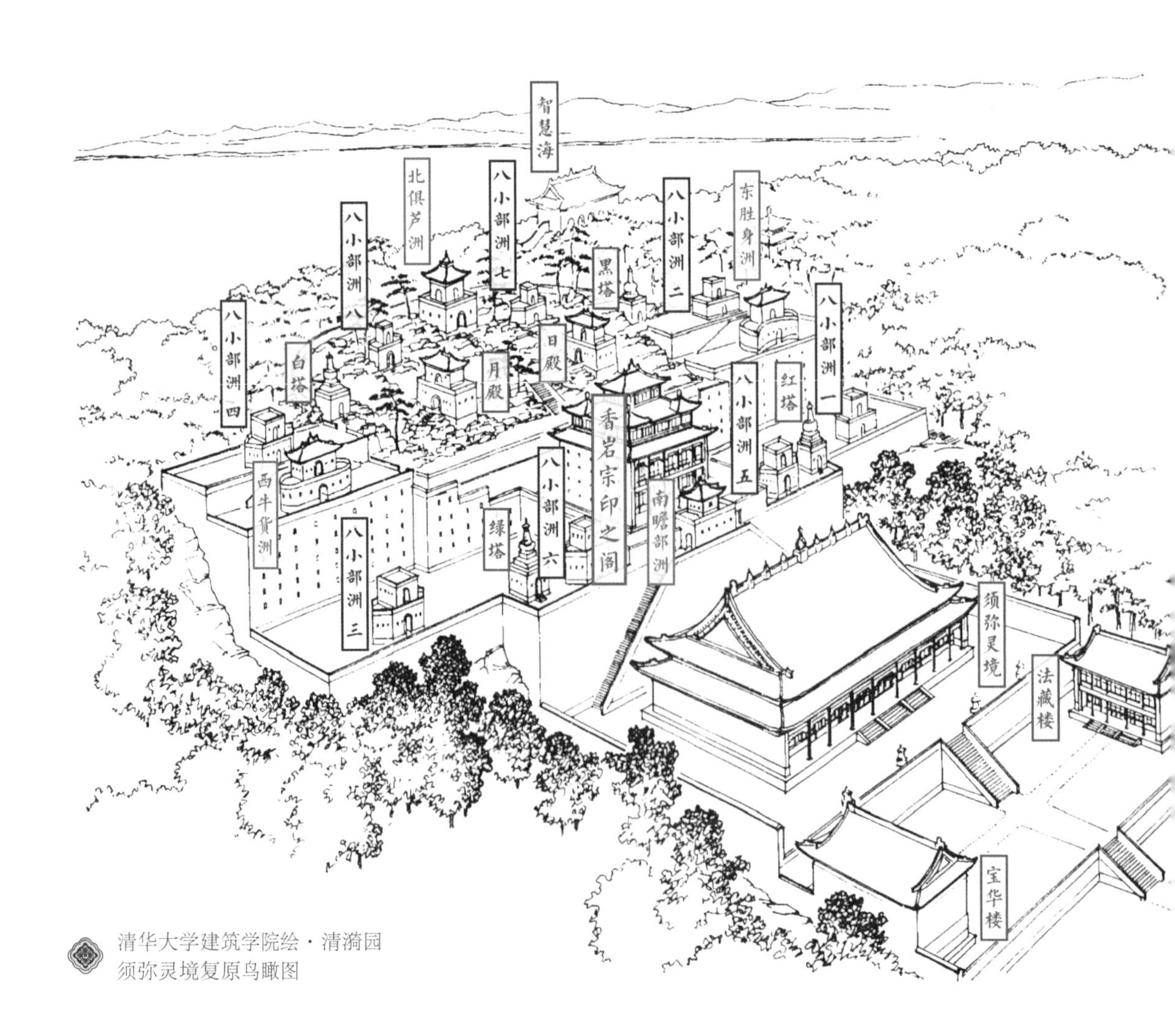

清华大学建筑学院绘·清漪园须弥灵境复原鸟瞰图

临时修改方案；另一种说法是随着工程进展，乾隆帝发现玉泉山顶的定光塔和延寿塔的样式出现了雷同的情况，效果不佳，于是才改成了今天所见的三层八面佛阁。这座佛楼被命名为佛香阁，源自佛教中以香供佛的悠久传统；同时，原本计划在玉泉山巅修建的“九层浮图”——定光塔也被修改成了我们今天看到的7层。这里面可能还有很多不便于明说的原因[59]，但我们似乎隐约地能够感受到，一味地追求建筑的形象和体量、而不充分地考虑实际情况，其结果就可能会导致工程的失败与经济的损失，拆塔实际浪费了多达57621两白银。另一个例子就是南湖岛上的望蟾阁，在嘉庆年间因为地基塌陷而不得不被拆除而改成低矮的涵虚堂。

与佛香阁一起建成的，还有一西一东的两座佛教寺庙：宝云阁和转轮藏，以及位于万寿山巅的纯琉璃质地的牌坊和无梁殿——众香界和智慧海，取义佛的智慧像大海一样无边无界。

与大报恩延寿寺背靠背而建的，是另外一座规模宏大的汉藏混合式佛教寺庙——须弥灵境，与承德的普宁寺互为“姊妹篇”。与大报恩延寿寺相比，同样是依山而建，但这座寺庙最大的特色在于模仿西藏的桑耶寺[60]而建。为此，乾隆十七年（1752年）时，皇帝还将画师、测绘师专门派往西藏考察。

以构图中央的香岩宗印之阁以及环绕四周的四大部洲——即东胜身洲、西牛货洲、北俱芦洲和南瞻部洲和八小部洲，与日台、月台，象征4种智慧的四色塔等等，打造出了一个“现实版”的佛教世界：须弥山位于中央，环绕它的是4个不同维度的世界，周围则环绕有广袤的大海。另外，云会寺、善现寺[61]两座小庙与一西一东拱卫着后山大庙，“云会”寓意佛国的弟子多到像云一般汇集至此；而“善现”则与统领33天国、护持佛法的帝释天所居住的善现城同名。由此可见，两组规模庞大的佛寺分别占据了万寿山一南一北的正中央位置，并且对称式地采用多座小型寺庙与之相配，共同营造

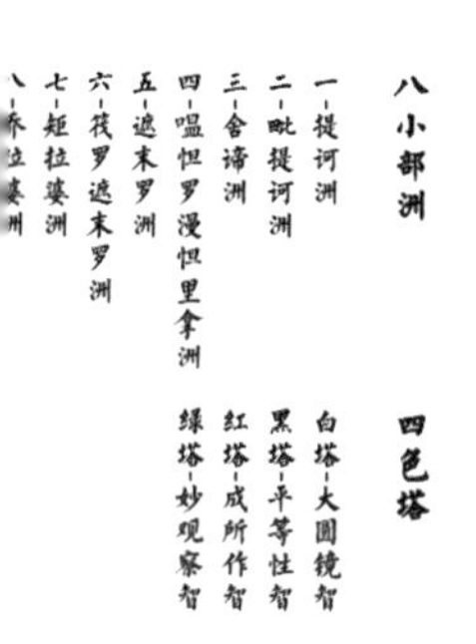

58 此两句诗分别引自乾隆二十三年（1758年）和《御制大报恩延寿寺志过诗》和乾隆二十五年（1760年）《新春万寿山报恩延寿寺诸景即事杂咏》

59 从《清高宗御制诗集》的序中可以发现皇帝的诗文经编纂后发行全国，“大小臣工及四方承学之士”都可以阅读到，因此乾隆帝可能在诗中刻意隐瞒了什么。

60 位于西藏山南地区的扎囊县桑耶镇境内，始建于762年，是西藏最重要的佛寺之一，其中乌策大殿象征须弥山，对应清漪园的香岩宗印之阁。

61 两座寺庙的轴线并不在同一条直线上，后山大庙的轴线向东偏了50米。

西藏桑耶寺，颐和吴老摄

承德普宁寺

出了一种“佛山”“圣山”的氛围。

与占据构图中心的宗教建筑相比，乾隆帝在万寿山上布置的其他景点就显得较为克制了，这其中很重要的一个原因就是他建造此园违背了当初的诺言。

“圆明园后记有云‘不肯舍此重费民力建园囿矣’，今之清漪园非重建乎？非食言乎？临湖而易山名，以近山而创园囿，虽云治水，谁其信之？”（乾隆帝《万寿山清漪园记》）

乾隆二十九年（1764年），他正式写下了这篇文章为园林作记，他自己坦白地承认自己没有克制住“点缀湖山之胜”的造园冲动，就算是向天下人辩解是为了治水，也不会有人相信他的话。所以为了减少过失，建园花的都是皇家的银两，雇佣的工匠都付了工钱，园中的宫殿都是毫无装饰的，事实可能并非如此。

今天的颐和园由于主要都是晚清时期重修的宫殿，对乾隆时期的景点改动较多，因此只有通过复原图才能够对这一问题加以判断。考虑到清漪园距离圆明园的藻园门仅有1公里远，乾隆帝并没有计划自己和皇太后来此居住，只是按照静明园这种行宫的规制设置了东宫门、勤政殿（今仁寿殿）和怡春堂（今德和园所在的位置）、玉澜堂和乐寿堂等少量的宫廷建筑。

“山气日夕佳，飞鸟相与还。此中有真意，欲辨已忘言。”（陶渊明《饮酒·其五》诗）

“最爱陶家诗趣闲，向西楼率额题颜……然于游每戒留恋，骋目何曾对夕间？”（乾隆五十八年《夕佳楼题句》诗）

这座名为夕佳楼的建筑是玉澜堂二进院内西侧的楼阁，在此可向西眺望夕阳西下和三山三园的湖山美景，极具诗意。但事实上，这个匾额是早在他构思造园的时候就已经题写好的；由于违背诺言，乾隆帝自己“惩罚”自己，“过辰[62]而往，逮午而返，未尝度宵”（乾隆帝《万寿山清漪园记》），因此他并没有机会欣赏到这番美景，这也算得上是他的一个终生遗憾了。

62 辰时是指7:00～9:00。

63 题名取自米芾拜石的典故。

颐和园长廊

昆明湖东岸的夕佳楼

云松巢入口的叠石

听鹂馆和画中游

过了乐寿堂，便是一条至关重要的山前游线，它东起邀月门，西至石丈亭[63]，全长728米，由273间游廊组成，在三山五园中甚为独特。虽然长廊临湖而建，但前山的所有景点都与它在构图上产生着关联：除了东西两端，长廊中间还分布有4座亭子和2座水榭，它们产生的南北向轴线同时也是画中游、听鹂馆、云松巢、写秋轩等景点的轴线，由此可见万寿山整体布局的严谨性。

这些小型园林的体量不大，布局较为规整，但因为依山而建而在立面观赏上富于变化，并且蕴含着深厚的文化底蕴，云松巢和邵窝就是代表性的一例。“云松巢”取自李白的诗句“九江秀色可揽结，吾将此地巢云松”，此后这个词汇就成了隐逸之所的“代名词”；而“邵窝”则直白地点明了这里是为了纪念北宋著名的理学家邵雍（1011—1077年），将宫殿以“窝”来命名，具有很明显的隐逸色彩。

写秋轩、画中游、湖山真意、意迟云在等景点则抒发了乾隆帝对自然气候和季节变换、湖山美景的赞美。这其中也不乏扬仁风、石舫等扇形或画舫等异形建筑来增加园林中的审美情趣。

与前山不同的是，后山的景点分布得较为分散，并且朝向多样，布局也较为灵活，将山地园林的特色充分地发挥出来。绮望轩和看云起时、苏州街、澹宁堂[64]和惠山园（嘉庆时期更名为谐趣园）（详情参见后文：名园再造）沿曲折深邃的后溪河布置，有的在峡谷两岸对望，有的则沿河流布局成江南水街，有的背山面水，有的则自成一园。而赅春园和味闲斋、构虚轩、花承阁和六兼斋[65]则位于半山坡，或依山层层台地、借溪谷之景，或砌筑高台、冥思佛法。这些景点虽然所处的位置不同，所欣赏到的内容也不尽相同，但它们的共同点在于充分地选取了万寿山代表性的地形和风貌，并且在进行适当地改造之后，能够使游人尽情地欣赏和沉思，反映出了古代先进的造园理念和施工水准。

未毁的万寿山后山的赅春园和味闲斋旧影（1875—1880年）

64 这一景名可能是乾隆帝为了怀念幼时在畅春园澹宁居里与康熙帝相处的岁月。

65 象征“良辰、美景、赏心、乐事、贤主、嘉宾”6种美好事物兼备。

澹宁堂春景（复建）

绮望轩遗址

湖中的大小三座岛屿延续了古代“一池三山”的造园传统，这三座岛屿并非像圆明园或静明园一样集中到一起，而是分散在了昆明湖的三个区域之中，分别作为各自水域的构图中心。

“金写神牛，用镇悠永。巴邱淮水，共贯同条。人称汉武，我慕唐尧。瑞应之符，逮于西海。敬兹降祥，乾隆乙亥[66]。”（乾隆帝《金牛铭》）

“虹卧石梁，岸引长风吹不断。波回兰桨，影翻明月照还望。”（乾隆帝御题十七孔桥对联石刻）

东侧的南湖岛在建园之前就是一座民间用于祈求风调雨顺的龙王庙（广润祠），为了在保留它的同时还能拓展湖面，寺庙所在的地方被改造成了岛屿，并且用一座长达150多米的石拱桥——十七孔桥将其与东堤相连。这座长桥不禁令人联想到圆明园曲院风荷景区的九孔桥，似乎在清漪园的昆明湖这里，它才能真正称得上是“修蝀[67]凌波”（十七孔桥南侧额题）。桥头建有一座巨大的重檐八方亭——廓如亭，还有一只用于镇水的铜牛放置水边，用这样一种传统来保佑昆明湖水长久安宁，带来福祉。

在西堤以西，俗称“团城”的治镜阁坐落在高耸的双层圆形城墙之上，外层的四周还有一圈圆形的游廊及朝向四个方向的殿宇。这种平面布局明显地呈现出藏传佛教中“曼荼罗[68]”式的特色，是万寿山须弥灵境之外的又一处“现实版”佛教世界。南侧的椭圆形岛屿上主要是藻鉴堂建筑群，这是一座建于土山环抱之中主体寻常对称的院落，但它最为特别的是左右两翼分别有一座伸入水中的亭子。院落之后的楼阁名为春风啜茗[69]台，是继静明园竹炉山房、静宜园竹炉精舍之后，在清漪园中的品茶胜地。由此可见，三座岛屿形象各异，反映出了不同的艺术形象，充分彰显了古人的创造力和想象力。

乾隆二十六年（1761年），清漪园正式建成。这不仅仅意味着一座皇家园林的建成，还意味着整个西北郊的面貌和功能都进行了一次成功的改造和提升，完善了三山五园的整体构图。应该说在这长达12年的时间中，正是在乾隆皇帝的总体控制下，西郊一带实现了人工与自然的完美交融。这里面充斥

昆明湖东岸的铜牛及十七孔桥

未毁前的治镜阁旧影

从湖山真意眺望玉泉山旧影

66 乾隆二十年（1755年）。

67 蝀音dōng，即虹。

68 译自梵语Mandaia，在古代印度指国家的领土和祭祀神灵的祭坛。古印度修行密法时，为防止妖魔侵入，通常划定圆形或方形的区域。在佛教中，曼陀罗的本意是指佛和菩萨所居的宫殿。

69 指品茶，啜音chuò。

着他关切农桑、重视水利的理性精神，孝亲敬佛的宗教观念和寄情山水的文人审美，他不仅将中国古代造园推向一个新的高度，而且为北京西北郊地区的生态保护做出了重要贡献。

改造之前，园林用水与下游的京城用水出现了冲突，西山一带的香山、玉泉山和瓮山各自独立而且并没有突出的观赏效果，农业也受到水源的限制而仅仅零星分布在皇家园林内外；而改造之后，由多处山泉和平地泉共同供给的水源十分丰沛，通过对引水石槽、高水湖、养水湖、昆明湖以及玉河、旱河等大小河湖水系及水闸、水坝进行有效的管控，水源得到了充分的利用，同时能够供给几百公顷的京西稻田、荷花和蒲苇地的生产。这种运行模式在为大量农民提供了就业机会的同时，还能使皇家从中不断获得经济收益，反过来又投入资金来维护这些水利设施（详见后文：农副产业）。而在生态上，园林建设中的山水整治和苗木栽植起到了涵养水源的重要作用。

借助清漪园和水利工程的建设，“三山”之间在空间和视觉上实现了连接和融合。西山引水石槽将香山和玉泉山紧密相连，蜿蜒的玉河又将玉泉山和万寿山相连，而昆明湖则为海淀一带的稻田和圆明园等园林供水，此外，金河、南北旱河又在其中扮演着泄洪的保险作用。于是，东部以畅春园、圆明园为主的平原宫苑区和位于西部以三山三园为主的山地宫苑真正地连成一片，标志着三山五园地区凭借一个完整的形象，构成了清帝国在首都郊外的“特区”。

在视觉欣赏上，风格各异的宝塔或楼阁矗立在三山之上，构成了西郊一带的多个制高点和建筑地标。它们以壮美的西山为背景，与香山周边的藏式碉楼和寺庙建筑群，及模仿塞外的彩色叶植物景观共同交织在一起，构成了一幅完美的“天然图画”。今天，我们无论从昆明湖东岸向西看，还是从香山上向东看，都会明显地感受到一种皇家威严与佛国仙境交相辉映的庄严氛围，以及层次分明、充满韵律的整体景观效果。

更重要的是，在静宜园、静明园和清漪园三园之中，共分布有百余处艺术水平高超、文化内涵多样的寺庙和园林景观，若深入其中游览体验，定会感到奇趣无穷，陶醉于这里的“饕餮盛宴”。然而嘉庆道光朝以来，清漪园的凤凰墩、乐安和、云绘轩等景点皆被皇帝下令拆除，构虚轩、怡春堂在道光年间接连因管理人员玩忽职守而被烧毁，且无力修复。可见此时，国力的衰败也反映在了皇家园林的面貌之上。此外在道光后期，皇帝停止巡幸三山（咸丰年间又恢复），并大规模撤回了御用陈设，对比道光帝初期和道光晚期的数量可以发现：静明园的陈设从24214件减少为20233件，静宜园的陈设竟从41044件减少为21957件，而清漪园的陈设反倒是从40559件增加为42766件。

从万寿山·颐和园向西眺望

从香山·静宜园向东眺望

万寿山颐和园（清漪园）

万寿山清漪园
畅春园

落日余晖

然而这一切，并没有打动那些第一次来到北京的外国军人，而使他们停止野蛮的行径，清漪园中的绝大部分景点都在1860年遭到了有组织、有计划的焚毁，只留下了空荡荡的万寿山和烧焦的瓦砾废墟。

同治十三年（1874年），重修圆明园宣告失败；几个月后，西苑三海的修建工程也被迫停工。但慈禧皇太后并没有彻底放弃修园的“执念”。

1875年，就在年仅19岁的同治皇帝驾崩后，由于先帝没有子嗣，她不得不立醇亲王与自己亲妹妹所生的孩子——年仅4岁爱新觉罗·载湉（在位时间1875—1908年）为皇帝。又是一个幼年天子！回想起英法联军火烧三山五园、被迫签订了《北京条约》后的第二年，咸丰皇帝就在热河憾然离世，年仅6岁的爱新觉罗·载淳登上皇位，慈安和慈禧两宫皇太后发动政变扳倒了先帝钦定的“顾命八大臣[70]”，开始了“垂帘听政”的漫长岁月，这位皇太后独揽大权的状态本应在光绪皇帝18岁（1889年）亲政的时候结束，没想到一直持续到了光绪皇帝和慈禧太后在1908年相继去世的时候。

颐和园就是诞生在慈禧太后原计划归政前夕的光绪十二年（1886年）。

“请设昆明湖水操学堂。查健锐营、外火器营本有昆明湖水操之例，后经裁撤。请仍复旧制，改隶神机营、海军衙门会同经理，并由北洋大臣酌保通晓洋务文武数员来京，俾资教练。”（醇亲王奕譞奏折，光绪十二年七月十七日）

清·宫廷画师绘·光绪皇帝朝服像

70 由怡亲王载垣、郑亲王端华、大学士肃顺、额驸景寿等8人组成的辅佐幼帝的团队。

71 譞音gǔ。

清·沈容圃绘·《同光十三绝》（故宫博物院藏）

颐和园乐寿堂，颐和吴老摄

这一年，昆明湖水操学堂诞生于清漪园时期的耕织图景区，它被用于培养大清帝国的新一代海军人才。虽然昆明湖水面甚广，但完全无法与大海相提并论，所以在此培养海军，最多可能因为地处天子脚下而在师资和理论知识上有些优势，在实操上则远不如在海边训练的效果。

直到两年后，人们才发现，重新启用废弃了快30年的清漪园旧址，原来是有别的目的。

“溯自同治以来前后二十余年，我圣母皇太后为天下忧劳，无微不至，不克稍资颐养……万寿山大报恩延寿寺，为高宗纯皇帝侍奉孝圣宪皇后三次祝嘏[71]之所，敬踵前规，尤征祥洽。其清漪园旧名，拟改为颐和园。殿宇一切亦量加葺治，以备慈舆临幸。”（皇帝上谕，光绪十四年二月初一日）

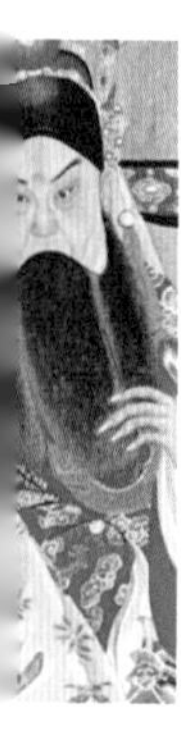

对于建园工程明示天下，慈禧太后马上就做出了回应，赶忙解释修园的工程没有动用国库的一分钱，也不是打算将要继续重修圆明园，生怕外人误会此事。

“此举为皇帝孝养所关，深宫未忍过拂，况工用所需悉出节省羡余，未动司农正款。但外间传闻不悉，或疑圆明园工程亦由此陆续兴办，则甚非深宫兢惕之本怀。”（慈禧太后的同日懿旨）

虽然名义上说是不能动“司农正款”，但修园的钱究竟从哪里来？

在这个特殊时期，由醇亲王主管的海军总理衙门阴差阳错地成为了“资金筹备处”。

同年十一月，惆怅不已的醇亲王致电当时的直隶总督李鸿章，嘱咐他来联络各省总督为修建颐和园筹集一笔巨款。这个呼吁马上就得到了几省总督的反馈：

粤督张之洞认筹100万两，曾国荃认筹80万两，湖广总督裕禄40万两，四川总督刘秉璋20万两，直隶勉强凑上20万两，合计260万两白银。

而这些白银并非直接拨往修建颐和园的工程部门，而是“以海军名义存洋行生息，名为海军巨款，以每年息银供园工应用”，也就是说这笔巨款所生的利息才是用于修园的钱。但是这笔巨款并非一时能够凑齐，利息也并非能迅速生出，因此只好每年从海军经费中“腾挪”出30万两拨给工程处使用，海军衙门大臣奕劻曾多次上奏“讨债”，光绪皇帝则命令“内务府归还海军衙门借款（皇帝上谕，光绪十五年五月十二日）”。此外，海关的税银也被用来作为颐和园的常年维护费用。

正当颐和园中紧锣密鼓地筹备慈禧太后的六十大寿庆典时，中日甲午海战爆发。光绪二十年（1894年），原本计划效仿康乾二帝在京城至御园的沿途设置诸多点景的盛大庆典仪式，不得不改在皇宫内举办。

在战争中，大清海军惨败。

1895年4月17日，中日两国签订《马关条约》。

当年，海军衙门遭到裁撤，颐和园工程停止，总花销估计500万～600万两白银。

在接近10年的工程中，颐和园重现了清漪园往日的风采，前山前湖的绝大多数景点都得到了重修或改建，并由南书房的翰林们代替皇帝题写了大量的匾额和楹联。虽然有大量的景点仍然延续了乾隆皇帝为清漪园题写的景名，但悬挂在檐柱上的楹联则充斥着歌功颂德、粉饰太平的华丽辞藻，与乾隆时期的楹联匾额风格迥异。

（上联）“亿载诒谋，德超千古”
（下联）“两朝敷政，泽洽九垠”
（慈禧太后寝宫乐寿堂内楹联）

（上联）“嵩岳大云垂，九如献颂”
（下联）“瀛洲甘雨润，五色呈祥”
（排云殿外柱楹联）

此处再摘取两条乾隆皇帝为清漪园题写的楹联：

（上联）“境自远尘皆入咏”
（下联）“物含妙理总堪寻”

（上联）“烟景学潇湘，细雨轻航暮屿”
（下联）“晴光总明圣，软风新柳春堤”
（十七孔桥）

由于万寿山和昆明湖的山水是清漪园时期打下的良好基础，并未遭到破坏，因此可以节省不少的工程量。于是，慈禧太后为了打造自己心仪的养老之地，将心思全部用在了宫殿的设计和室内装修之上。前山最为重要的建筑群大报恩延寿寺被改建为了排云殿建筑群，不再作为寺庙，其格局更像是将皇宫中的外朝移植过来。为了满足日常起居和娱乐的需求，乐寿堂附近增大了起居及演艺建筑的比重，玉澜堂、宜芸馆作为帝后的寝宫，慈禧太后本人则住在临湖的乐寿堂里，而德和园大戏楼则成为了晚清宫廷戏曲表演的中心，清人还曾用工笔描绘了13位技艺非凡的京剧表演艺术家。虽然寝宫和戏楼规模基本上将万寿山东南角的区域“填满”，但这与圆明园的九州清晏和同乐园相比还是“寒酸”了不少。

清·样式房制作·德和园烫样

德和园大戏楼，颐和吴老摄

万寿山西侧停泊的清晏舫

此外，有多处景点因经费的原因被放弃复建或简化了方案，如昆明湖东岸的文昌阁、万寿山上的昙花阁（即颐和园景福阁）、须弥灵境的香岩宗印之阁等均因降低了高度而改变了整体造型，昆明湖畔的石舫由中式楼阁被改为了中欧的“混搭风”，名称改为清晏舫，与圆明园的九州清晏寓意相同。遗憾的是，万寿山后山的苏州街、构虚轩、赅春园、澹宁堂等景点遭到了废弃。

不仅如此，颐和园园墙之内的范围也远远超出了清漪园，园墙的高度也被加高。原本以万寿山为园林，但在光绪时期则将整个昆明湖围入了园中。甚至有图档表明，颐和园与静明园之间的大片范围可能也被大墙圈入；如此一来，在动荡的局势之中，游赏两座园林就可以显得更加安全。

然而，颐和园没能逃过八国联军的洗劫和破坏。光绪二十六年（1900年）的七月，八国联军兵临城下，慈禧太后携光绪皇帝从紫禁城匆忙赶往颐和园，之后便逃往西安。这是继1860年之后，清王朝第二次帝后出逃。外国军队便蜂拥而至，将颐和园作为他们的营地，直到第二年清政府与列强签订了《辛丑条约》之后，军队才陆续撤出。在清朝的最后几年岁月中，颐和园因曾作为外交场所而在世界享有很高的声誉。

光绪三十四年的九月二十六日（1908年10月20日），慈禧太后和光绪皇帝离开了颐和园，再也没有回来。一个月后，二人相继病逝于中南海，颐和园则被下令封存。1912年，大清王朝随着宣统皇帝颁布了退位诏书而宣告灭亡，颐和园成为了中国历史上的最后一座皇家园林。

清漪园昙花阁（1860年Felice Beato摄）与在昙花阁旧址上重建的景福阁对比

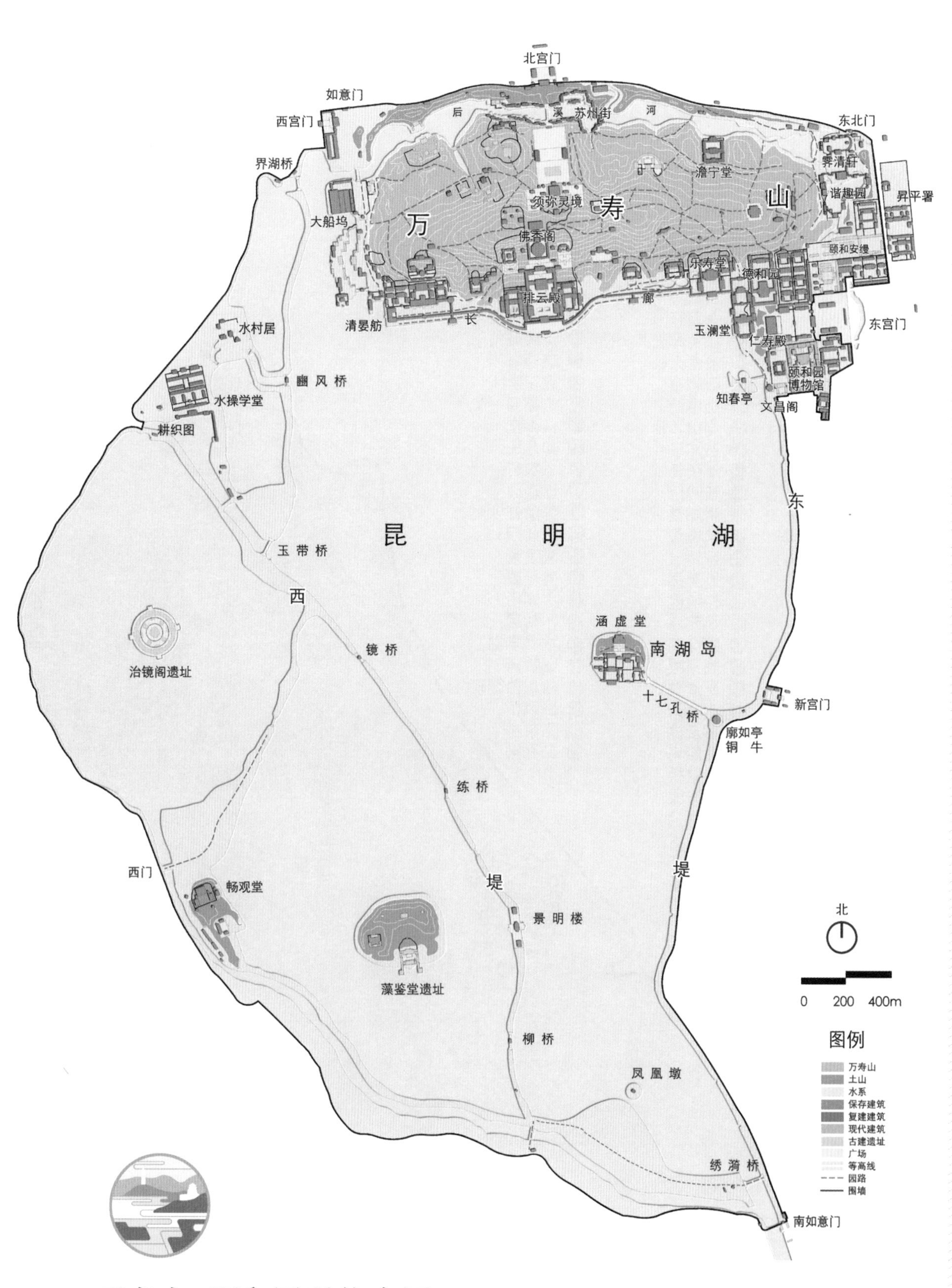

万寿山·颐和园现状全图（2022年）

颐和园万寿山现状全图（2022年）

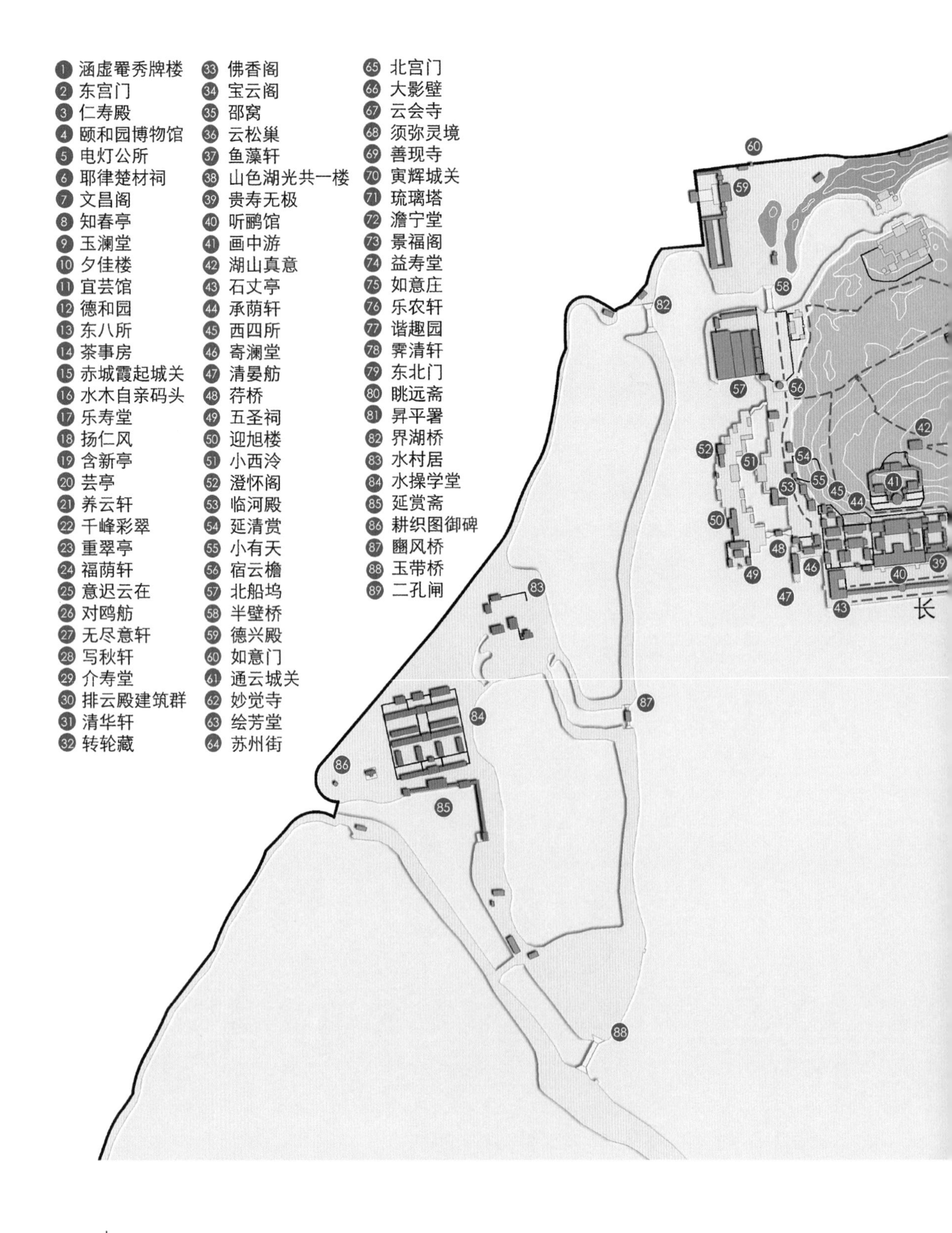

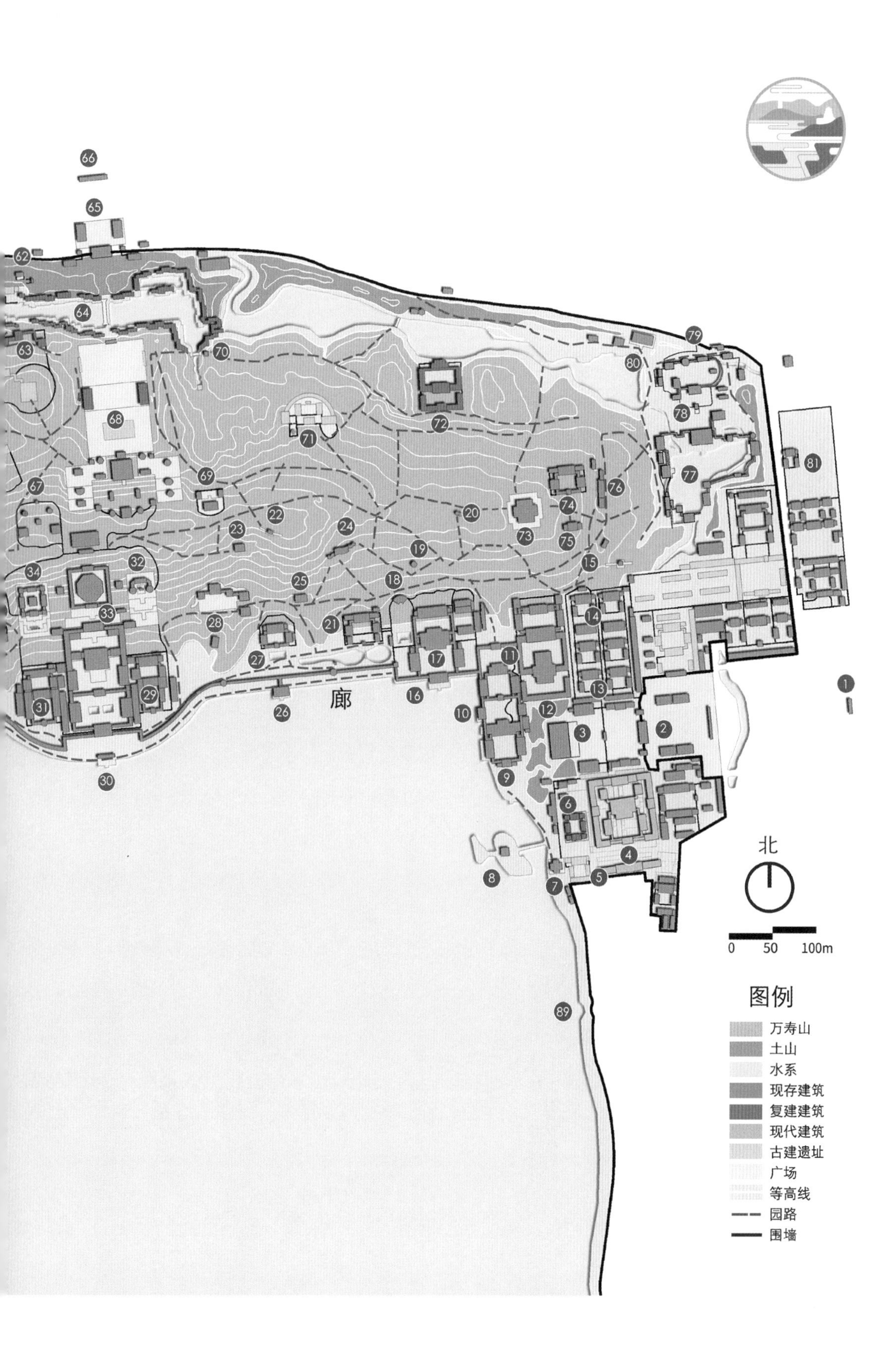
廊
北
0
50
100m
图例
万寿山
土山
水系
现存建筑
复建建筑
现代建筑
古建遗址
广场
等高线
园路
围墙

图解历史：三山五园千年发展轴

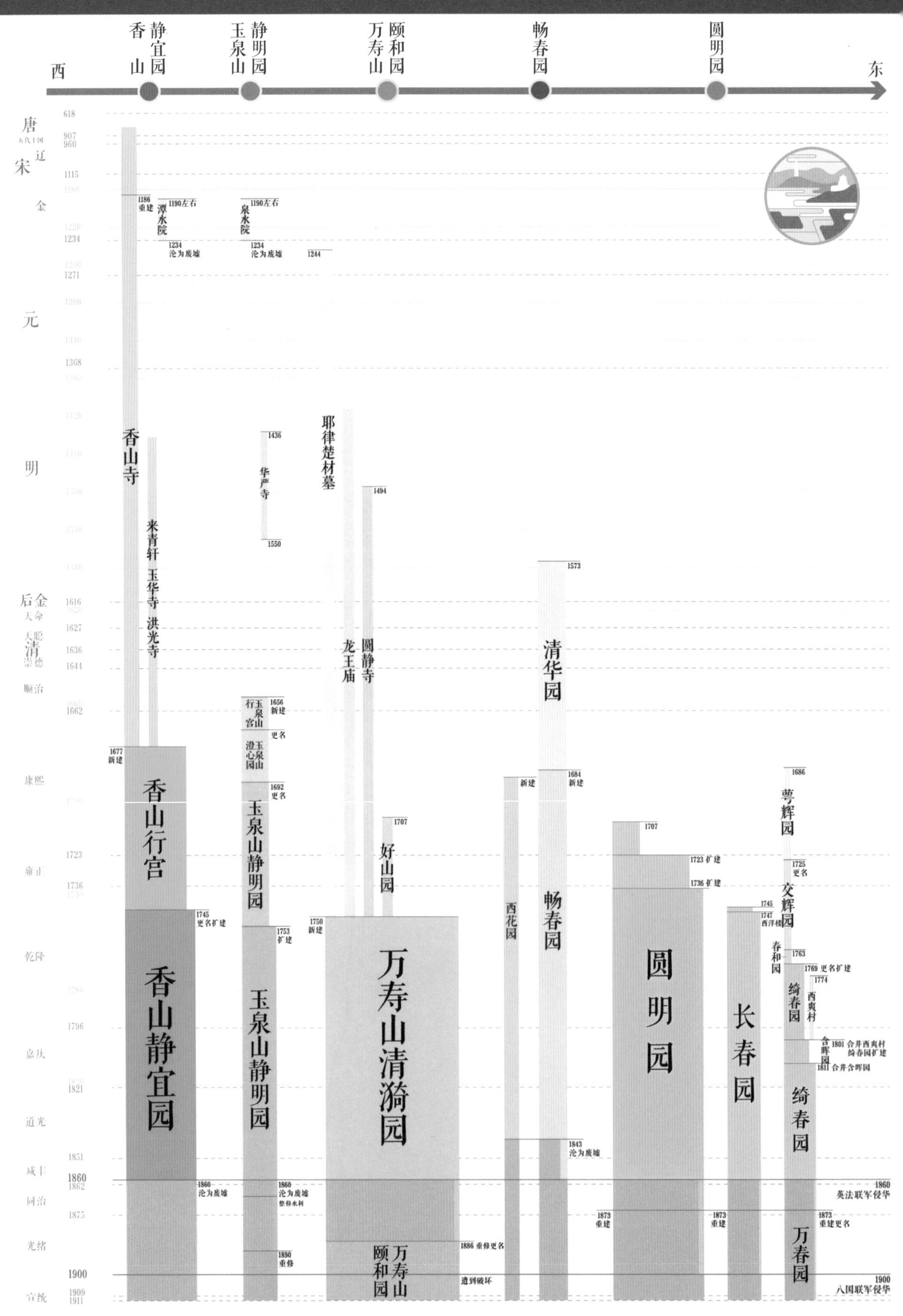

图轴解读

◆坐标自上而下代表了自金代至清代的近千年的历史脉络；清代不同帝王在位的时间以虚线进行区分，同一座园林发生变化的时间节点用文字进行了标注；1860年和1900年两个三山五园遭受侵略者摧残的年代用红线进行标识；坐标自左至右代表了这些园林在三山五园地区的相对位置。

◆不同颜色的色块代表了三山五园地区中8座皇家园林，西花园虽然是畅春园的附属园林但是它相对独立，圆明园的附属园林长春园和绮春园同理；色块的宽窄代表了它们的占地面积，长短代表它们存在的时间；其中灰色色块代表园林废墟。

读图示例

如果想了解康熙时期（1662—1722年）的三山五园面貌　当时，玉泉山行宫已由顺治帝主持建造，康熙帝首先于1677年建造了香山行宫，在1684年利用清华园旧址建造畅春园，不久后又建造了附属的西花园，在1686年赐予皇兄福全萼辉园，在1692年将澄心园更名为静明园，在1707年赐予皇四子胤禛圆明园，赐予大阿哥好山园。

如果想了解乾隆时期（1736—1795年）的三山五园面貌　当时，圆明园、畅春园和香山行宫都已经存在，乾隆帝在继位之后首先对圆明园进行了扩建，在1745年同时兴建香山 · 静宜园和圆明园的附属园林——长春园，在1750年时新建万寿山 · 清漪园（园址包含了元代的耶律楚材墓，以及龙王庙和圆静寺、好山园所在的区域），在1753年起扩建玉泉山 · 静明园，在1769年正式将绮春园并入圆明园之中。

如果想了解1860年至清末的三山五园面貌　在遭受英法联军洗劫并焚毁后，三山五园几乎全部沦为废墟，但静明园、清漪园和圆明三园都有或多或少的景点幸存，只可惜圆明园中幸存的景点没能逃过1900年的战乱，唯独绮春园的正觉寺幸存至今。1873年时，同治帝曾下令重修圆明园，但很快宣告失败，绮春园被更名为万春园（现在仍称绮春园），重修时还拆毁了清漪园等园的幸存房屋作为建材。清漪园和静明园在光绪年间相继得到修复，清漪园被更名为颐和园，因此它们也是三山五园中保存相对完整的两座皇家园林了。而畅春园早在道光年间就已经变为废墟，唯独恩佑寺和恩慕寺两座祭祀的场所，两座寺庙毁于1860年，现仅存山门，成为畅春园唯一幸存的两座地面建筑。

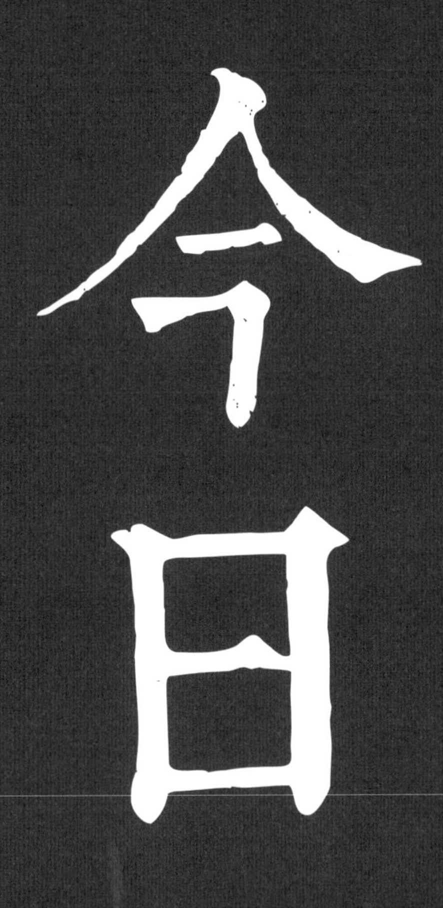

宜逛园

郊外小京城 / 山水林田湖 / 御道 / 西山山脉 / 万泉河水系 / 长河水系 / 梯级蓄水系统
京西稻 / 人工山水改造 / 工程奇迹 / 植物造景 / 景面文心 / 第三自然 / 写仿江南
移天缩地 / 万物皆备于我 / 寄畅园 / 惠山园 / 廓然大公 / 狮子林 / 宗镜大昭之庙
宝相寺 / 仁育宫 / 香山红叶 / 西洋植物

京西特区的

通盘设计

从上文的复原图不难发现，在三山五园地区中，供皇室直接游幸的圆明园、畅春园、清漪园、静明园和静宜园这5座大型皇家园林并不是孤立地存在于北京西北郊这个区域。伴随着**皇家园林**，还分布有多座用于地方管理的衙署、皇帝的亲信或大臣居住的小型赐园、普通百姓居住劳作的村镇和稻田、以及保卫皇家园林安全的军营和特种部队的营地等。

可见在清代，三山五园地区的人群结构较为复杂，不仅有皇室、朝臣、军人，还有僧侣、奴仆、工匠、农民、商人等等，涵盖了当时社会各个阶层不同职业身份的人。

同时，由于属于皇家的直接管辖，皇室成员常年居住于此，因此这里算是一个当之无愧的**“小京城”**。

虽然不像**北京古城那样拥有城墙和护城河作为明确的边界**，以及一条长达7.8公里的中轴线进行整体控制，但三山五园地区确实可以被称作为一座没有城墙的郊外“城市”了。

至于它的准确范围和面积，虽然目前没有定论，但如果将环形分布的圆明园八旗护军营进行连接，**就会发现除香山·静宜园之外的两山四园全部位于一个直径为8公里的圆中**，圆心则位于畅春园以西的马厂之中；如果以静宜园为中心，将八旗健锐营及周边寺庙全部包含，则需要一个直径为5公里的圆。这样一来，这两个圆形区域实际上包含了三山五园地区的绝大部分内容，**如山、林、水、园、田、村、寺、营8种不同的要素。**

与京迥异的布局特色

在本节中，您将了解到：

1. 清代三山五园地区都有哪些特色的景观？
2. “五园”之外的园林还有哪些？
3. 哪几条水系曾是三山五园地区的“血脉”？

从复原图中不难发现，在三山五园地区中，供皇室直接游幸的圆明园、畅春园、清漪园、静明园和静宜园这5座大型皇家园林并不是孤立地存在于北京西北郊这个区域。伴随着皇家园林，还分布有多座用于地方管理的衙署、皇帝的亲信或大臣居住的小型赐园、普通百姓居住劳作的村镇和稻田、以及保卫皇家园林安全的军营和特种部队的营地等。可见在清代，三山五园地区的人群结构较为复杂，不仅有皇室、朝臣、军人，还有僧侣、奴仆、工匠、农民、商人等等，涵盖了当时社会各个阶层不同职业身份的人。同时，由于属于皇家的直接管辖，皇室成员常年居住于此，因此这里算是一个当之无愧的“小京城”。

虽然不像北京古城那样拥有城墙和护城河作为明确的边界，以及一条长达7.8公里的中轴线进行整体控制，但三山五园地区确实可以被称作为一座没有城墙的郊外“城市”了。至于它的准确范围和面积，虽然目前没有定论，但如果将环形分布的圆明园八旗护军营进行连接，就会发现除香山·静宜园之外的两山四园全部位于一个直径为8公里的圆中，圆心则位于畅春园以西的马厂之中；如果以静宜园为中心，将八旗健锐营及周边寺庙全部包含，则需要一个直径为5公里的圆。这样一来，这两个圆形区域实际上包含了三山五园地区的绝大部分内容，如山、林、水、园、田、村、寺、营8种不同的要素。

如果要计算它的整体面积，则可以通过公式：面积（S）$=\pi\times R^2$。

三山五园地区的总面积不应小于：50.265+19.635≈69.9平方公里＞62.5平方公里（北京内外城的面积）。

那么不禁要问，如此庞大的一个区域，如何才能解读它的布局特色？

——第一，从东到西由城市向自然过渡；

——第二，由东西南三个水流方向串联。

第一个特色主要体现在三种风貌上。

在东部的平原地带，围绕海淀镇、畅春园和圆明园而密布着大小皇家赐园（淑春园、蔚秀园、鸣鹤园、澄怀园等）、衙署（昇平署、皇木厂等）、村镇（成府村、六郎庄、挂甲屯等）和寺庙（清梵寺、慈佑寺、善缘庵等），彼此之间以街巷、围墙或河渠进行分隔，井然有序，好似一个庞大的“园林社区”。

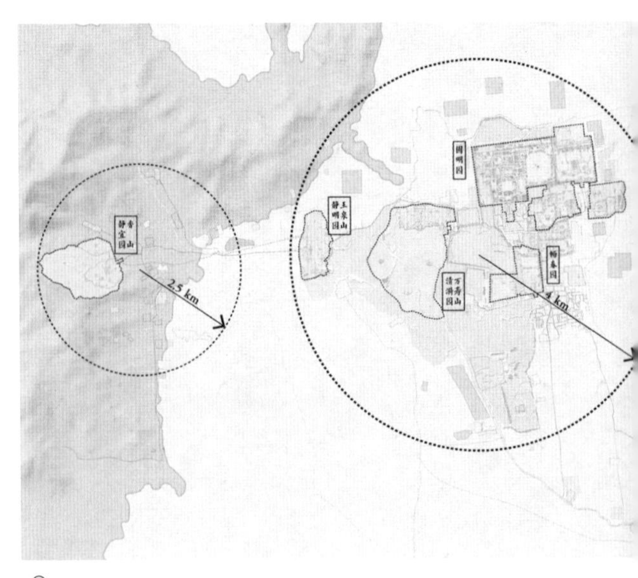

三山五园地区的两个圆形区域

青龙桥旧影

玉泉山下的湖山罨画坊旧影

1 蓼音liǎo，一种水生植物，花小，白色或浅红色。

我们不妨想象一下，从京城沿御道行走6公里后，便到达了人口众多的海淀镇，这里热闹非凡、商铺林立，其中还有不少是京城的老字号，另外达官贵人在此兴建的宅园密布，正所谓“朱门碧瓦，累动连甍，与城中无异”。(《天咫偶闻》)沿着南大街，走到尽头后转向西大街，则到达畅春园。若在畅春园以东的御道上行走，两侧则几乎全部都是园林的围墙，这些园林的主人都是王爷、公主等皇亲或皇帝的近臣，但这些赐园因无法世袭而常与皇家园林之间产生着复杂的归属变化。再向北走，通过大红桥，则到达了御园圆明园的区域。巨大的扇面湖及巍峨的大宫门广场共同构成了清帝国的“国家广场”。所有前来朝见皇帝的各部门大臣、少数民族首领和外国使节都要在此等候皇帝的召见，因此说这里曾经代表了一个国家的形象。但这并不意味着周边禁止百姓居住；相反，挂甲屯（旧称华家屯）、成府村等大小村镇中的人口是皇家园林运作必需的劳动力，包括皇家园林周边的大片稻田也都是由他们来耕种（详见第四章：农副产业）。

在畅春园、海淀镇以西，昆明湖以东的地区，这里地势低洼、泉眼丰沛，是耕种京西稻的绝佳位置。大片的稻田沿着万泉河及其支流布置（昆明湖东堤附近也有泄水用的沟渠及稻田），除了少量土地是六郎庄、巴沟等村庄以及泉宗庙、圣化寺这两处皇家寺庙所属之外，几乎填满了整个区域，蔚为壮观。

以长河和昆明湖东堤为界，则是玉泉山·静明园和万寿山·清漪园两园的湖山盛景。清漪园的围墙并未将昆明湖囊括其中，而是最大化地保留了整体的田园风光，使园林景观与外界环境交融在一起。这里是专供皇家游赏和农业生产的地区，人工的痕迹相对于东部平原较为微弱，北坞、南坞等村落也是零星分布，紧邻京西稻产区；比较特殊的村镇是位于万寿山西北的青龙桥镇，虽然看似位置偏僻，但它是皇帝从圆明园前往静明园和静宜园的必经之地；更为重要的是，青龙桥是元代以来便是保障水利安全的重要设施之一，清代内务府在此常设闸军来管控这里水闸的启与闭，于是它也成为了人群聚居的一个商业镇，商铺在御道两侧林立。在这一带地区中，多座湖心岛（南湖岛、藻鉴堂、治镜阁、影湖楼等）及陆地上的点景建筑（界湖楼、湖山罨画牌坊）均属点睛之笔。

御制青龙桥晓行诗

爱新觉罗·弘历 （1742年）

屏山积翠水澄潭，飒沓衣襟爽气含。
夹岸垂杨看绿褪，映波晚蓼[1]正红酣。
风来谷口溪鸣瑟，雨过河源天蔚蓝。
十里稻畦秋早熟，分明画里小江南。

1923年从香山眺望碧云寺及西山旧影

1906年的长河及御舟旧影

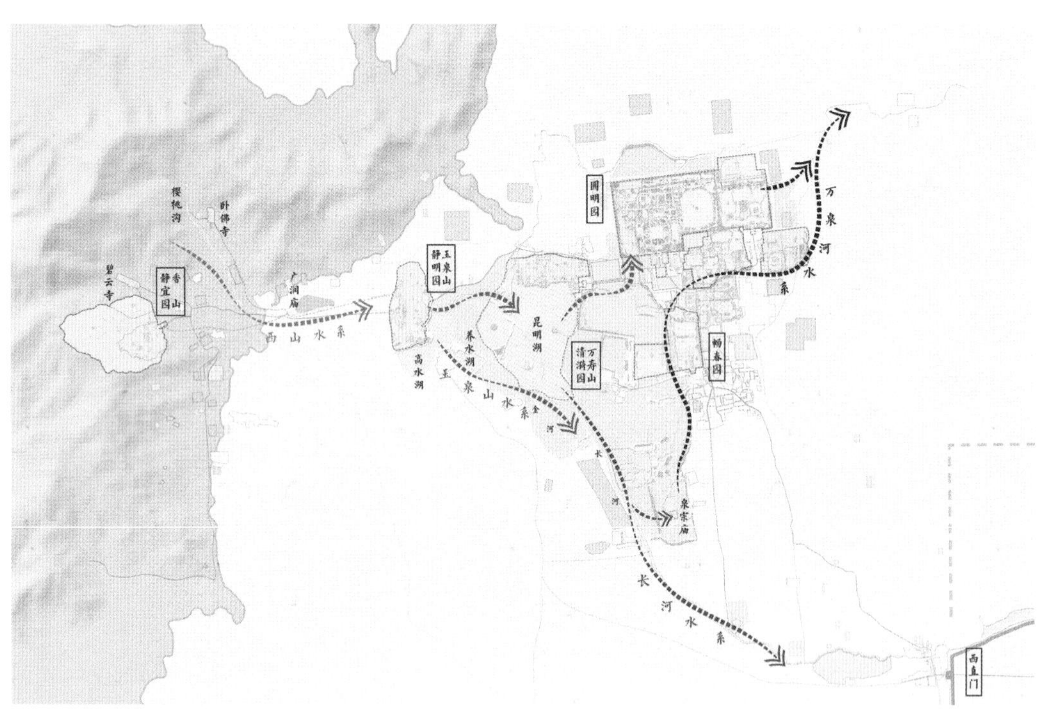

三山五园地区三条主要水系分布图

自玉泉山以西，风貌则再次发生了变化，变成了广袤的平原和巍峨的西山山脉，具有典型的华北特色。平原上没有湖面，只有零星的坟墓和树林，而人工的建设集中分布在小西山的山腰及山脚的位置。香山·静宜园将整个海拔130~575米的山谷收纳于其中，在园内及周边还分布有大量的皇家寺庙。此外，汉族村落与健锐营八旗的旗营成片地分布在静宜园的左右两翼，团城演武厅及校场也位于附近，尤其是在半山腰上还矗立着几十座健锐营碉楼（详见后文：骑射演武）。但这些人工的建筑物相对于高山而言，确实是微乎其微的。反倒是平原上横亘东西的引水石槽更为显眼。由此可见，自东向西，受到自然条件的影响，古人打造出了城市、田园与山林这三种不同的景观风貌。

第二个特色主要体现在三条河湖水系上。

“东、西、南”分别对应东侧由南至北流的万泉河水系、由西到东流的西山-玉泉山-万寿山水系和由西北向东南京城方向流动的长河水系。由于地质因素，在三山五园中的西山、玉泉山和平原中的巴沟一带均分布有大量泉眼，并在自然和人工的共同作用下形成了各自的水系。由于第一章清漪园部分已经详细介绍过西郊水利工程，在此重点介绍万泉河水系以及它的独特价值。

万泉河水发源自巴沟、万泉庄一带的众多泉眼，“巴沟桥之南平地淙淙出乳穴者不可胜数”（《钦定日下旧闻考》，后同），汇集在畅春园大宫门以南的菱茭泡，之后在海淀诸园之间穿流而过并且分支为多股河水，为畅春园、西花园、圆明园及周边的十余座赐园供水。河道在蔚秀园附近折而向东，又向绮春园、朗润园、熙春园等园林供水，还分出一支流向成府村及海淀镇，最终在熙春园东北处“合御园诸水趋清河，会沙河以入白河”，河流全长约9公里。为了保证水源充足，清人将长河之水“于其东岸设涵洞分泻至泉宗庙，转而北流”（乾隆帝《挹源书屋》诗注）。而在昆明湖水利枢纽建成后，积蓄的湖水同样会为东侧的园林和稻田供水，最终汇入清河向东流去。乾隆三十二年（1767年）时，在泉水汇集的源头还诞生了一座小巧的皇家寺庙园林——泉宗庙，兼具宗教祭祀与游赏功能。可以说，万泉河流域是三山五园诞生的“摇篮”，因为无论是生活、生产还是造景，都离不开它源源不断的河水。

若从建设的角度来分析，这样一种布局的特别之处在于：一是古人凭借有限的工程水平能够驾驭如此复杂的半自然、半人工的水系，使它为人居环境服务；二是体现在选址的科学性上，海淀镇、万泉庄等村镇位于50米以上的台地之上，因地势高爽而不易被水淹，但园林群几乎全部位于海拔50米以下的低地之中，南始于畅春园、北至清河、东至万泉河、西至昆明湖东堤，它们的密集程度相当之高，最大化地利用了低地可以引水建园的优势。应该说，万泉河流域及附近的自然条件铸就了清代皇家园林的辉煌，反过来园林及水利建设又极大地改善了这里的生态环境，特别是水系开凿与植被栽植。

三山五园大小园林规模统计表（咸丰时期：1860年前）

类型	园名	规模（公顷）	类型	园名	规模（公顷）
	畅春园	52		近春园	24.1
	西花园	32.8		清华园	28.1
	圆明园	207		鸣鹤园	8.2
	长春园	75.6		朗润园	7.6
	绮春园	70.6		镜春园	1.7
皇家御园	御马圈（自得园）	14.7	皇家赐园	蔚秀园	8.2
	清漪园	295		承泽园	2.3
	静明园	77		淑春园	25.5
	静宜园	156.5		澄怀园	3.9
	泉宗庙	2.1		集贤院	4.5
	圣化寺	37.2		春熙院	23.3
	马厂	127.8		合计	137.4
	合计	1149.6			

皇家御园12座、皇家赐园11座、宅园远不止8座，可考面积共约1303.5公顷，约合18个紫禁城；其中御园总面积共约1149.6公顷，约合16个紫禁城（注：咸丰时期畅春园及西花园等已经基本荒废）

长春园遗址的水景

在此基础上，我们就不难推测出明清时期这一带园林群的演变原理：明代的清华园和勺园在距离海淀镇很近的郊外低地上，是以丹棱沜为起点而建造的两座私家园林。到了清康熙朝，畅春园和西花园在清华园基础上续写诗篇，由热衷园居的康熙帝主导，在其北部和东部接连兴建了多座皇祖及大臣的赐园，彩霞园（今蔚秀园）、萼辉园、圆明园、熙春园以及其他尚未完全考证清楚的赐园均围绕畅春园布局，并呈现出“众星拱月”般的特点。此时除畅春二园为85万平方米的大型御园外，周边的园林均为中小尺度。但雍正帝即位之后，将赐园圆明园向北直接开辟到了清河的边缘，东部还扩建了巨大的福海景区；乾嘉时期的长春园和绮春园更是占据了万泉河流域的大片空地及村庄地，于是圆明园连同四座附属园林就形成了一座超大型尺度的皇家园林，这导致流域中可以造园的用地几乎全部被皇家占据而显得十分紧张，三山五园的格局也就此定型。因此，后期的演变并没有大拆大建，而主要体现在圆明园的附属园林和周边赐园的归属变化。特别是在道咸时期，园林群又呈现出十分明显的颓势，连畅春园这座早期的御园都遭到了废弃，其木料被拆除用于赐园的建造，令人惋惜。

因此可以认为，万泉河流域的皇家园林、村镇及农田是一个精心构建的完整的有机体，服务于当时的帝国政治中心，它在生态、文化、艺术上的价值其实远远超过了单座皇家园林，但目前其总体布局上的科学性和艺术性还没有得到充分的认知，值得重点关注和保护。

回顾历史，最早在辽金时代，以香山和玉泉山为代表的名山就成为了皇家和僧人青睐的名胜地；到了元明时期，海淀镇、瓮山一带出现了皇家游赏和农业的兴盛时期，人口聚集、社会繁荣，它优质的风景资源甚至还带动了私家园林的建设。在清初畅春园建成之前，皇家仅延续了前朝的旧址在香山和玉泉山建造行宫；直到康熙二十六年（1687年）康熙帝正式驻跸畅春园，三山五园的地位才正式确立；之后，在康熙、雍正、乾隆、嘉庆祖孙四代帝王的不懈努力下，他们兴修水利、开辟农田、建造园林、发展宗教、部署军队，直到嘉庆十六年（1811年）绮春园的扩建工程完毕，才宣告这一长达127年的伟业正式完成。直至清末，它累计运转了2个多世纪，约占整个清王朝统治时间的85%。

山水文化的集中体现

在本节中，您将了解到：

1. 为什么说山脉与泉水对于古代三山五园来说缺一不可?
2. 为什么说圆明园内的人工山水堪称一个“工程奇迹”?
3. 皇家园林中的建筑具有怎样的艺术特色?

在这样的总体布局之中，经过盘点，我们可以发现整个三山五园地区其实由8种自然和人工的要素有机地组合到一起：山-林-水-园-田-村-寺-营。其中自然的要素如山体、森林及水体，而人工的要素是指园林、村镇、农田、寺庙和军营。而即便是以山水和森林为代表的自然元素，它们也被或多或少地被人工地改造过，有的地方的改造幅度很大（如万寿山、圆明园一带的土山），充分反映出了古人的勤劳与智慧。

三山五园地区中，自然山体主要包含了小西山山脉及玉泉山、万寿山，古人在小西山山脉之中题名了多座山峰，比较著名的如香山（香炉峰）、红（石）山、寿安山、望儿山（百望山）等，它们共同构成了这一地区的“景观骨架”。如果从山体的走向上来看，小西山的山脊线由南至北、再转而向东，以百望山作为东端的收尾；而在这条主脉之上，它还向两侧伸展出了多条余脉，最为明显的当属红山和万寿山，两者之间虽然相隔了500多米的距离，但实际上它们地脉相连，并不为人所见，正所谓“一峰即毕，余脉又起”；同样的道理，玉泉山也是小西山的余脉之一，只不过它的起伏变化更为丰富，并且山上和山下分布有多处泉眼，因此玉

 从万寿山眺望西山旧影（1902年）

泉山和万寿山被称作“残山”。由此看来，“三山”虽然位置不同，但实际上同属一山。

在形态上，小西山山脉就好像伸开的双臂，向东南“拥抱”着整个三山五园地区，因此它们高耸的地形也是阻挡西北风最好的自然屏障，对于这一带独特的水乡泽国风貌的形成发挥了至关重要的作用。也就是说，山脉与泉水，缺一不可。

明代皇家在查看了这里的山水形势后，认为它比较符合陵寝的选址要求，因此将景帝陵等大小陵寝集中地建设于此。从现状的景泰陵遗存可以看出，宫殿的轴线正对着玉泉山。此外，青龙桥由于位于山脉的东南处，其得名也可能是由于“左青龙，右白虎”的传统风水观念。

万寿山、玉泉山和香山这“三山”的自然山体在建造园林的过程中也经过了人工的改造。乾隆帝在建设昆明湖时，为了实现工程上的土方平衡，有意地将挖出的泥土用于万寿山的塑造，使它在高度和造型上更加协调。不仅如此，他还命人开凿了贯穿东西的后溪河，并将泥土堆在北岸作为土山，使万寿山成为了一座巨大的“岛山”。改造后的万寿山不仅坐北朝南、造型端正、水系萦绕，而且在坡度上缓急变化丰富。高超的地形设计使游人感受到前山和后山不同的景观氛围和体验，万寿山上得以点缀了多座寺庙和园林，如前山的写秋轩、画中游

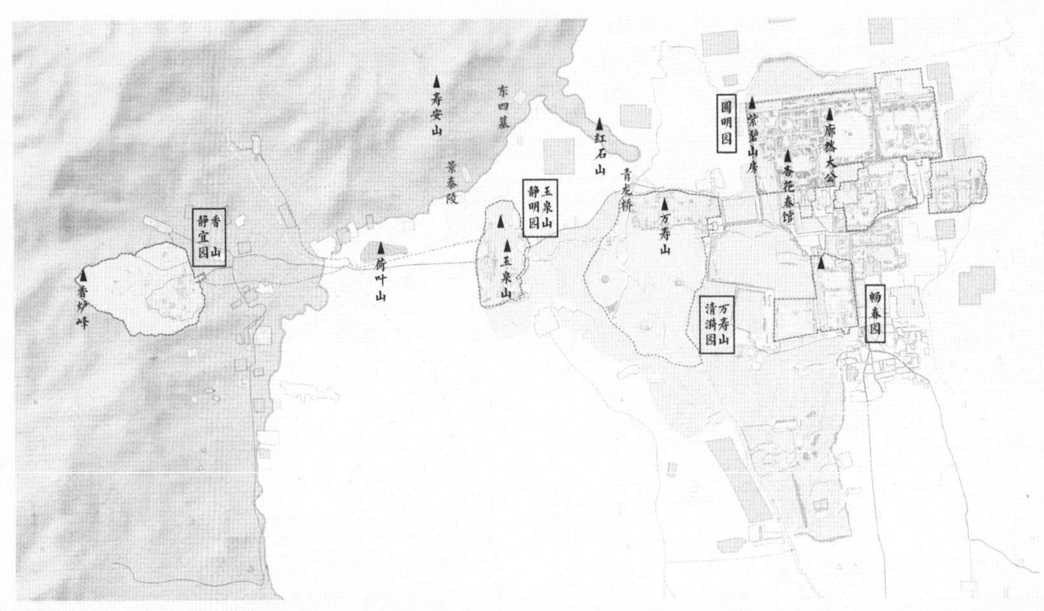

三山五园地区部分山体分布图

俯瞰景泰陵与玉泉山，赫达·莫里逊摄（民国年间）

依托万寿山原地貌而建的霁清轩

静明园玉泉湖及园外高水湖旧影（民国年间）

与后山的赅春园、绮望轩等虽然都是依山而建，但它们的氛围是大不相同的。

而对于香山和玉泉山而言，为了充分利用山中的泉水并因地制宜地建造园林景观，古人对山体仅进行了少量局部的地形改造，如香山寺附近寺庙群所在的层层台地，均由人工开凿山体后砌筑而成，而虚朗斋之中则利用挖湖的泥土塑造出用于观赏的人工土山景观。静明园在建造之时，玉泉山下的河湖则经历了较大程度上的改造，不同位置的泉眼被拓展为形态优美的湖面，并且通过河道相连，沿河两岸还有稻田分布，自成为一景——溪田课耕。园南部的玉泉湖则被作为重点景区之一进行打造，即燕京八景之一玉泉趵突的所在地。湖中三岛及湖岸四周均有景观可赏，特别是西岸的山脚处基本全部由人工改造，并且在不同高度均有宫殿分布，形成了丰富的景观层次，如同样位于高台上的龙王庙和真武庙可彼此遥相呼应。

另外一类值得关注的地形改造要属园外地带的广袤水田。西郊的水利工程促进了农业的大发展，庞大的梯级蓄水系统可以为水田供给充足的水资源，用于种植水稻、蒲苇、油菜花等农作物。但由于水田的地势低洼，需要在原本平坦的地面上由人工开凿为低地，这样一来，所产生的大量泥土被集中到了一起，堆叠成长条状的土山并环绕在水田周边，如巴沟、泉宗庙一带。但从艺术的角度来看，虽然它与皇家园林内的土山构造方法相同，但园外建造土山的主要目的是将内与外分隔开来，更像是一堵墙，因此其造型显得更为随意并且缺少变化。在清末民国时期，由于政府对三山五园地区中水系及稻田的管理与维护不到位，高水湖及皇家园林内部的大面积湖面遭到了水稻的“侵占”。表面上，京西稻的快速扩张是农业繁荣的表现，但实际上作为蓄水设施的高水湖因此遭到了严重的破坏。由于水田消耗大量的水资源，这种变化甚至曾一度影响了下游的京城供水，同时也使这一带的山水面貌发生了改变。

然而，与真山真水的改造相比，更令人震撼的还要属三山五园东部的山水改造。海淀一带原本是“林皋清淑，陂[2]淀渟泓”（雍正帝《圆明园记》）

2 陂音bēi，指池塘。渟泓是指水面蓄积，十分宽广。

《圆明园四十景图》描绘的人工叠瀑

《圆明园四十景图》描绘的水闸和水法殿

的湿地环境，林木茂盛、水面宽敞，若在此建房居住，也不免是一处风景清佳的郊外别业；但这里仅有水而无山，水的形态也自然散漫、缺少变化，因此在静观和游览时多少会感觉有些乏味，无法完全符合文人心中的理想山水格局。于是，为了划分出不同的园林景点，并且使山体具备符合艺术观赏的效果，早在明代建造清华园和勺园时，古代优秀的工匠就通过挖湖堆山、效法自然的手段，使园林中的水面形成了幽深与开阔的对比，土山形成了缓与急的走势变化，局部还增加了山石的点缀，使山体更加高耸并且具有真山的气势——这样一种“作假成真”就促使了城市山林的出现，正所谓“因高就深，傍山依水，相度地宜，构结亭榭，取天然之趣，省工役之烦”（雍正帝《圆明园记》）。在清代，这样一个优秀的造园传统被发挥到了极致，以圆明园及周边园林的山水为典型的范例。

这些平地园林的山体全部是由河道之中的泥土就近堆叠而成，堪称一个工程奇迹。虽然山体大多数仅约为3~5米高，个别的高峰超过了10米，但是当游人置身其中时，非但不会感到丝毫的生硬与做作，反而会觉得有种深入山林的感受。若从平面图上纵观全局，就不难发现山水之间的关系极为紧密，变化多样而无一雷同。如有的山体将水面牢牢地环抱于其中（武陵春色、濂溪乐处），有的山将狭窄的溪流夹在其中（鸿慈永祜、日天琳宇），有的山则只是大湖面之中的一个土丘（汇芳书院）。

在水体上，由于高差变化与山地相比较为微弱，园林中的水面以静水居多。但为了弥补这里缺少“林泉高致”的先天不足，古代工匠在造园时特别注重利用高差来创造出叠瀑，并用水闸来管控园中的水位和流向，如圆明园万方安和、濂溪乐处、紫碧山房，清华园中的工字厅北部等处的人工瀑布。在雍正和乾隆时期，皇帝甚至命人利用从欧洲引进的水利机械来营造水景，可谓煞费苦心，如西峰秀色、水木明瑟等处的水法。有了山水作为园林主要的支撑结构，不同大小及功能的建筑群便应运而生；换句话说，只有在这样的环境中，建筑才具有高和低、远和近、藏与露的分别，呈现出的景象才具备了几千年来中国古代山水画所追求的意境。

在园林景观的多样性上，由于皇家园林在占地规模和财力上拥有绝对的优势，因此它的山水和建筑布局要更加灵活一些，主题也更加丰富多样，可以博采众长、移天缩地，如长春园就包含了多座写仿江南的园中园。相对而言，皇家赐园就要逊色很多，往往难以形成类似于“圆明园四十景”这样的主题景区，通常都是多个零散景点的荟萃。

根据复原的图纸来看，尽管赐园在相同范围之内的建筑数量和组合形式要比皇家园林少了很多，但它们在山水的处理手法上与圆明园没有本质的区别，甚至出现了很多模式化的倾向。如蔚秀园内的主湖之中分为前后两座岛屿，四周的湖岸上则土山环抱，岛中央分布着园中的主要建筑群，而近春园也采用了同样的方法；不难想象出这种居住环境是相当舒适的，而且还有些住在“仙岛”的意味。鸣鹤园、朗润园、镜春园三者原本很可能是同一个园子；但经过分割之后，各自都是将中央的主体区域作为一个大岛，四周则土山环抱，类似于圆明园中的园中之园。比较特别的如承泽园，它充分借助了万泉河的地理优势，将园门布置在河中央的长堤之上，游人在入园时就会由于产生类似于“凌波微步”的体验，而对它留下深刻的印象。由此可见，清代皇家造园遵循着一定的山水尺度模式，这种在平地上艺术化地创造出假山假水，可能要比改造真山水更具难度。幸运的是，在圆明园遗址、北京大学及清华大学之中，这些人工山水园目前还保留有数量惊人的山水景观供今人观摩体会。

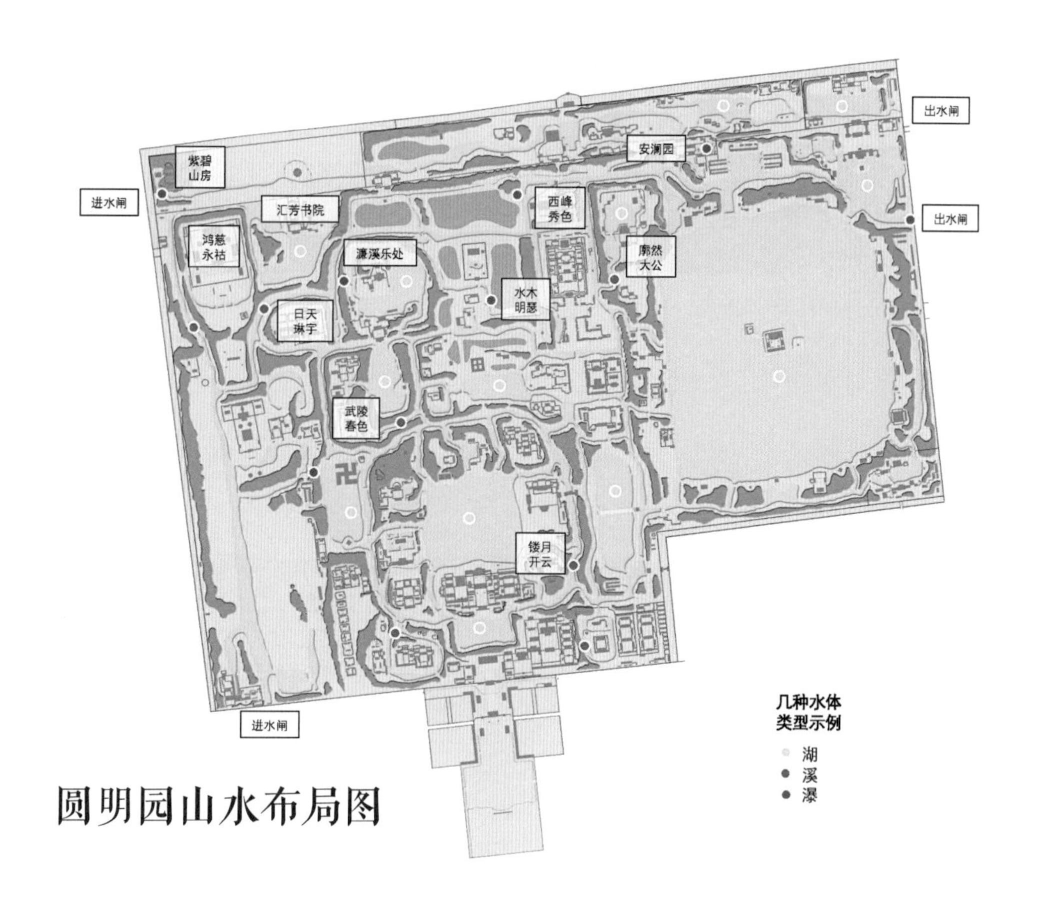

圆明园山水布局图

圆明园中的几种代表性山水组合

除了山水，皇家园林与赐园的建筑风格也整体保持统一。具体来说，皇家建筑体量较大，造型端庄，色彩组合较为丰富。同时，由于清代官式建筑对不同等级的房屋都做出了明确的用材、造型和装饰上的规定，因此单体的房屋本身并没有太多的创新之处，当然也不能排除园林中个别的异形建筑，如圆明园的万方安和，清漪园的罗汉堂、扬仁风，静明园的写琴廊，静宜园的绿云舫等。因此，最能够体现建筑艺术特色的就是多样化的组合方式，它主要通过游廊串接起不同高度、位置和造型的房屋，从而形成一种整体的美感；其中有相当一部分院落都是传统四合院的“变体”，充分体现出了古人的创造性，如圆明园的汇芳书院，畅春园的观澜榭，清漪园的澹宁堂，静明园的华滋馆，静宜园的雨香馆等。无论如何，建筑的布局都要紧密地结合上文所述的园林山水和造园意境，尤其是那些非居住性质的游赏型景点。

在山水和建筑的基础上，无论是皇家园林还是赐园，都擅长采用丰富的植被对园林景观进行装点，使园林充满生机，对造园主题进行呼应。在清代，园林中对引种植物和盆栽植物的应用是非常普遍的，而且目前没有资料表明植物品种的选择会受到封建等级的限制。据史料记载，皇家园林中有“花儿匠”专门对植物进行养护，并在温室花房中培育盆栽植物。皇家园林和赐园中的常用植物大多是北方的乡土树种，乔木如国槐、桃树、油松、侧柏、圆柏、玉兰、山杏、杨树、柳树等，灌木如丁香、牡丹、黄刺玫等，水生植物如荷花、芦苇等，此外还有大量的竹类、藤本和水稻等植物。而皇家园林中引种的植物则异常丰富，通常来自于世界多地，来自江南地区的植物如梧桐、梅花，来自西域或塞外的植物如七叶树、枫树、葡萄等（详见后文：全

清华园荷塘

静宜园致远斋（复建）

面写仿）。除了植物，古人还会饲养很多珍禽、鱼类甚至是猛兽，水禽、鹿、鹤、锦鲤等几乎是园林中的“标配”。总而言之，植物的形态与季相变换、动物的姿态与叫声，都可以作为欣赏的对象，置身于这样的环境中，宛若在自然山林里游赏一般。

由此可见，园林是一个综合的有机构成，是人工打造的“第三自然[3]”，是一种“自然的人化[4]”的代表性体现。这其中，山水、建筑、花木和动物其实都是视觉层面可见的内容，而对于中国古人来说，从中感悟精神层面的内涵、实现修身与天人合一才是真正目的。

“‘人的自然化’包含三个方面：一是人与自然环境、自然生态相互依存、友好睦邻的共生共在的关系；二是人对自然的审美欣赏、体验；三是人通过某种学习，如呼吸吐纳，使身心节律与自然节律相吻合，而达到与‘天’（自然）合一的境界状态。”（李泽厚《美学四讲》）

几千年的传统文化积淀让人们为各种自然要素赋予了人文色彩和象征含义，这被称作“人的自然化”，即通过人的视角来解读自然万物，那么自然界的气候变化、天地日月、山水、花草都能够引起人的思考和情感变化，因此园林这个空间是发生这样“自然化”再也合适不过的场所了。

“天地有大美而不言”（《庄子·知北游》），这些

3 通行的说法是“第一自然”是指原始的荒野自然，“第二自然”是指经过改造后的田园风光，而“第三自然”是指有人工按照主观意愿再造的自然。

4 这一概念最早由马克思在《1844年经济学——哲学手稿》中提出来，从一般的意义上来说：指人们的实践活动引起实践中自然因素、自然关系的变化；从本质上讲：指自然在实践中不断地变为属人的存在，为人的存在使“人的本质力量对象化”的明证。李泽厚在这一基础上形成了新的哲学体系，对自然的人的自然化进行了深刻的辩证研究。

清·郎世宁绘·《弘历观荷抚琴图轴》局部（故宫博物院藏）

盼再霑渥澤為慰耳雖非優渥足春澤信早覃批慰固
誠慰盼近愁仍添
節後萬壽山清漪園即景
清漪全未放清漪冰鏡依然數頃披一碧萬頃蓋文
人飾語長江大海或有之即洪湖亦不能況此疏治之昆明湖我不過數頃未至百耳
暇甫踰忙動歸靜候因通閏速為遲今年逢閏立春
遲故候冷尚冰也已觀隄柳薰黃淡却惜町㽝鮮白
滋雖是乘閒試遊攬那能一刻忘農思
題玉瀾堂
御製詩五集 卷七十 二十四
今年通閏立春遲解凍東風尚勒之已是偷
閒節後至仍看凝沼目前披那須瀾影鏡清
泚且喜玉光弗動移假藉名言奚底止笑予
結習未忘詩
含新亭口號
春來無物不含新十翼中標辭繫真仁者見
仁知者知其間豈藉語言頻
六兼齋題句
處處堪讀易章編斯偶披元為萬善長春是

《清高宗御制诗集》书影

美景即便再动人也不能自己用语言来表达，需要借助人的智慧。古人便想办法通过文学“代替”他们传达，于是园林建筑上悬挂的楹联、匾额，还有为它们作出的数不尽的诗文，使这些都成为了情感的载体。这使得我们今天在欣赏古典园林时，不仅被眼前的景色所陶醉，还能够通过阅读文字，实现与古人穿越时空的“对话”，尤其是从以三山五园为代表的清代皇家园林中，解读出一个朝代的精神风貌。

在保存较为完整的颐和园中，大量各式各样的匾额和楹联就堪称一个“文化宝库”，这里边不光有标识景点名称的“题名匾”，还有很多对景名进行补充说明的“抒意匾”，均以木匾或石匾的形式悬挂在建筑物非常显眼的位置。同时，位于檐柱上的楹联往往采用对联的形式，与匾额形成相互应和的修辞关系，这些都是解读一座园林、一个景点、一座建筑甚至是一座假山的重要窗口，这种艺术形式使中国古典园林在世界园林中独树一帜。

以颐和园玉澜堂的西配殿——藕香榭为例，题名匾悬挂在建筑朝东的院内一侧，“藕香”暗示此处是专门欣赏荷花的地方，这是点明立意，这一侧的楹联并没有描述风景，而是在形容宫中音乐的典雅与华美。

东侧题名匾：“藕香榭”
东侧楹联：
（上联）“玉瑟瑶琴倚天半”
（下联）“金钟大镛和云门”

与之形成对比的是，在其朝西临湖的一侧，悬挂有“日月澄晖”匾额和两幅楹联，古人面对眼前的湖山美景毫不吝惜笔墨，充分地表达出了赞美和喜爱。“日月澄晖”匾额既是对美景的赞誉，又隐含着盛世清明的含义。在檐柱的楹联中，“台榭参差”与“烟霞舒展”相对仗，分别描写的是万寿山和昆明湖；“金碧”是指金碧山水画[5]，因此“金碧里”与“画图中”指的是同一种事物，意思是颐和园的景象就好像是一幅“天然图画”。

西侧抒意匾：“日月澄晖”
檐柱楹联：
（上联）“台榭参差金碧里”
（下联）“烟霞舒展画图中”
金柱楹联：
（上联）“绿槐楼阁山蝉响”
（下联）“青草池塘彩燕飞”

靠内侧的金柱楹联则取自北宋沈括的《陈丞相故宅》一诗：“丞相旌旗久不归，虚堂宁止叹伊威。绿槐楼阁山蝉响，青草池塘野燕飞”。可见，题写此处楹联的大臣引用了此诗的后两句，只不过将“野燕”改成了“彩燕”，非常符合颐和园的节庆氛围。

5 中国画的一种，以泥金、石青和粉绿三种颜色作为主色，其特点是设色绚丽鲜明、画面金碧辉煌，有别于水墨山水画的清远淡雅。

三山五园写仿景观分布 专题七

"谁道江南风景佳，移天缩地在君怀。"
（王闿运[6]《圆明园词》）

自清末以来，这一耳熟能详的诗句已经流传了多年，描述的就是在圆明园中，清代帝王通过"移天缩地"的手段，在皇家园林中再现了大量的江南风景名胜。这种独特的艺术手法是圆明园被誉为"万园之园"的一个重要原因。事实上，不只是模仿江南名景建圆明园，在康熙、雍正、乾隆和嘉庆4代帝王的规划下，三山五园中的几大皇家园林都在有意地将多个省份代表性的风景通过皇家的造景手段加以再现。

这样一种活动在术语中被称作"写仿"或"写放"，本意是指练习书法时临帖模仿，而在造园活动中，实际上可分为"写"和"仿"两个步骤：写是由宫廷画师前往外省对实景进行描绘，而仿则是在皇帝的旨意下由皇家工程部对采集的素材进行仿建。在这些模仿的原型中，以江南地区的名景、名园占据绝大多数，同时也包含了塞外、山西、山东、河北、湖北、湖南、四川、西藏，甚至是缅甸、西欧地区的特色建筑或园林，共计超过60处。这样大规模的写仿，在园林史上是非常罕见的现象，充分反映出了中国古代园林兼收并蓄的特点。其地域范围如此之广，已经远远超出了皇帝的足迹范围。也就是说，在这些写仿原型中，有很多是皇帝出京巡游的时候亲自游赏过的景点（如江浙一带），同时也有很多是他们从来没有、也没有办法亲自去过的（如西藏、欧洲等），只是通过绘画及他人的转述加以了解的。但无论如何，这个再造的过程十分考验他们的空间想象力和创造力。

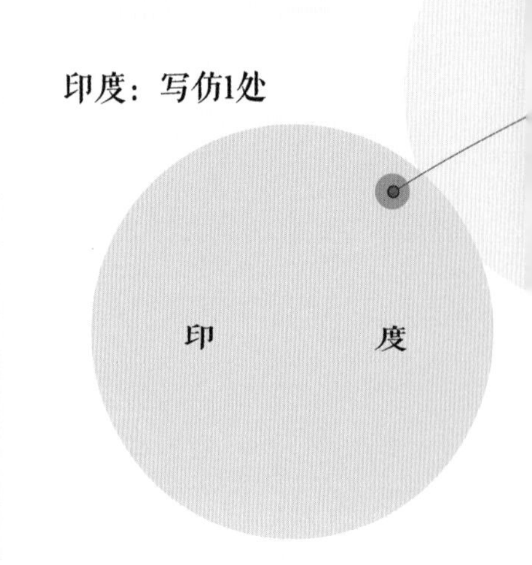

6 字壬秋，号湘绮，1833—1916年，晚清经学家、文学家，著有《湘绮楼诗集、文集、日记》等作品。

长春园
圆明园
玉泉山
静明园
绮春园
万寿山
清漪园
写仿原型所在地
浙江省
江苏省
其他省份
国外
意大利
罗马
塞 外
大利、法兰西：共写仿1处
塞外地区：写仿2处
盛京：写仿1处
奉天府
盛京
山西：写仿2处
直
京师
隶
山东：写仿1处
杭州
山 西
山 东
泰安府
江苏：写仿18处
浙江：写仿28处
怀庆府
河 南
江苏
江宁府
金川
四 川
湖 北
武昌府
杭州府
浙江
九江府
岳州府
湖 南
江 西
桑萨
四川：写仿1处
河南、湖北、湖南、江西：各写仿1处
缅 甸
缅甸：写仿1处
淮安府
江 苏
扬州府
无锡县
江宁府
镇江府
苏州府
嘉兴府
海宁县
定海县
杭州府
宁波府
绍兴府
九江府
浙 江
台州府

写仿景观总表

名称	景名	原型所在地	原型	时间
圆明园	平湖秋月	浙江杭州府	平湖秋月	雍正七年(1729年)
	雷峰夕照		雷峰夕照	乾隆初年
	南屏晚钟		南屏晚钟	
	两峰插云		双峰插云	
	曲院风荷		曲院风荷	
	苏堤春晓		苏堤春晓	乾隆五年(1740年)
	三潭印月		三潭印月	乾隆九年(1744年)
	花港观鱼		花港观鱼	乾隆二十二年(1757年)
	柳浪闻莺		柳浪闻莺	乾隆二十八年(1763年)
	断桥残雪		断桥残雪	
	安澜园飞睇亭		龙泓亭	
	别有洞天片云楼		一片云	乾隆时期
	坦坦荡荡		清涟寺玉泉鱼跃	乾隆四年(1739年)
	汇万总春之庙		花神庙	乾隆三十四年(1769年)
	慈云普护	浙江台州府	天台山	康熙后期
	珞珈胜境		普陀山	雍正时期
	安澜园	浙江嘉兴府	安澜园	乾隆二十八年(1763年)
	文源阁	浙江宁波府	天一阁	乾隆四十年(1775年)
	坐石临流	浙江绍兴府	兰亭	雍正五年(1727年)
	紫碧山房	江苏苏州府	寒山别墅千尺雪	乾隆十五年(1750年)
	武陵春色		桃花坞	康熙后期
	廓然大公	江苏无锡县	寄畅园	乾隆十九年(1754年)
	小匡庐	江西九江府	庐山	雍正七年(1729年)
	舍卫城	印度	舍卫城	雍正五年(1727年)
长春园	思永斋小有天园	浙江杭州府	小有天园	乾隆二十三年(1758年)
	茜园青莲朵及梅石碑		梅石双清	乾隆十六年(1751年)
	狮子林	江苏苏州府	狮子林	乾隆三十七年(1772年)
	如园	江苏江宁府	瞻园	乾隆三十二年(1767年)
	鉴园	江苏扬州府	趣园	
	西洋楼	意大利、法兰西	凡尔赛等欧洲宫苑	乾隆二十五年(1760年)
绮春园	烟雨楼	浙江嘉兴府	烟雨楼	嘉庆十六年(1811年)
	惠济祠	江苏淮安府	惠济祠	嘉庆二十二年(1817年)
	河神庙		河神庙	

名称	景名	原型所在地	原型	时间
清漪园（颐和园）	昆明湖及西堤	浙江杭州府	西湖及苏堤	乾隆十六年(1751年)
	畅观堂睇佳榭		蕉石鸣琴	
	五百罗汉堂		净慈寺罗汉堂	
	谐趣园	江苏无锡县	寄畅园	
	凤凰墩		黄埠墩	
	春风啜茗台		竹炉山房	
	赅春园	江苏江宁府	永济寺	
	大报恩延寿寺		报恩寺	
	苏州街	江苏苏州府	苏州街市	
	小西泠	江苏扬州府	瘦西湖四桥烟雨	
	望蟾阁	湖北武昌府	黄鹤楼	
	景明楼	湖南岳州府	岳阳楼	
	邵窝	河南怀庆府	苏门山邵雍故居	
	须弥灵境	西藏桑萨	桑耶古寺	
	水村居		江南水乡	
静明园	玉峰塔影	江苏镇江府	金山慈寿塔	乾隆十八年(1753年)
	竹炉山房	江苏无锡县	竹炉山房	
	圣因综绘	浙江杭州府	孤山圣因寺行宫	
	仁育宫	山东泰安府	泰山东岳庙	乾隆二十一年(1756年)
	妙高塔	缅甸贡榜王朝	木邦塔	乾隆三十六年(1771年)
静宜园	绚秋林	塞外地区	塞北植被景观	乾隆十年(1745年)
	驯鹿坡		塞北风光	
	竹炉精舍	江苏无锡县	竹炉山房	
	森玉笏胜亭	浙江杭州府	小有天园	
	宗镜大昭之庙	西藏日喀则	扎什伦布寺	
碧云寺	五百罗汉堂	浙江杭州府	西湖净慈寺罗汉堂	乾隆十三年(1748年)
健锐营碉楼		四川懋功厅	金川碉楼	乾隆十二年(1747年)
宝谛寺		山西忻州	菩萨顶	乾隆二十一年(1756年)
宝相寺			殊像寺	乾隆二十七年(1762年)
实胜寺		盛京奉天府	实胜寺	乾隆十四年(1749年)
方昭和圆昭		西藏	藏传佛寺	乾隆二十七年(1762年)
西山大昭				乾隆时期

隐藏其中的各地风光

西湖十景/名园再造/全面写仿

在本节中，您将了解到：

1. 圆明园中的“西湖十景”与真正的西湖相比有哪些区别？
2. 除了名园名景，三山五园中还有哪些内容属于写仿？
3. 清代帝王为什么如此热衷于写仿？

写仿的设计方法并非清代帝王的首创，而是延续了几千年的传统。据《史记·秦始皇本纪》的记载，早在秦代，“秦每破诸侯，写放其宫室，作之咸阳北阪上，南临渭，自雍门以东至泾、渭，殿屋复道周阁相属。所得诸侯美人钟鼓，以充入之”，这说明秦始皇每征服了一个诸侯国，就会在国都咸阳一带，模仿该国的建筑风格来建造宫殿，所俘虏的美女和钟鼓会被安放在宫殿之中。显而易见的是，这种行为是征服者对胜利的一种标榜，即通过将宫殿园林这种地域文化的产物“移植”到本国之中，寓意天下各国都向自己俯首称臣。除了政治寓意很强的国家行为，民间的文人雅士在建造私家园林时，为了追求山水的氛围或文化意趣，也会有意地对名山大川进行写仿，主要通过堆叠假山的形式。正所谓“一拳代山，一勺代水”，即便是院落之中的一组不大的假山（如江苏省常熟的燕园），人在上下攀登和穿洞的过程中也会有在真山之中游览的趣味。

乾隆帝曾总结过自己的这种造园行为是“略师其意，就其天然之势，不舍己之所长”，意思是说皇家园林在写仿的过程中仅是稍微学习这些江南的造园意匠，并没有舍弃自己的特长或风格。皇家自然是要有皇家的风格，端庄大方、风格统一，在主题上包罗万象，表达治国理念、兼具文人情怀，同时他也隐约透露出了借鉴优秀设计的意图。为了一探究竟，我们不妨共同来回顾一下这个耐人寻味的写仿现象。

康熙帝在兴建热河避暑山庄时，曾题点了著名

《南巡盛典名胜图录》中的绍兴兰亭与避暑山庄曲水荷香

《南巡盛典名胜图录》中的镇江金山与避暑山庄天宇咸畅（小金山）

的“避暑山庄三十六景”，这其中天宇咸畅显得十分特殊。他在题诗中描写到：“湖中一山突兀，顶有平台，架屋三楹，北即上帝阁也。仰接层霄，俯临碧水，如登妙高峰上。北固烟云，海门风月，皆归一境”。可见康熙帝将这座名为上帝阁的道教建筑选址在了高耸的山坡之上，还亲自为建筑题写了“皇穹永佑”等牌匾，以祈求上天的保佑。登临楼阁时，这里还会让他感觉是在镇江的妙高峰（金山的别称）一样。于是，这里就有了“小金山”的称号。

但从实际的视觉效果上来对比，两者的形象相差甚远，小金山所处的环境、山体的高度和建筑的体量都完全无法与镇江金山寺和慈寿塔相提并论；但若从人工造园的角度来看，避暑山庄实际上有意地借鉴了金山“寺裹山”的造景手法——也就是将不同高度的建筑依附在逐渐抬高的地形之上，位于不同台层的房屋之间通过爬山廊相连，这里还特别堆叠了大块的山石来烘托出“真山”的气势。

可见，这一造园手法并非是简单地复制或者“抄袭”，更像是对一种艺术手法的学习和再创造。后来，镇江金山寺在乾隆帝营建静明园和北海的琼华岛时同样被作为设计范本。避暑山庄中的曲水荷香是另一处学习江南造景手法的案例。匠师将原本顺畅流淌的水系引入到蜿蜒的人工石涧之中，流水在其中激荡回旋——这正是借用了东晋文人在兰亭雅集的典故。后世造园中，圆明园的坐石临流、静宜园的虚朗斋、紫禁城的宁寿宫花园、西苑南海的流水音、潭柘寺、恭王府等园林或寺庙之中都涌现了一批各种造型的“曲水流觞”，可见兰亭文化的影响力之深远。

西湖十景

雍正帝虽然在位期间没有南巡，但他曾跟随父皇一同饱览江南盛景，对江南也是倍加钟爱。早在康熙帝南巡杭州府时，他曾钦定了“西湖十景”的景名，并且题字刻碑，放置于该景所在的位置。在当时，应该说这一举动无异于使十景得到了国家层面的认可，并且进一步地提高了它们的影响力。历经几百年的时光洗礼后，这些御碑至今仍矗立在西湖沿岸，向世人诉说着它们悠久的历史和曾经得到的“殊荣”。但千里之外的北京又是如何与杭州西湖产生关联的呢？这始于雍正初年的圆明园。由于圆明园水面甚广，雍正帝有意地写仿了几处与“西湖十景”同名的景点，用于提升园林的品位，其中比较确凿的是位于福海西北岸的平湖秋月[7]。

福海宽阔的水面占地面积多达26万平方米，在乾隆十五年（1750年）昆明湖诞生之前，也算得上是京城郊外的第一大人工湖了。晚间若至湖畔散步、欣赏秋月湖景，一定是件非常惬意的事情。在平湖秋月中，一组背山面水的院落随着湖岸线的进退而变化着南北向的进深，显得非常灵活。低矮的宫殿

7 圆明园的“西湖十景”中，仅有平湖秋月在雍正年间有御制诗文的记载，苏堤春晓、麯院风荷、双峰插云、雷峰夕照和南屏晚钟在乾隆初年已有，但无法判定始建年代；其余4景均由乾隆帝主持设计。

清・宫廷画师绘・《圆明园四十景图咏》之《平湖秋月》局部

清末未毁时的两峰插云旧影（美国康奈尔大学图书馆藏）

用开敞的曲尺游廊串接，东侧的值房则用粉墙加以围合，使整体造型虚实相间、凹凸有致；在北侧则栽植了大片竹林作为背景，山坡上的篱笆墙随地势而起伏，用于标识出景点的边界。

这番景象正是雍正帝心中的平湖秋月，与气势恢宏的正大光明和九州清晏一带相比，这处景点确实有些返璞归真的意趣。临水的敞厅与湖面保持了一定距离，虽然没有像西湖那样“近水楼台先得月”，但它们的意境是相似的。就在不远处，向东过桥还会看到一座格外显眼的高台，台上还耸立着一座开敞的重檐四方亭，这里便是另一处“西湖十景”——两峰插云，这里是帝后登高望远或赏月的场所之一。若在此登临，俯瞰巨湖、远望西山，仿佛远处的三山也隐约出现了南北两座高峰和山顶上的宝塔，拥有无限的想象空间；有趣的是，后来在玉泉山和万寿山上，确实相继出现了一座佛塔和佛楼。弘历在乾隆九年（1744年）绘制完成的《圆明园四十景图》之《平湖秋月》中赋词道：“白傅苏公风雅客，一杯相劝舞霓裳，此时谁不道钱塘。”白居易和苏轼可能完全不曾想到，在几个世纪后，竟有这么几位皇帝如此地迷恋西湖，并且在遥远的北方“一五一十”地写仿了西湖的名景。

总体来说，“十景”中共有4处位于福海沿岸，而其他6处则在圆明园中分散布置，造景手法也从具象摹写到写意题名各不相同。除了平湖秋月和两峰插云，福海景区的另外两处景点也较为值得品味。杭州的南屏晚钟位于西湖南岸的净慈寺，在圆明园中则是福海南岸广育宫旁的一座亭子，位置和意境均较为相似。雷峰夕照位于涵虚朗鉴景区，仅为福海东岸一座三开间的小屋，虽然远处的山上并没有雷峰塔，但这里确实是欣赏夕照的佳处。

麯院风荷是“四十景”之一。位于九州景区东侧的狭长形荷塘，中央横亘一座长达80米的九孔石桥，北侧分布有成片低矮的房屋，可能用于象征酿酒的麯院。乾隆帝认为“蓊处红衣印波，长虹摇影，风景相似，故以其名名之”（乾隆九年《曲院风荷》诗序），勉强算是有几分相似，只是庞大的石拱桥和两端的牌楼几乎破坏了整体的意境，更像是一种权力的标榜；苏堤春晓紧邻该景，是位于土堤上的一座跨水建筑，这条约为300米长的土地仅为西湖苏堤的1/9，上面栽植了桃柳数株，与西湖的植物品种相似。

如果说这些景点与西湖有一定的相似之处，那么不如再来看看乾隆帝为了“集齐”西湖十景而所做的“最后一番努力”。

三潭印月是方壶胜境景区中的一处小景，逼仄的溪流中点缀着西湖小瀛洲旁三座砖塔的“复制品”，两者的环境氛围相差甚远，但在具体的造型上却是最接近的；柳浪闻莺和断桥残雪分别仅用一座刻满了题字的石牌坊，正所谓“在昔桥头密雪铺，举头见额忆西湖”（乾隆帝《断桥残雪》诗），它们作为园中的点景，几乎是微不足道，但幸运的是两座石牌坊的部分构件仍然保存至今；花港观鱼是西峰秀色景区的一座木桥，在此可观赏到“小匡庐”瀑布，或许还有桥下的鱼群。

不难发现，圆明园作为平地中的人工山水园，除了人工开凿的福海之外，无法和杭州西湖那样得天独厚的自然山水条件相媲美，只能通过联想的方法来实现一种神似的欣赏效果，或者直接借用西湖的景名进行再创造。但作为帝王来说，这种动机和做法正是“万物皆备于我”的内心需求，即便是御园与西湖的景点只有名字相同，他们也能够得到精神上的满足。而真正对西湖景观实现形神兼备的写仿，是在清漪园的万寿山和昆明湖。

柳浪闻莺石牌坊构件

从雷峰夕照（涵虚朗鉴）看福海和西山

圆明园三潭印月遗址

圆明园中的「西湖十景」分布图

花港观鱼

位于苏堤南段的西侧，南宋时得名，荒废后由康熙帝重修，具有自然原生态的艺术特色。圆明园同名景观建于乾隆时期，写意地模仿了观鱼的特色。

断桥残雪

位于西湖白堤的东端，唐朝时建成，具有山水层次丰富的艺术特色。圆明园断桥残雪建于乾隆时期，主要特色为假山、石桥与石坊。

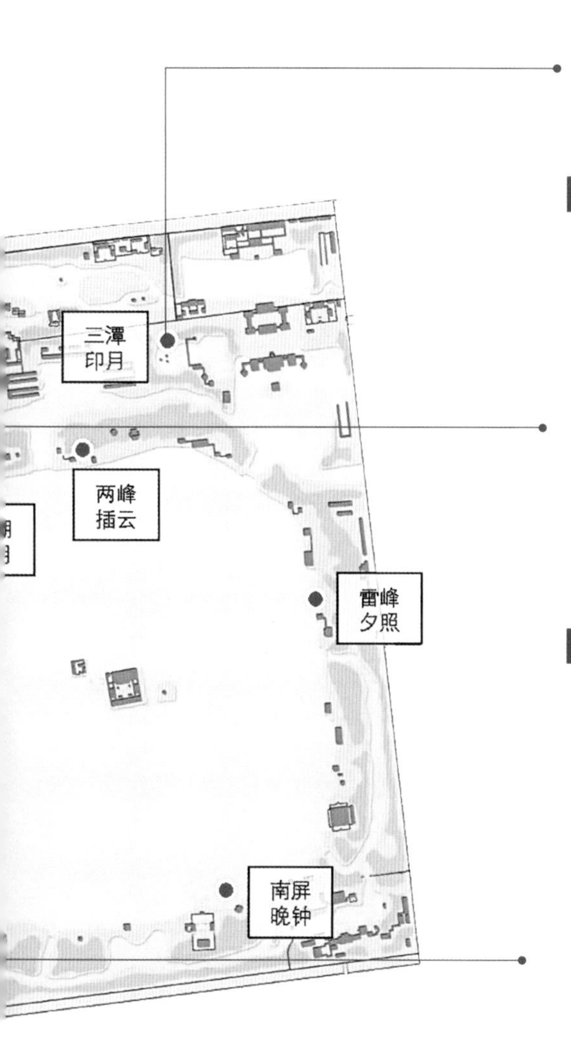

三潭印月

位于西湖的中部偏南，建成于北宋，具有湖岛相嵌、曲回多变的江南水上庭园特色。圆明园三潭印月建于乾隆时期，以水廊、水中三塔及假山为特色。

平湖秋月

得名于南宋，后康熙帝定址于西湖白堤的西端，背倚孤山，以水月相映的美景闻名。圆明园平湖秋月建于雍正时期，主要特色是可观景纳凉的临水建筑群。

曲院风荷

位于西湖的西北侧，南宋时得名，因酒坊与荷塘的香气而闻名。圆明园的曲院风荷写意地模仿了西湖的原型，以荷塘和九孔石桥为特色。

苏堤春晓

始建于北宋，南起南屏山麓，北到栖霞岭，以长堤春景闻名。圆明园的苏堤春晓和清漪园的西堤建于乾隆时期，都写实地模仿了长堤之景。

名园再造

乾隆帝似乎也意识到，仅对山水环境的局部写仿不足以体现皇家的包罗万象。于是他开始尝试对整座江南园林的“学创”，这一方面是出于自己对江南名园胜景的“狂热”，另一方面也是出于一种颇具政治色彩的动机。

在三山五园的几座大型皇家园林之中，园中之园无疑是最大的艺术特色，这使得园林在拥有一个宏观山水布局的基础上，还能够在微观层面涌现出一批精彩的局部，圆明园及“三山”体现得尤为明显。于是乾隆帝的第一个完整的写仿作品，就是十六年（1751年）第一次南巡后，在清漪园中写仿无锡寄畅园而建的惠山园，这得名于无锡西郊的惠山。

寄畅园位于惠山的山麓，是一座始建于明代的著名江南私家园林，因属于秦家的家业而又名“秦园”。寄畅园的林泉景致极佳，园中布置有一狭长形湖面“锦汇漪”，环湖四周布置有古树、假山与房屋。建筑虽不多，但它们所在的位置十分考究且颇具画意。寄畅园引“天下第二泉”的泉水，入园后形成跌瀑，与假山石共同打造了后来十分有名的“八音涧”。

早在康熙帝南巡时，他就曾因倍加钟爱寄畅园的风景而亲自题写了“山色溪光”和“松风水月”的牌匾。事实上，秦园之所以著名，不光是由于古代工匠高超的造园艺术，也离不开秦家的特殊背景。秦园的始建者秦金为明代尚书；清顺治年间秦松龄因才华横溢而被誉为当时最年轻的翰林，在康熙年间曾担任皇太子胤礽的老师；秦松龄之子秦道然又被钦定为皇九子胤禟的老师；后来秦道然之子秦蕙田又高中探花，在南书房供职。显而易见，秦家是江南士族中的名流之辈，而康熙帝在南巡时多次临幸秦园，也具有一定的笼络人心的目的，从而缓和当时社会背景下的满汉矛盾。

乾隆十六年（1751年）的春天，弘历效仿祖父首次南巡来到寄畅园，秦家老少24人出门接驾，9名老人的年龄之和竟超过了600岁，令他倍感欣喜；同时园中的景物也极其动人。他在诗中欣喜地描写到：“无多台榭乔柯古，不尽烟霞飞瀑潺”（《寄畅园》诗），说明园中的古树、瀑布及房屋构成的景象十分动人。后来在返程路过无锡时，乾隆帝特意再次来到寄畅园。这时，春雨过后的园景与上次有所不同，带给人格外清新的感受，他在《再题寄畅园》一诗中写道：“雨余山滴翠，春暮卉争芳。搴薜盘云泾，披松度石梁。”于是回京以后，他凭借着深刻的游园印象和宫廷画师描摹的图景，马上就投入了新园的设计之中；3年后，一座全方位借鉴寄畅园而建造的新园在北京清漪园诞生。当我们仔细揣摩两座园林的关系时会发现，无论是在园外还是在园内，它们的景致都有不少的相似之处。

园外景致　从京城乘御舟到达清漪园昆明湖后，首先映入眼帘的就是模仿大运河无锡段中的黄埠墩而建的凤凰墩，它得名于小岛房屋顶部的凤凰试风旗，该风旗可能用于健锐营水师操练时判别风向。御舟绕至万寿山西侧，便转而进入到了曲折幽深的后溪河。沿水路行进的过程中，观赏两岸依山而建的宫殿、寺庙和买卖街，好像进入了另外一番天地，在河道的尽端舍船登岸，便到达了惠山园的

清・宫廷画师绘・《弘历再题寄畅园诗意卷》局部（故宫博物院藏）

寄畅园中的康熙和乾隆二帝御笔石刻

寄畅园锦汇漪

谐趣园玉琴峡

园门。这种游览过程仿佛当初在无锡时，由宽阔的大运河经过黄埠墩，转而进入到幽深的惠山古镇内河，再从内河直达寄畅园的门口。

园内景致　惠山园所在的万寿山东麓地势低洼，曾作为全园的出水口之一。后溪河的水流经此处后便出园注入宫门前的护园河，再向东侧的马厂、畅春园一带流去。因此，为了使惠山园获得与寄畅园相似的瀑布景观，古代匠师将后溪河的尾端改造成为一处落差超过3米的瀑布，并沿狭窄的溪谷注入到园内的湖面，该景点就是现在谐趣园中的玉琴峡（惠山园时期称之为秋堂峡），这个景题将水声比作琴声、将人工陡坎地形比作峡谷，使原本平淡的景观充满了想象空间，可见惠山园的选址充分体现出了这里的“地宜”。

接下来是园中最重要的湖面设计。寄畅园的锦汇漪呈南北向纵长，人在园内恰好可以观赏到园外锡山山顶的龙光塔。相应地，为了同样取得相似的观赏效果，惠山园的水面呈东西向狭长布局，目的是观赏万寿山前山的延寿塔，水面还在西侧向南略作转折，呈现“L”形，为的是将水系向南导引。在此基础上，假山、厅堂、桥梁的布局便顺理成章。

乾隆十九年（1754年），乾隆帝首次亲自为它题写了“惠山园八景”。他在诗序中介绍了造园缘由：“辛未春南巡，喜其幽致，携图以归，肖其意于万寿山之东麓”，并且用“一亭一径，足谐奇趣”（《题惠山园八景》诗序）概括了他对惠山园写仿的满意程度。在之后，他还多次用“位置都教学惠山”（乾隆二十三年《惠山园》诗）、“凤凰墩似黄埠墩，惠山园学秦家园”（乾隆二十八年《惠山园》诗）等诗句来描述此事。

寄畅园与两处写仿园林的景名对照表

寄畅园	清漪园惠山园	颐和园谐趣园（现状）	圆明园廓然大公
嘉树堂	载时堂	知春堂	廓然大公殿
七星桥	知鱼桥	知鱼桥	–
知鱼槛	水乐亭	饮绿亭	–
先月榭	澹碧斋	澄爽斋	静嘉轩
天香阁	就云楼	瞩新楼	影山楼
八音涧	寻诗径	涵远堂	披云径

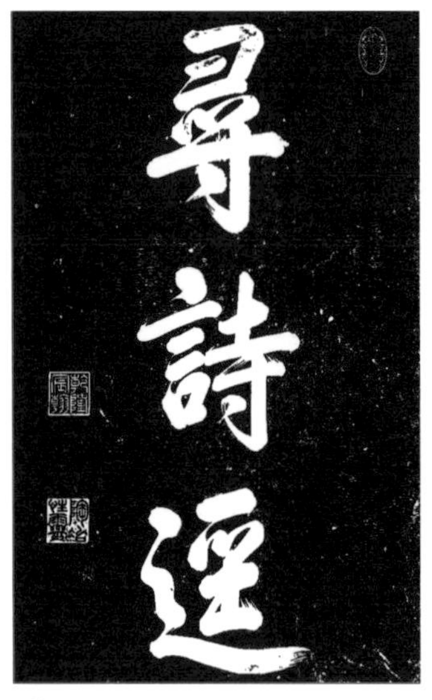

乾隆帝“寻诗径”御笔石刻

谐趣园瞩新楼（就云楼）

谐趣园湛清轩（妙墨轩）

寄畅园、惠山园与廓然大公三园布局对比

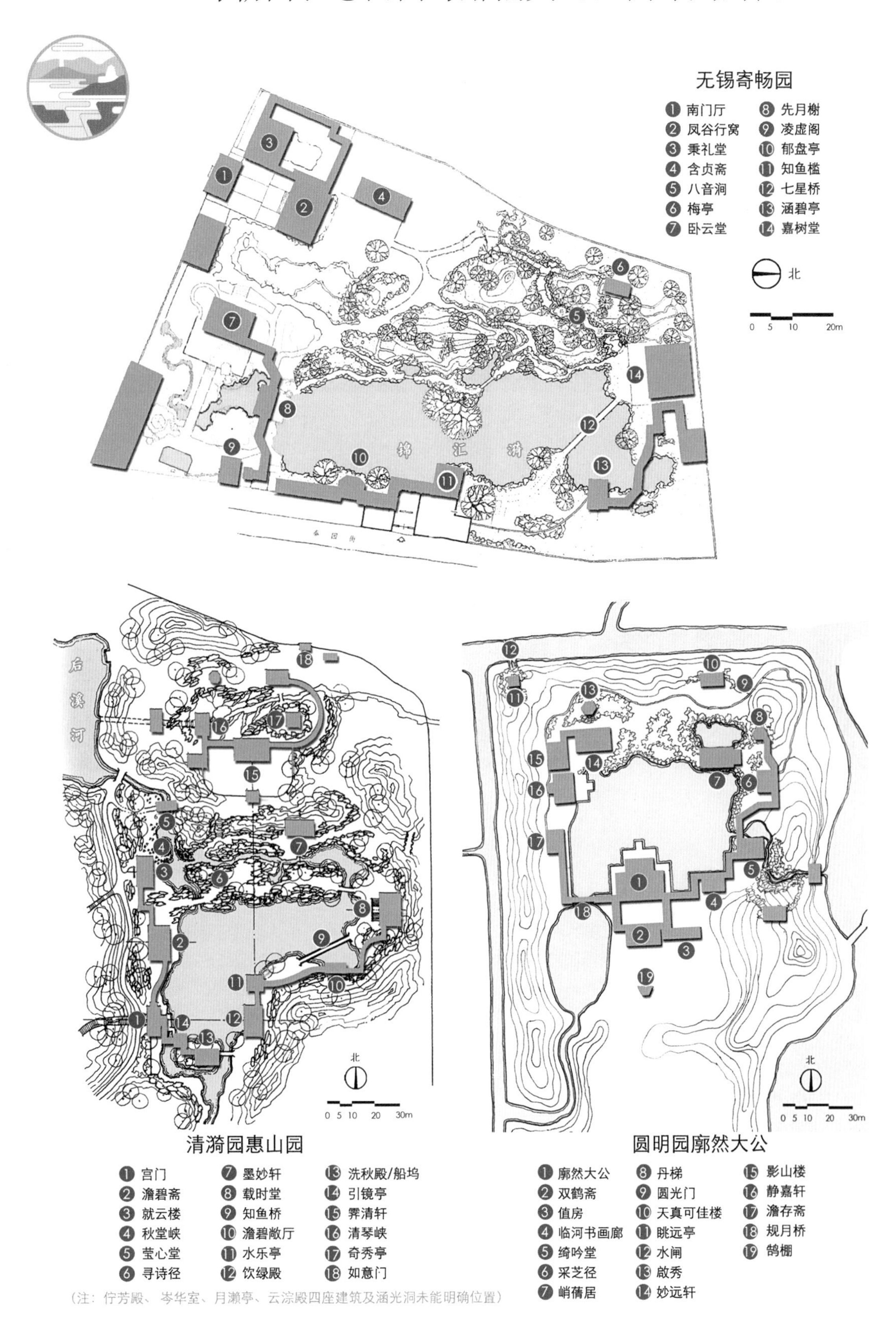

寄畅园与谐趣园（知鱼槛对应饮绿亭，七星桥对应知鱼桥，嘉树堂对应知春堂，涵碧亭对应澹碧敞厅）

主厅堂载时堂位于湖面东岸，坐东朝西，取得了最为幽深的观赏效果，乃是对应寄畅园的嘉树堂；堂前斜向的石平桥在东端矗立一座石牌坊，乾隆御题：知鱼桥，乃是对应寄畅园的七星桥；寻诗径和涵光洞两景均位于园中体量最大的假山之中，秋堂峡（玉琴峡）流出的水注入到这座由北太湖石堆叠而成的山涧之中，正所谓“岩壑有奇趣，烟云无尽藏”“自然成迥句，底用锦为囊”（乾隆帝《寻诗泾》诗），似乎在这条小径中游览便可获得无限的创作灵感，这里简直和寄畅园的大假山无异。

乾隆帝不仅希望能够深入其中地动观，还希望远距离地静观，于是设计了坐落在湖南岸、正对假山的水乐亭（现为饮绿亭）。亭子虽然距离对岸有超过40米的距离，但在此亭中，依然可聆听到泉水的声音，这里不仅在意境上与苏轼曾经歌咏过的杭州水乐洞相似，同时它还是对应寄畅园的知鱼槛，热爱养鱼和喂鱼的乾隆帝自然不会错过这一良机。湖西岸的澹碧斋、就云楼和宫门等建筑通过游廊连接，在体量和造形上创造变化，并且以万寿山和诸多古松作为背景，构成了与载时堂景观的互借。从宫门进来后，饮绿殿（现为洗秋亭）与之隔湖相望，成为一处经典对景。其中澹碧斋对应寄畅园的先月榭，就云楼则对应天香阁。比较特别的是，就云楼（今谐趣园瞩新楼）这座二层的楼阁巧妙地结合了园内外的高差：在园外体现为一层殿宇，在园内则变成了二层高楼，为此乾隆帝赋诗曰：“因迥为高易，对山漫阁幽”（乾隆帝《就云楼》诗）。最后一景墨妙轩藏匿在假山的北侧，背靠原地形中的巨石，是游览寻诗径时的一处绝佳停留和观摩古代碑帖之地。

这样一来，寄畅园的美景就被“工整地”重新刻画了一番，乾隆帝在写仿的过程中充分利用了万寿山的立地条件，将不利因素化为有利因素，在学习寄畅园造园艺术的同时有所创新，并使之符合皇家的审美范式，与清漪园的整体风格相吻合，在大湖大山之外开创了一番新天地。乾隆帝还通过楹联、匾额、石刻等丰富的形式为它赋予了全新的文化内涵，只不过借景延寿塔的设想因为塔被改建为低矮的佛香阁而不幸落空，让他略显失望。但首次写仿江南名园就取得了形神兼备的效果，是令他倍感欣喜的。在之后的日子中，他还在二十三年（1758年）、二十五年（1760年）、二十六年（1761年）、二十八年（1763年）、三十一年（1766年）、三十三年（1768年）等14次频繁地题写了观赏“八景”之后的心得感受，累计为它们创作了超过150首诗歌，可见他对此园的钟爱之情。

然而，乾隆帝认为光在清漪园中拥有了“寄畅园”还不够，御园圆明园也应该拥有一处，于是他在惠山园刚刚完工后，趁着兴致，马上着手于改造始建于康熙后期的廓然大公一景。从乾隆九年（1744年）绘制的《圆明园四十景图》中可以清晰地看出，改造前廓然大公的布局较为简单而工整：主厅堂双鹤斋和廓然大公殿呈四合院式规整布局，坐北朝南，面朝方池；东侧土山之上点缀着一座供奉吕祖和童子的小亭，包含了一定的求仙意境，正所谓“前接陌柳，后临平湖，轩堂翼然，虚明洞彻”（乾隆九年《廓然大公》诗序）。池中之水由北侧蜿蜒的河道注入，再从东侧注入福海，池的西侧、北侧和东侧均有土山环抱，这番园景显得十分幽深，恰好具备了向寄畅园的格局改造的“潜质”。

园中最大规模的改造当属池北侧的大假山，与惠山园位于相同的位置，使原有的宫殿拥有了一个绝佳的观赏对象。同样是为了营造跌瀑的效果，湖水通过明渠和暗渠穿过假山而注入到池中，并且开辟了从西南经过水路入园的河道。乾隆帝同样为这个作品题写了“廓然大公八景”并一一赋诗，同样是以三个字的来命名。

背靠假山的临水建筑“峭茜居”三字生动地说明了它所处的环境，披云径和韵石淙则与惠山园“对仗”，作为假山之中的两景；湖西岸由南至北的澹存斋、静嘉轩和影山楼分别对应惠山园之中的园门、澹碧斋和就云楼并用游廊串接。与惠山园不同

 清・宫廷画师绘・《圆明园四十景图》之《廓然大公》局部

的是，设计师在湖东岸借助原有的亭子和地形，利用新建的爬山廊和假山共同打造了由西向东观赏的一个景观面。与爬山廊连接的亭子也被赋予了道教含义，得名为采芝径，山顶的亭子也得名为丹梯。

廓然大公的入园体验十分特别，可泛舟穿过规月桥后进入。这座廊桥的造型十分独特，半圆形的桥拱在湖水的倒影下恰好构成了一个完整的圆形，其游览体验甚至能让游者产生“仙术何须倩法善？往来常作广寒游”（乾隆二十年《廓然大公八景（有序）》之《规月桥》）。这样进入月宫仙境的幻觉，同样契合了道教求仙的思想，在整个三山五园中都堪称最为绝妙的设计之一。

总而言之，清漪园的惠山园和圆明园的廓然大公是乾隆帝最早写仿江南园林的两处园中之园。一座是形神兼备、惟妙惟肖的新园；而另一座是以寄畅园和惠山园为蓝本的旧园改造，它们都是乾隆时期园中之园的精品之作。只可惜，惠山园在嘉庆年间被调整了格局，大假山及寻诗径等景点被拆除，并替换为体量巨大的涵远堂，这一改动被有些学者批评为“败笔”；其他部分景点也被调整了景名，整座园林被更名为谐趣园，1860年毁于英法联军的摧残，光绪年间重修时又加建了一些亭廊，也就是今天它呈现出的面貌。

廓然大公规月桥旧影（美国康奈尔大学图书馆藏）

廓然大公殿及爬山廊旧影（美国康奈尔大学图书馆藏）

圆明园中的廓然大公在后期不仅没有经过大规模的改造，而且奇迹般地在侵略战争中逃过一劫，光绪帝和慈禧太后曾多次至此游览，今天仍留有3幅珍贵的老照片存世。在画面中，虽然湖水已经干涸、房屋年久失修，但我们仍然不难想象这座“寄畅园”曾经拥有的盛景。不幸的是，廓然大公没有逃过晚清兵荒马乱的年代，不幸惨遭土匪流氓拆除为废墟。今天，虽然建筑已经基本消失，但湖面北岸和东岸的耸立了250多年的假山仍然保存有大体的格局，令人震撼。

廓然大公水面及假山遗址

嘉庆帝《谐趣园记》

原文　万寿山东北隅寄畅园旧址在焉，我皇考南巡江省观民问俗之暇，驻跸惠山，仿其山池结构建园于此。

译文　在万寿山山麓的东北，有一座模仿无锡寄畅园而建造的园林。这是我的父亲乾隆皇帝当年巡幸江南的时候，因钟爱无锡惠山的寄畅园，而在清漪园这里模仿它的山水结构建造的（名字叫做惠山园）。

原文　如狮子林、烟雨楼同一致也。

译文　就像在圆明园和避暑山庄仿建了江南的狮子林、烟雨楼一样。

原文　园近湖滨，地多沮（音jù）洳（音rù），庭榭渐觉剥落，池陂半已湮淤，况有石刻御诗，奎光辉映，岂可任其倾圮、弗加修治哉？

译文　惠山园靠近湖边，地势低洼且潮湿。（时间久了）厅堂水榭的油饰和彩画逐渐脱落，池塘里一半水面都已经淤塞，但园中还有（不少处先皇留下的）石刻题诗光彩照耀，怎能任凭这儿自然破败而不加修整呢？

原文　爰命出内帑之有余，补斯园之不足，芟榛莽，剔瓦砾，浚陂塘，去泥渣，灿然一新，焕然全备，而园之旧景顿复矣。

译文　于是（我）下令内务府拿出结余的钱财，修缮这园子的破败之处，芟除杂乱的草木，剔除破碎的瓦砾，疏通淤塘，除去泥渣，使它光彩明亮、焕然一新，园子旧时美景便立刻恢复了。

原文　地仅数亩，堂止五楹，面清流，围密树，云影波光，上下互印，松声泉韵，远近相酬。

译文　惠山园面积不大、只有几亩，房子也不大、不超过五开间。它面朝清澈的水面，被茂密的树林所包围。白云在水中的倒影和粼粼的波光，就好像天上地下相呼应似的。古松摇曳和泉水流淌发出的声响，分别从远处和近处传来交响在一起。

原文　觉耳目益助聪明，心怀倍增清洁，以物外之静趣，谐寸田之中和，故命名谐趣，仍寄畅之意也。

译文　（在园中游赏时，我常常）感到耳聪目明、内心澄澈，（这就是）凭借外物的闲静雅趣，来达到心中的中正和谐。所以我把它改名叫“谐趣园”，仍然沿袭寄畅园的意境。

原文　境虽近圆明园，终有街衢（音渠）之隔，每閒数日一来，往还不过数刻，视事传餐，延见卿尹，仍如御园勤政，何暇遨游山水之间，淌佯泉石之际，流连忘返哉？

译文　这里虽然距圆明园很近，但总归是有几条街之隔，（我）每隔几天就会抽空来这里一趟，每次只待一小会儿，（但我）无论办事、用膳还是接见大臣，都像在圆明园的勤政殿里一样按部就班。哪里还有空闲遨游在山水之间、陶醉于泉石之际而流连忘返呢？

原文　敬溯先皇之常度，曷（音何）敢少逾。

译文　（这是因为我）崇敬地效仿先皇乾隆皇帝严格的日常规律，一点都不敢稍稍地马虎。

原文　惟知勤理万机，乂安百姓，是素忱也。

译文　（我）只知道勤恳地日理万机、安定百姓，没有任何的杂念。

原文　或曰：然则山水泉石之趣，终未能谐，名实不副矣。

译文　有人说：（虽然给园子命名为“谐趣”）然而山水泉石的乐趣，最终（却因为我心无旁骛地工作而）没能充分享乐，那么起名的用意和实际情况就不相符了。

原文　予曰：云岫风篁，何尝有形迹之沾滞，存而勿论可也。

译文　但我想说：（无论是）云雾（还是）风声飘过，（表面上）哪里会留下浸润或停留的痕迹呢？（它们）只是存在却不想留痕罢了。

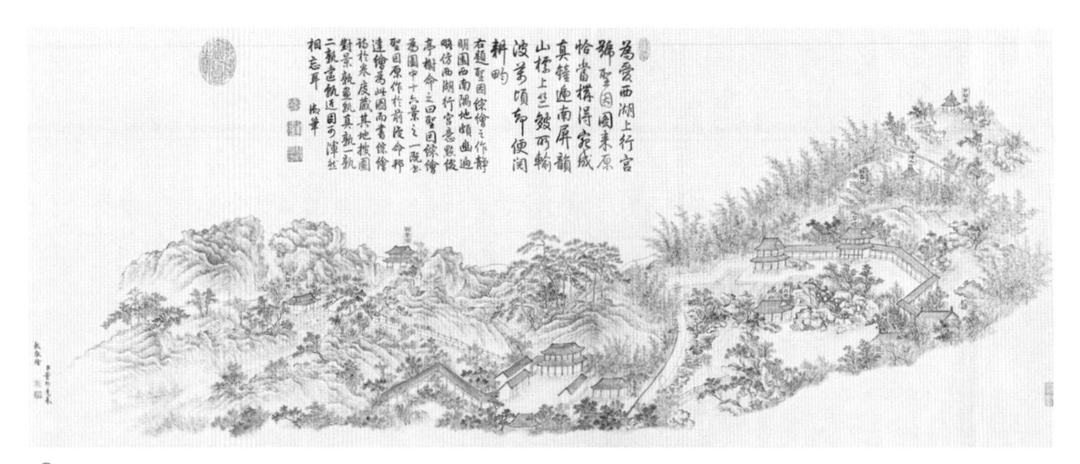

清・宫廷画师绘・《西湖行宫八景诗图》（故宫博物院藏）

清・宫廷画师绘・《狮林全景全图》局部（加拿大阿尔伯特博物馆藏）

从此，多座江南私家名园都在三山五园中相继再现。杭州的西湖行宫、小有天园、嘉兴海宁的安澜园、苏州的狮子林、江宁（今南京）的瞻园、扬州的锦春园和趣园、宁波的天一阁等在静明园、圆明园尤其是其附属的长春园中“遍地开花”。这些写仿的名园在命名上也毫不避讳它们之间极高的相似度，如静明园的圣因综绘采用“综绘”一词来概括它对西湖圣因寺行宫的再现，乾隆帝还在《西湖行宫八景诗图》上记下了这件事；圆明园的安澜园、长春园的狮子林完全采用相同的名称；长春园的如园仅用“如”一个字来概括它与原型瞻园之间的关联，也有一些完全重新拟定了景名，如写仿锦春园的长春园茜园和写仿趣园的长春园鉴园等。我们可以从狮子林一景的营建中一窥当时乾隆帝对名园写仿几近夸张的热情。

据史料记载，在设计该景时，乾隆帝曾利用写仿原型的园林模型即烫样作为设计参考。乾隆三十六年（1771年），苏州织造奉乾隆帝谕旨：“苏州狮子林房间、亭座、山石、河池全图按五分一尺（即1：20）烫样送京呈览，连狮子林寺亦烫样在内，照样不可遗漏。钦此。”苏州狮子林以假山景观而著称，因此在建造长春园的狮子林时，皇家不仅用苏州园林的手工模型作为参考，而且聘请江南工匠前往北京堆叠，这被乾隆帝得意地称之为“令吴下高手堆塑小景，曲折尽肖”（乾隆帝《狮子林八景·假山》诗序），他先后为狮子林题写了十六景并赋诗。在今天的狮子林遗址上，仍然散落着大量的北太湖石，这种石材在北京皇家园林的假山中十分常见，虽然不如江南的太湖石玲珑剔透、而且质地也略显粗犷，但在北方出产的山石中也算得上是比较有观赏效果的上品了。可谁知道尽管乾隆帝口口声声地说“其玲珑之趣不让湖石”“燕石几曾让湖石”（乾隆帝《狮子林十六景·假山》诗），自己却私下派人在狮子林的山石上凿窟窿，简直是自相矛盾，这种荒唐的行为简直令人哭笑不得。

但总体看来，大量名园景观的写仿进一步丰富了皇家园林的景观和文化内涵，而且提高了皇家园林在空间处理和细部装饰上的艺术水准，并且使南北两地的文化出现了互动：北方的皇家园林因为“拥有”了江南名园而更加增光添彩，南方的写仿原型也因成为模仿的对象而倍感荣光。除了园林的艺术交流，造园行为或许也带有一些政治目的，一方面他在北京和热河利用皇家的造园范式再现了若干江南名胜，寓意对于江南地区文化艺术的欣赏和对于疆域范围内美景所有权的宣示；而另一方面他也在借着南巡的机会兴建行宫，并对江南的名园胜景加以改造，彰显了天子的威仪。无论是否真实如此，乾隆时期名园再造的现象都非常耐人寻味。

蒨园“青莲朵”遗石
（中国园林博物馆藏）

清·宫廷画师绘·《弘历雪景行乐图》中狮子林（故宫博物院藏）

全面写仿

事实上，在清代鼎盛时的三山五园风景中，写仿对象已经完全突破了江南一地以及私家园林的范畴，而是纳入了大清帝国多地乃至世界多国的名景，在皇家园林内外主要体现为寺庙、军营、园林山水、建筑甚至是植物，可谓十分全面，充分地反映出了三山五园的开放性和包容性。

在三山五园的皇家园林内外，各类的宗教建筑数量繁多，它们往往具有深刻的宗教和政治寓意。早在雍正时期，笃信佛教的胤禛就曾在圆明园中写仿了一座古印度的舍卫国城池，命名为舍卫城，占地面积仅为1.65万平方米，城墙高度也仅为6米左右[8]。虽然名曰写仿，但根据老照片来看，其外观几乎是北方城池的“微缩版”，入口处还有三座牌坊，并在东、西、北三个方向均被护城河环绕；从布局上来看，其内部实际上是一座佛寺，在寿国寿民殿、仁慈殿、普福宫等主要建筑中供奉有多尊佛像，因此可以说它的本质其实是城池造型的佛寺，“借用”了舍卫国的名字。

上文介绍过，清漪园、静宜园中各有一座汉藏风格融合的的大型寺庙，分别是模仿西藏桑耶寺的须弥灵境和模仿扎什伦布寺的宗镜大昭之庙（昭庙）。前者的原型历史久远，在藏传佛教界享有崇高的声誉，因此乾隆帝在兴建清漪园这座“佛教主题园”时，自然不能落下这样一个重量级的寺庙。此外，他还在玉泉山北侧的小西山山脉上，仿建了五座平顶碉房“大昭”，至今其遗址掩映在红石山一带的林木之中。

乾隆帝曾在《喇嘛说》中写道：“兴黄教即所以安众蒙古，所系非小，故不可不保护之”，也就是连他自己都承认，大力发展藏传佛教无疑十分有利于对少数民族的团结。而静宜园的昭庙诞生在乾隆四十五年（1780年），作为六世班禅来京向乾隆帝祝寿时的行宫。因此，为了迎接西藏的最高统治者，乾隆帝也是煞费苦心，将当时最重要的藏传佛教建筑、班禅的法台写仿到了北京，并安置在具有相似山地环境的静宜园之中，这种待遇可以毫不夸张地理解为一种殊荣。

而兴建静宜园以南的宝相寺（乾隆二十七年建）和玉泉山脚下的仁育宫（乾隆二十一年建）则是出于另外的目的，两者分别写仿了五台山的殊像寺和泰山的东岳庙。乾隆帝曾在《宝相寺记》一文中，详细地

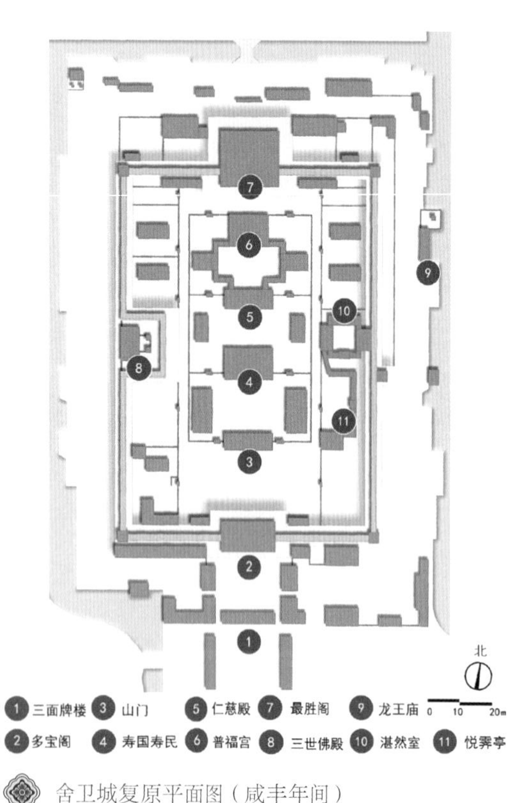

舍卫城复原平面图（咸丰年间）

舍卫城南城门遗址旧影

8 北京城墙高12~14米。

9 同“祝厘”，祝福。

昭庙琉璃塔遗址旧影

西山藏式平顶碉楼

清·宫廷画师绘·《香山静宜园全貌图》中的昭庙

昭庙六韵（节选）

爱新觉罗·弘历（1780年）

昭庙缘何见，神僧来自遐。

因教仿西卫，并以示中华。

既建须弥福寿之庙于热河，复建昭庙于香山之静宜园。以班禅远来祝釐[9]之诚可嘉，且以示我中华之兴黄教也，是日自谒陵回跸至香山落成，班禅适居此庆讚，又昭庙肖卫地古式为之，卫者番语谓中，俗谓之前藏，班禅所居后藏，乃实名藏，藏者善也。

从区位和佛法的角度来论述写仿的合理性，如“夫清凉在畿辅[10]之西，而香山亦在京城之西”“文殊随缘利见，应变不穷，是一是二，在文殊本不生分别见，倘必执清凉为道场，而不知香山之亦可为道场”，进而说明修建宝相寺的根本目的是为了省去烦劳的路途，从而能够“岁可一再至”，满足自己的礼佛需求。仁育宫则属于道教建筑，又称“东岳庙”，是祭祀东岳泰山的一处重要宗教场所。乾隆帝将其选址在此具有深意，因为玉泉山的水滋润着整个北京城，“与太山（泰山）之出云雨功用广大正同”，因此在此祭祀与“去京师千里而远”的泰山是同样合适的。

此外，民间常祭祀土地、关帝（即关羽）等神灵用于保佑平安或出于其他目的，随着皇家园林规模的扩大和内容的扩充，这些宗教也被帝王们毫不保留地引入到了自家园林中。圆明园的汇万总春之庙，写仿自杭州西湖的花神庙。在每年的二月，皇室都会在此举办隆重的祭祀活动，祈求园内的花木繁茂。绮春园的惠济祠与河神庙写仿自江苏淮安的同名寺庙，用于祈求江河安宁，但上述的这三座寺庙在规模和造型上与原型相比均相差甚远（关于写仿四川的健锐营碉楼，详见后文：骑射演武）。

三山五园地区水域广阔，因此龙王庙繁多，五园和小西山北侧黑龙潭中均有分布。外加玉泉山的东岳庙、海淀的泉宗庙等道教寺庙的兴盛，明显使皇帝作为“大祭司”的祭祀工作更加繁重，因此在很多时候他们常“遣官”祭祀，由大臣代替皇帝参加一整套仪式，即便是圆明园杏花春馆景区中的一座土地庙也不例外，档案中就记载了祭祀土地神的人员及流程。

“圆明园春雨轩司土神祠礼节：

祭日，所司备器陈设果实5盘、饼饵5盘，茶盏2，香盘1，炉1，镫2。

中和乐[11]、太监设庆神乐于阶上，设洗于阶下，设拜位于殿外。

对引太监导承祭大臣服蟒袍[12]补褂至香案前立。

乐作，司香太监跪进香，承祭大臣三上瓣香，复位，行三叩礼毕，对引太监导承祭大臣出，乐止，众皆退。”

除了园林和建筑，在植物造景上的写仿也在三山五园中得到了应用。早在康熙年间，畅春园就已经引入了来自异域的植物品种。高士奇在《蓬山密记》中记载道，“上命内侍引臣步入山岭，皆种塞北所移山枫、婆罗树”，可见这已经远远不是移栽一两棵植物了，而是有意地在皇家园林中再造一个“植物专类区”。

除了畅春园中曾有栽植记录，乾隆帝在诗中表达了对香山寺“婆罗树”的新奇感。从他的诗句不难判断，这种植物的“真身”其实就是七叶树。每年初夏，七叶树盛开的塔状花序好像手掌般的叶子托起宝塔，又像供奉着烛台，具有佛教内涵；而在秋天时，山枫的秋色叶遍布土山，着实丰富了园内的季相景观。

香山自古就以色彩绚烂的秋色叶植物而著称。有学者认为，乾隆帝曾命人在此栽植了成片的黄栌林，目的在于写仿塞外东北地区的自然景观。幸运的是，尽管纬度相差甚多，香山的生态环境恰好具备了这种生长条件，直至今天香山红叶仍然是京城的名景之一。既然自然环境已经具备，塞外代表

宝相寺旭华之阁

清・宫廷画师绘・《圆明园四十景图》之《杏花春馆》局部

婆罗树（节选）

爱新觉罗·弘历（1785年）

香山寺里婆罗树，种自何年不淂知。

翠色参天叶七出，恰如七佛偈成时。

是树为毗舍浮佛[13]倚以成道者，叶皆七出，虽万千中间见有五六出者实为大奇矣，验之果然。

性的动物——驯鹿也不能“缺席”，他在诗中夸赞道：“驯鹿亲人似海鸥，丰茸丰草恣呦呦（乾隆十九年《驯鹿坡》诗）”，紧接着他就将这件事“升华”到了政治高度，“灵台曾被文王顾，例视宁同塞上麀[14]”，意思是他的静宜园就好像是周文王的灵台，连驯鹿这样的野兽都甘愿臣服于自己，暗示自己与周文王拥有相似的伟大功绩，但这不过是他的一次自我标榜。

除了品种选择，在花木的修剪上，皇家园林中局部的植物也一反常规的自然形态，被整齐地修剪为几何式造型。除了在专门开辟的长春园西洋楼景区，柏树按照欧洲园林的模样被修剪为规则统一或是奇异的形态；甚至在皇室居住的九州清晏，也有类似于“棒棒糖”形状的低矮灌木与遒劲的古松搭配在一起。可见在那个时代，清人并非拘泥于传统的审美取向，而是大胆地吸纳了外来审美取向并将其广泛地应用在御园中（关于西洋植物的选育详见后文：农副产业）。

自康熙时起，名园、名景、名山乃至于异国他乡的风景，都被广泛地吸纳进了三山五园这个皇家特区之中，这场声势浩大的运动在乾隆时期达到了巅峰，在嘉庆时期悄然落幕。黄鹤楼、岳阳楼、烟雨楼，庐山、金山、惠山，瘦西湖、苏州街、寄畅园，桑耶寺、东岳庙、花神庙……凡是具有文化特色的，一个也不会漏掉。这些景观之中，有政治的、宗教的、军事的，但更多的还是审美的，可以说这正是清帝国的文化达到空前繁盛的一个真实写照，使三山五园这个“郊外皇都”成为了一个帝国版图的“缩影”，彰显着皇家的无上权力与财富，这正是康熙帝在《畅春园记》中说道的“宛若禹甸周原，在我户牖也”。换句话说，写仿运动就好像是一个“大熔炉”，将各种各样的文化元素与皇家的审美熔合到了一起，再“生产”出一个又一个立足于原型、又能够仿中有创的作品，它无疑使中国古代造园艺术升华到了一个更高的境界。

清·宫廷画师绘·《静宜园图册》之《驯鹿坡》（沈阳故宫博物院藏）

清·宫廷画师绘·《应钟协律图轴》中圆明园九州清晏的造型树

10 泛指京城。

11 指清朝一种用于祭祀、朝会、宴会的皇家音乐。

12 指清朝的一种礼服，袍上绣有蟒纹。

13 为“过去七佛”之第三佛，即一切胜、一切自在、广生之义。

14 麀音yōu，指母鹿。

宜逛园

园居生活 / 水陆交通 / 元宵节 / 祭祀日 / 请安 / 喂鱼 / 轮班奏事制度 / 大宫门
养育皇子 / 皇家书画院 / 郎世宁 / 帝后寝宫 / 天地一家春 / 国宴家宴菜单
焰火晚会 / 上元之夜 / 外三营 / 圆明园护军营 / 健锐云梯营 / 特种部队
外火器营 / 骑射跑马道 / 金川之战 / 碉楼 / 团城演武厅

皇室成员的园居生活

长久以来，

人们似乎一直都有种印象，那就是清朝的宫廷生
活几乎全部都发生在紫禁城的深宫大院之中，
皇家散心娱乐的去处似乎也仅有御花园和清音阁大戏楼等地。

但实际上，皇室成员在一年之中的很大一部分时间都生活在各种功能与山水美景兼备的三山五园之中。
清宫剧的编剧们表示：这个"锅"我们不背，三山五园除了颐和园
是残破不全的样子，拍戏的时候又怎能真正地还原历史场景呢？

五座大型的皇家园林不仅定位不同，
而且园中数量繁多与各具特色的景点令人目不
暇接，它们都极大地丰富了皇室的生活内容，
提高了他们的生活品质。

在乾隆时期，光是皇太后一人居住的畅春园就已经达到了0.78个紫禁城的面积；
而皇帝与后妃、皇子生活的圆明园（不含附园）
则达到了2.8个紫禁城的面积，
面分布的大小景区多达48处。如果想知道清代帝王是有多喜欢居住在园林之中，这份历朝皇帝居住
圆明园中的时间统计就是最好的说明。根据业界权威的研究，自雍正三年（1725年）开始正式驻跸
明园的10年中，胤禛平均每年在圆明园生活206.8天；自乾隆三年（1738年）开始正式驻跸圆明园
61年中，**弘历平均每年在圆明园生活126.6天，最多时达到251天，**数字的下
主要是因为他频繁外出巡游；自嘉庆元年（1796年）开始正式驻跸圆明园的25年中，**颙琰平均
年在圆明园生活162天，最多时达到247天，最少也要111天。**道光和咸丰两
，皇帝驻跸在圆明园的时间均达到最高，**分别是平均每年的260.1天和216.4天，道
帝在二十九年（1849年）时竟有355天住在圆明园，达到了五朝之最。**

显而易见的是，如此庞大的皇家园林并非像紫禁城那样几乎布满了宫殿和广场，而是以山水分别作为园林的"骨架"和"血脉"，建筑作为"肌体"，也就是说，皇宫与御园之间的风貌相差甚远。

那么不禁要问，在真实的历史中，这些数不清的园林景点都在宫廷生活中
**扮演着怎样的角色？帝后们在园林中的生活状
态又是怎样？相信你能从本专题中找到答案。**

山水巡游

清帝往返京城与三山五园的经典路线

在本节中，您将了解到：

1. 连接京城与三山五园的陆上和水上线路有什么区别？
2. 乾隆皇帝“宅”在圆明园里的生活是怎样的？
3. 乾隆皇帝去往畅春园和“三山”的规律又是怎样？

长久以来，人们似乎一直都有种印象，那就是清朝的宫廷生活几乎都发生在紫禁城的深宫大院之中，皇家散心娱乐的去处似乎也仅有御花园和清音阁大戏楼等地。但实际上，皇室成员在一年之中的很大一部分时间都生活在各种功能与山水美景兼备的三山五园之中（清宫剧的编剧们表示：这个“锅”我们不背，三山五园除了颐和园都是残破不全的样子，拍戏的时候又怎能真正地还原历史场景呢）。五座大型的皇家园林不仅定位不同，而且园中数量繁多与各具特色的景点令人目不暇接，它们都极大地丰富了皇室的生活内容，提高了他们的生活品质。在乾隆时期，光是皇太后一人居住的畅春园就已经达到了0.78个紫禁城的面积；而皇帝与后妃、皇子生活的圆明园（不含附园）则达到了2.8个紫禁城的面积，里面分布的大小景区多达48处。

如果想知道清代帝王是有多喜欢居住在园林之中，这份历朝皇帝居住在圆明园中的时间统计就是最好的说明。根据业界权威的研究，自雍正三年（1725年）开始正式驻跸圆明园的10年中，胤禛平均每年在圆明园生活206.8天；自乾隆三年（1738年）开始正式驻跸圆明园的61年中，弘历平均每年在圆明园生活126.6天，最多时达到251天，数字的下降主要是因为他频繁外出巡游；自嘉庆元年（1796年）开始正式驻跸圆明园的25年中，颙琰平均每年在圆明园生活162天，最多时达到247天，最少也要111天；道光和咸丰两朝，皇帝驻跸在圆明园的年均时间均高于以前，分别是平均每年的260.1天和216.4天，道光帝在二十九年（1849年）时竟有355天住在圆明园，达到了五朝之最。

显而易见的是，如此庞大的皇家园林并非像紫禁城那样几乎布满了宫殿和广场，而是以山水分别作为园林的“骨架”和“血脉”，建筑作为“肌体”；也就是说，皇宫与御园之间的风貌相差甚远。那么不禁要问，在真实的历史中，这些数不清的园林景点都在宫廷生活中扮演着怎样的角色？帝后们在园林中的生活状态又是怎样？相信你能从本专题中找到答案。

皇帝每天的日程都有详细的记录，具体到什么时候去了哪儿、干了什么、见了哪些人，甚至是穿了什么、吃了什么等等，不禁令人唏嘘皇帝毫无“隐私”可言。那么，这些鲜活的历史档案无疑就是解答上述问题的关键了。根据乾隆五年（1740年）、二十一年（1756年）、三十五年（1770年）、四十二年（1777年）、四十三年（1778年）、五十八年（1793年）和嘉庆二年（1797年）这7个年份的记录，我们基本明晰了乾隆皇帝在30~86岁这57年间的日常活动规律。其中1756年的档案最为详细，精确到了圆明园中去过的具体地点、活动内容、穿着的服装及交通方式等。之所以选取这些年份，是因为它们包含了一些代表性的时间节点，如最早在1740年，三山的工程还未开工，皇家活动基本在圆明园和畅春园；1756年，三山已经基本完工；1770年，弘历恰逢60周岁；1777年，常年居住在畅春园内的崇庆皇太后去世；次年，除了紧邻御道的恩佑寺和恩慕寺，弘历便停止前往畅春园的其它区域；1793年，弘历是82岁的耄耋老人了，当年还接见了来访的英国使团；1797年是乾隆帝退位的第二年，这一年的记录反映出了太上皇真实的生活状态。

统计发现，乾隆帝的日常活动之丰富令人难以置信，每天从早到晚，他并不是一直坐在圆明

清帝往返京城与三山五园的典型路线

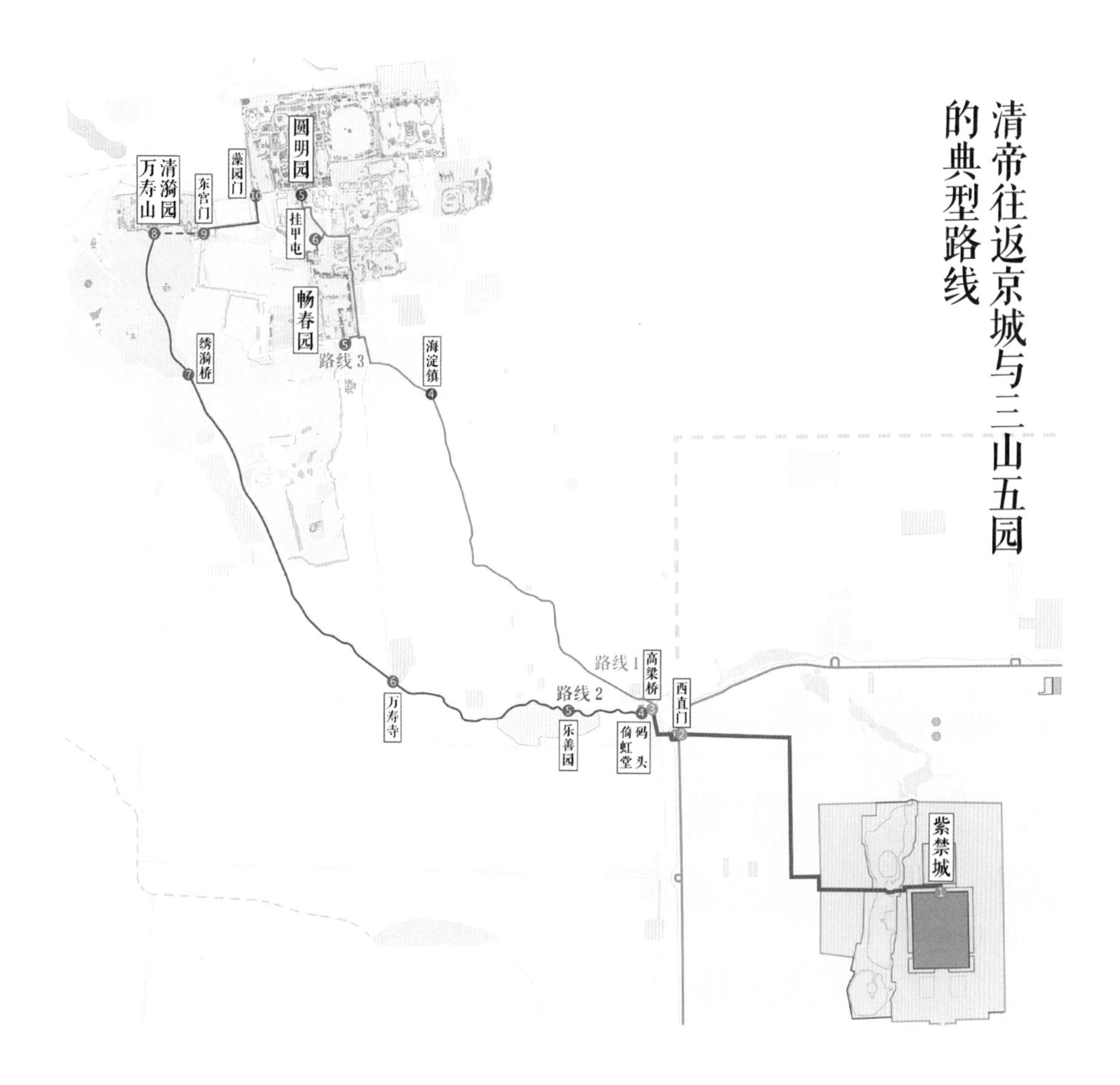

园的勤政殿中埋头办公或者在正大光明殿中举办仪典，晚上再回到九州清晏的寝宫休息，而是以乘船、步行、骑马，甚至是坐冰床等交通形式前往三山、畅春园和圆明园中的各个景点“巡游”。当然，这并不代表他在工作中“偷懒”，去往这些地方往往都带有很明确的目的。为了更好地说明，我们将弘历的“山水巡游”线路划分为以下4种模式，并绘制了生动的路线图纸，以最大程度上还原这位园林“发烧友”在全盛时期的生活日常。

——模式一，京城与海淀间的往返；

——模式二，圆明园里的园居生活；

——模式三，圆明园到三山的游览；

——模式四，到畅春园请安的日常。

京城与海淀间的往返

典型路线1

紫禁城—西直门—高梁桥—海淀镇—圆明园（如乾隆二十一年正月初八日）

此路线是皇帝从大内直接去往圆明园，路途中不作停顿的路线，也是最平常的陆上路线。如图中红线及黄线所示：由大内至西直门出城，过高梁桥乘轿一路向西北行走约7公里左右，途经海淀镇，再从畅春园东侧的御道到达圆明园，由正门（大宫门）进入。

典型路线2

紫禁城–西直门–倚虹堂（高亮桥行宫）–万寿山·清漪园–圆明园（如乾隆二十一年四月二十五日）

此路线常常是在皇帝稍有闲暇时，从大内去往圆明园，路途中经过清漪园的路线，也是最平常的水上路线之一。如图中红线及蓝线所示：皇帝由大内至西直门出城向西北，过高梁桥后到倚虹堂行宫，从码头换乘御舟。沿途会经过乐善园、真觉寺和万寿寺，有时会短暂停留，到了广源闸处由于水位高度不同，还需换乘另一艘御舟。沿长河8.5公里行至清漪园后，由南侧水路入口（即绣漪桥）进入昆明湖，途经凤凰墩、南湖岛和十七孔桥，在万寿山码头上岸，用过早饭或游览一番后再自清漪园东宫门出，沿陆路至圆明园西南角的藻园门入园。

典型路线3

紫禁城–西直门–倚虹堂–海淀镇–畅春园–圆明园（如乾隆二十一年二月初十日）

此路线是为给皇太后问安而产生的路线，与典型路线1大致相同。如图中红线、黄线及绿线所示：如果很长时间未见母亲，乾隆帝会在返回圆明园的路上先去畅春园请安。因此在到达海淀镇后，从畅春园大宫门进入，请安完毕后从畅春园的西北门出，再穿过挂甲屯到达圆明园，由大宫门入园。

模式一解读

从不同年份的记录来看，乾隆皇帝一般在一年之中除了去热河避暑山庄、木兰秋狝以及祭祖等几项远途旅程，其余时间全部在京。在京的时间中，又有一部分是频繁地往返于京城与三山五园之间的。虽然没有太多的规律可循，但可以肯定的是在冬季时他住在紫禁城中。但到了退位之后的嘉庆二年（1797年），他便过起了在圆明园、畅春园、盘山静寄山庄、避暑山庄、静宜园之间辗转而“纯粹”的园居生活，全年除年底的回宫记录，仅有正月一次。

往返京城与三山五园的途中，若走在御道的石板路上，除了两侧作为行道树的成排柳树，也没有太多风景可赏。与之相比，水路虽然速度比较慢，但会让人更加放松。乾隆帝于是就将沿途的风景都写进了诗中，正如他在乾隆三十六年（1771年）的《御制过广源闸换舟遂入昆明湖沿缘即景杂咏》中写道的“舟行十里诗八首，却未曾消四刻时”。意思是在御舟行驶了10里的时间内，他就已经写好了8首诗，但累计还没到一个小时。

这些诗句有的记录旅途的过程：“过闸陆行才数武[1]，换舟因复溯洄西”；有的记录沿途的景色：“东岸闸临圣化寺，其中林木颇清幽”“轧轧鸣榔过绣漪[2]，昆明百顷绿波披”；有的记录他对农事的观察：“夹岸香翻禾黍风，无论高下绿芃芃。所希此后雨阳若，未敢秋前说兆丰”；有的记录水利和农业情况：“水痕涨落犹尺余，蒲苇根还泥带淤[3]”“新涨平堤好近舟，霁空风物报高秋”“北运河消堤岸固，关心庆未害菑畬[4]”。诗文之多，充分反映了他活跃的思维和在悠长的路途之中持续迸发的灵感。这样的夹岸景色仿佛是到达目的地之前的铺垫：轻快的船桨将这一切掠过之后，前方庞大的园林体系才铺展开来。

清·样式房绘·《三卷宝座船立样》（故宫博物院藏）

1 乾隆帝自注：万寿寺在广源闸西数十武。

2 指清漪园的绣漪桥。

3 乾隆自注：前月二十一，夜雨过骤，西山诸水涨发，以致昆明湖水平堤，即启青龙桥尾闾宣泄，水势随落。今所见苇根之泥犹前日水痕也。至其下游东城壕及闸河，虽兼有漫口，旋即堵筑。而北运河一带堤岸 顽固无虞，武清诸邑不致如去年之受涝，差足慰尔。

4 菑畬音zī shē，指耕耘。

乾隆帝游览圆明园的典型路线一

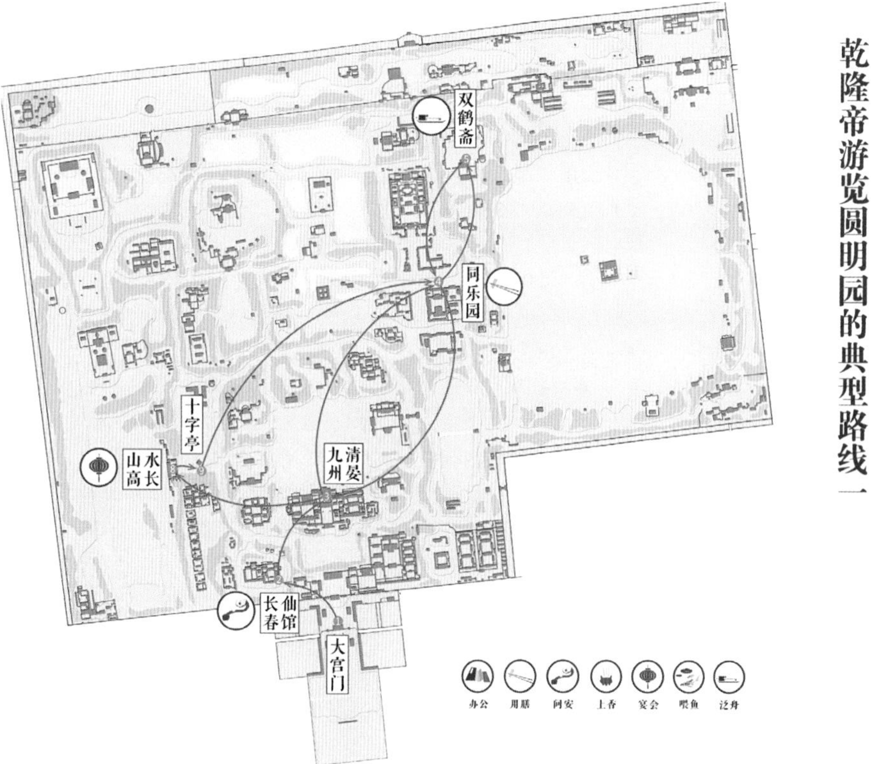

典型路线1　元宵节期间

大宫门—长春仙馆—九州清晏—同乐园—双鹤斋—同乐园—九州清晏—山高水长—十字亭—同乐园—九州清晏（如乾隆二十一年正月十三日）

正月的园居日程几乎被历时长久的元宵节庆祝活动占满。这时正值盛世，国库充盈，庆祝活动一度达到历史最多。此时圆明园中的行程与平日差异较大，比如乾隆帝会抓住一年中难得空闲时间，从早膳一直到晚膳整日待在同乐园，或者奔波于九州清晏、同乐园和山高水长三个地方参加各种各样的活动。乾隆帝会把母亲从畅春园请到圆明园的长春仙馆居住，他通常会提前到达同乐园并在附近“溜达”，随后到码头接母亲一起用早膳。

在这一天中，刚刚从大内赶回来的乾隆帝先到长春仙馆向皇太后请安，随后到九州清晏稍作休息，到后码头乘坐冰上拖床，前往同乐园用晚膳。饭后直到同乐园灯会开始之前的休息时间中，他会去平日少有光顾的双鹤斋（廓然大公）等处转一转；灯会结束后，他又回到九州清晏稍坐，随后赶往山高水长参加下一场活动，与王公大臣一起观看摔跤和焰火表演。活动结束虽然已经很晚了，但他再次从万方安和的十字亭码头乘坐拖床回到了同乐园码头换乘亮轿，直到深夜才乘轿返回九州清晏休息，可见这段时间内是属于弘历的夜游时间。

《崇庆皇太后万寿庆典图》中的乾隆帝御用拖床

相似路线

1.九州清晏–正大光明殿–勤政殿–同乐园–双鹤斋–九州清晏–山高水长–十字亭码头–同乐园码头–九州清晏（如乾隆二十一年正月十九日）；

2.九州清晏–勤政殿–同乐园–九州清晏（如乾隆二十一年正月二十三日）；

3.九州清晏–长春仙馆–前园（即畅春园）–正大光明殿–勤政殿–万寿山–九州清晏（如乾隆二十一年正月二十八日，当天送皇太后回畅春园居住）。

典型路线2　偶有游园的办公生活

九州清晏–怀清芬–勤政殿–金鱼池–九州清晏–福海景区–东园（即长春园）–同乐园–九州清晏（如乾隆二十一年六月二十三日）

在平日没有重大活动的时候，乾隆帝也会在圆明园中度过丰富的一天，通常他一早会在勤政亲贤用早膳并处理政务，其余的时间则较为轻松和自由，穿插着园内及长春园各处的游赏活动。

忙碌的一天从早上开始，太监早已在勤政殿后的怀清芬预备好了早膳。办事和引见群臣之后，乾隆帝需要更换一身衣服，前往金鱼池（坦坦荡荡）喂鱼，回到九州清晏稍作休息后，便开始了自在的游行。他会从后码头乘船经过福海景区到达长春园，期间可能会额外安排打渔（没错，是打渔，皇家园林里确实饲养了很多鱼类）。福海中的蓬岛瑶台、方壶胜境、秀清村（别有洞天）等处都是经常光顾的地点。晚饭通常会安排在同乐园，有时还会小沐浴并更换衣服。饭后的悠闲时光中，他乘着小船到处“闲逛”，题上一两首诗，最后回到九州清晏休息。有时回程中他还会经过如意馆，这是因为乾隆帝对宫廷画师非常“关照”，常常前去视察工作甚至是亲自指导。

相似路线

1.九州清晏–怀清芬–勤政殿–金鱼池–九州清晏–秀清村–如意馆–九州清晏（如乾隆二十一年四月初五）；

2.九州清晏–怀清芬–勤政殿–金鱼池–九州清晏–蓬岛瑶台–长春园–九州清晏（如乾隆二十一年四月二十八）；

4.九州清晏–怀清芬–同乐园–长春园–九州清晏（乘船游湖）（如乾隆二十一年八月初七）。

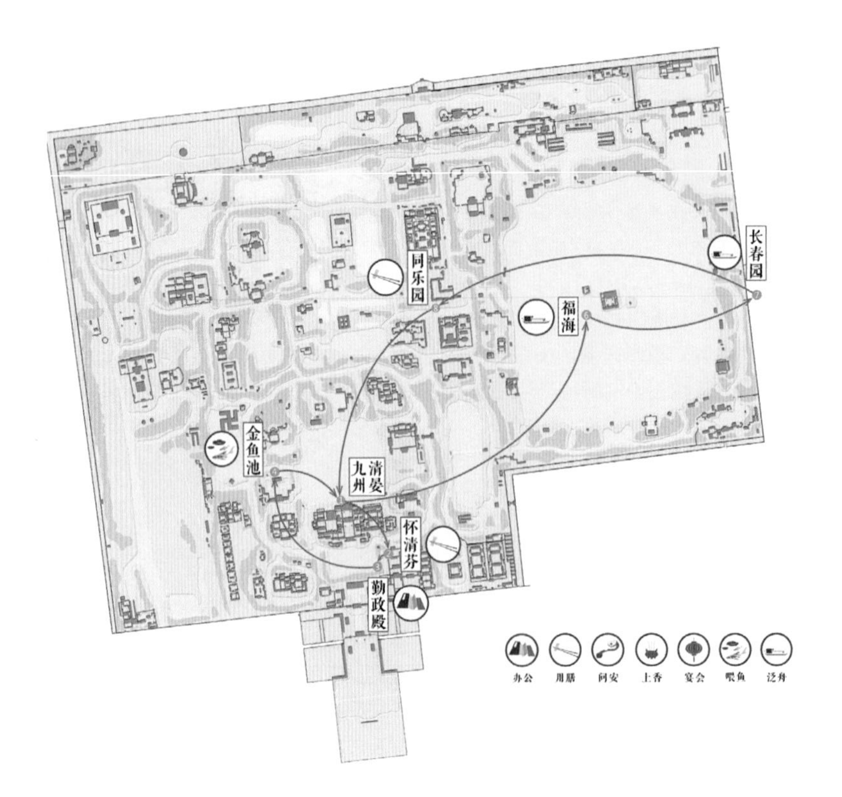

乾隆帝游览圆明园的典型路线二

乾隆帝游览圆明园的典型路线三

典型路线3　初一和十五的祭祀日

九州清晏–慈云普护–万方安和–清净地–佛楼–舍卫城–同乐园–勤政殿–广育宫–长春园–九州清晏（如乾隆二十一年七月初一日）

无论是民间还是宫廷，每个月的初一和十五都是重要的祭祀日，七月十五日中元节、八月十五日中秋节就更为重要，因此这一典型路线充分地反映出了圆明园是如何发挥祭祀功能的。在这些日子里，皇帝会一大早就奔波于圆明园中的各大寺庙来祭祀各路神灵，随后才是工作时间。

这些天中，乾隆帝从九州清晏的寝宫，乘船先到慈云普护拜佛，再到万方安和的码头换乘轿子，依次抵达清净地（即月地云居）、佛楼（即日天琳宇）、舍卫城拜佛，然后到同乐园吃早饭。饭后再坐船到勤政殿办事和引见大臣。但这一天的祭祀刚刚进行了一半，随后他还会到福海景区的广育宫（夹镜鸣琴）和长春园内的寺庙中拜佛，最后返回九州清晏休息。

全年的园内祭祀活动数量在中元节达到顶峰，这是由于当日是汉族祭祀先人的节日，也是佛教中的“盂兰盆节”，皇帝在圆明园中至少需要去9处庙宇祭拜。忙碌了一天后，乾隆帝当晚在圆明园水面上欣赏河灯，也算是一种放松了。在遇到其他重要节日的时候，皇帝通常不会在一天内奔波于这么多景点，但会根据节日传统增加一些特殊的祭祀活动，如正月十五供元宵、八月十五月供前拈香。有趣的是，乾隆二十一年的八月十五这天，一轮祭祀过后，从早膳到晚膳，乾隆帝一直在勤政殿度过，直到晚上去同乐园才能够乘船放松，可以说是相当忙碌了。

相似路线

1.九州清晏–慈云普护–万方安和–清净地–佛楼–舍卫城–同乐园–勤政殿–广育宫–长春园等处–山高水长–金鱼池–九州清晏（如乾隆二十一年六月初一）；

2.九州清晏–慈云普护–万方安和–清净地–安佑宫–佛楼–舍卫城–西峰秀色–慈珠宫–长春园思永斋等处–广育宫–勤政殿–同乐园–九州清晏–佛楼–古香斋（长春仙馆）–九州清晏（如乾隆二十一年七月十五，中元节）；

3.九州清晏–慈云普护–万方安和–佛楼–舍卫城–同乐园–勤政殿–同乐园–九州清晏（如乾隆二十一年八月十五，中秋节）。

模式二解读

作为三山五园中地位最高、功能最全的皇家园林，庞大的圆明园几乎可以承载皇室及国家所有的主要活动。作为一位工作繁忙的皇帝，乾隆帝可以将自己“宅”在园林里的生活安排得十分丰富。据统计，乾隆二十一年（1756年）有80余天他完全宅居在圆明园内，除了偶尔去往长春园游行或拜佛外，包括理事、引见在内的全部工作都在圆明园内进行。由此可见，圆明园的功能布局是完全满足皇室生活与办公需求的。

当然，即便圆明园的功能如此丰富，他也并非要每天都去使用，有些日子的活动就较为简单：怀清芬（进早膳）–勤政殿（办事、引见）–九州清晏（进晚膳）–金鱼池（喂鱼、乘船游行）–九州清晏（休息）（如乾隆二十一年四月二十日）。

在乾隆帝常去的地点中，部分同属一类功能，部分承担多种功能。其中属于宗教功能的景点就包含了佛教、道教和宗庙三类场所，包括九州清晏东佛堂、慈云普护、佛楼（日天琳宇）、清净地（月地云居）、舍卫城等；祭祖的宗庙主要是安佑宫（鸿慈永祜）。多功能的景点包括同乐园、山高水长和勤政亲贤等，皇帝用早膳、办事与引见大臣的场所主要是在勤政亲贤景区的勤政殿和怀清芬两处，但怀清芬的地位较低，其使用频率因此远低于勤政殿。

除了祭祀与理政的严肃场面，圆明园内也会进行丰富多彩的活动，使园居的生活充满趣味。正如本书开篇的《三山五园清代皇室日历》所示，一年里民间的各种活动在园内次第上演：花朝节祭花神、上巳节水边宴饮、端午节演龙舟、在芰荷香看荷花、中元节放河灯……相比皇室成员在宫中规矩繁多的生活来说，这样的园居生活看上去完全“无法拒绝”。

比较有趣的是，乾隆帝酷爱以各种方式、在各种时间去金鱼池（坦坦荡荡）喂鱼：在岸边、在船上；早膳前、理事后、射箭后、游行后、游湖时、晚膳前……甚至在外出且行程很紧张时，他也会在回到圆明园后直接乘船到金鱼池喂鱼。简直是一天开始时去喂鱼，一天活动结束后也去喂鱼，闲暇时去喂鱼，繁忙时也争取去喂鱼。

与圆明园一墙之隔的附属园林长春园是乾隆帝预备退休养老的地方，虽然他前往长春园游览的频率是相当高的，但从现有档案记载来看，他从未在其中留宿。乾隆帝经常是在用过晚膳后，到长春园短途游园。虽然他到过的具景点仍需要进一步地考证，但有一点是非常明确的，那就是他必然会在园中泛舟游览。

圆明园到三山的游览

典型路线1

圆明园–玉泉山·静明园–香山·静宜园（如乾隆二十一年十月十四日）

深秋的北京，秋高气爽，红叶遍布西山。这一天是乾隆帝去往香山小住的日子，平日繁忙的他难得有这样的机会调整一下，这在乾隆二十一年（1756年）也只有这一次。一大早，他自圆明园的藻园门出发，沿御道向西乘轿到达清漪园的涵虚罨秀牌楼，不入园转而向北，沿着园墙达到青龙桥镇。又途径功德寺，抵达玉泉山·静明园。用过早膳之后，在园中短暂停留，从西门骑马4公里到达香山·静宜园。

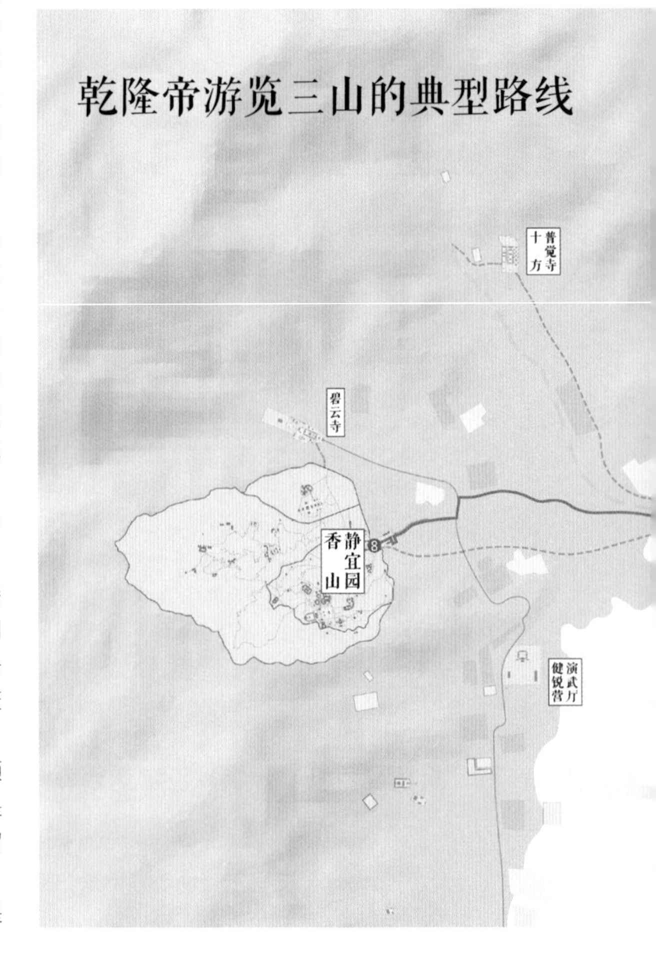

两天后的十月十六日，在静宜园用过早膳之后，乾隆帝选择与来时不太一样的路线返回圆明园。他先是乘轿到达静明园，游览一番之后，从东宫门出，经过湖山罨画牌坊到界湖楼乘船，也有可能出静明园南宫门后，在高水湖里泛舟，到达影湖楼上登高眺望，再回到界湖楼。接下来，他沿着玉河到达昆明湖，在万寿山上岸后，乘轿回到圆明园的藻园门。鉴于当天时间还有富余，他又乘着冰上拖床到了长春园，在含经堂用晚膳，回途中经过了秀清村，最终返回九州清晏休息，充实的三日游才正式落下帷幕。

在这三日两夜的旅途中，乾隆帝在出行时采用了多种交通工具：轿、马、船和冰上拖床。但令人疑惑的是，为什么船和冰上拖床可以在同一时间使用？一种可能是玉泉山和万寿山一带的水面由于是活水而尚未结冰；而圆明园里面的水虽然也是活水，但可能因为流速较慢，已经上冻，于是就能采用独具北方特色的拖床实现景点之间的快速交通。

典型路线2

圆明园—万寿山·清漪园—圆明园（如乾隆二十一年七月二十三日）

乾隆帝在园记中曾道出了自己在清漪园“过辰而往，逮午而返，未尝度宵”的行动规律，他前往清漪园一般都是在早上，可能在勤政亲贤办完事后前往，也可能干脆到清漪园用早膳、再办事。

这一天，他先是在圆明园的怀清芬吃完早饭、换过衣服，把政务处理完毕后，乘轿从藻园门出发，沿陆路向西由东宫门进入万寿山·清漪园。游览一番过后，原路返回圆明园。这时到达圆明园时已经傍晚了，在九州清晏稍作休息后，乾隆帝就乘船去同乐园进晚膳了，随后返回寝宫休息。

相似路线

1.圆明园–静明园–万寿山·清漪园–圆明园–长春园–圆明园（如乾隆二十一年五月十二日）；

2.圆明园–万寿山·清漪园–广仁宫–清漪园–圆明园（如乾隆二十一年四月十三日，当天西顶广仁宫开光）；

3.圆明园–黑龙潭–大觉寺–圆明园（如乾隆二十一年五月二十五日）。

模式三解读

“畅春以奉东朝[5]，圆明以恒莅政[6]，清漪静明，一水可通，以为勤几清暇散志澄怀之所。”（乾隆帝《万寿山清漪园记》）

这一句话概括了畅春园、圆明园、清漪园和静明园这四座皇家园林的功能，实际中的线路也确实如此；而静宜园的路途相对遥远，前往的频率则要低很多。可见，皇帝并不会一直选择在圆明园“宅”下去，三山及其便利的水陆交通为他的巡游提供了多种可能。这些旅程通常是作为在圆明园或西花园办公之后的放松环节，而且几乎都是当日往返；有时也作为去畅春园问安后的行程。当然，如果要去香山秋游小住的话，就会像上文描述的那样直接前往了。翻阅其他年份的记录，我们发现这种驻跸静宜园的路线并不止发生在十月。其他时间如乾隆四十二年（1777年）九月、乾隆四十三年（1778年）三月、乾隆五十八年（1793年）四月和九月、嘉庆二年（1797年）九月均有这种记录。于是可知，这其实是乾隆在春秋两季的固定路线，香山·静宜园实际上的作用是“春游”及“秋游”时短暂的居所。

到畅春园请安的日常

典型路线1

圆明园–畅春园–西花园–万寿山·清漪园–界湖楼–玉泉山·静明园–圆明园（如乾隆二十一年七月十一日）

这其实是一条问安之后思考政事、陶冶性情的路线：乾隆帝自圆明园出入贤良门出，穿过挂甲屯，从西北门进入畅春园。在集凤轩向皇太后问安后，他从无逸斋或大西门出畅春园便来到了隔壁的西花园，在此用早膳、理事或接见官员。在换完衣服后，他很有可能穿过马厂、阅武楼，出芳园门，再由东宫门进入万寿山·清漪园。有时他并不会在清漪园里停留，而是直接到码头乘船去往静明园。这里的路线和模式三相同，在静明园游行完毕后，可能沿原路返回圆明园，也可能绕过清漪园直接从陆路返回。

典型路线2

圆明园–畅春园–圣化寺–泉宗庙–畅春园–圆明园

畅春园以南是大片田地，但这里有两处比较特别的皇家寺庙，分别是始建于康熙时期的圣化寺和乾隆三十二年（1767年）在疏浚万泉河时建设的泉宗庙。乾隆帝偶尔会来到这里视察农田的长势，或者来参加泉宗庙的祭祀活动。在畅春园问安完毕后，他可能沿着万泉河的河堤骑马前往泉宗庙，在这里礼佛和游赏一番之后，再前往圣化寺。有时他也会从畅春园乘船前往圣化寺。礼毕后返回圆明园，或

颐和园昆明湖中的御舟旧影

5 指奉养皇太后。

6 指处理朝政。

7 指畅春园的寿萱春永殿。

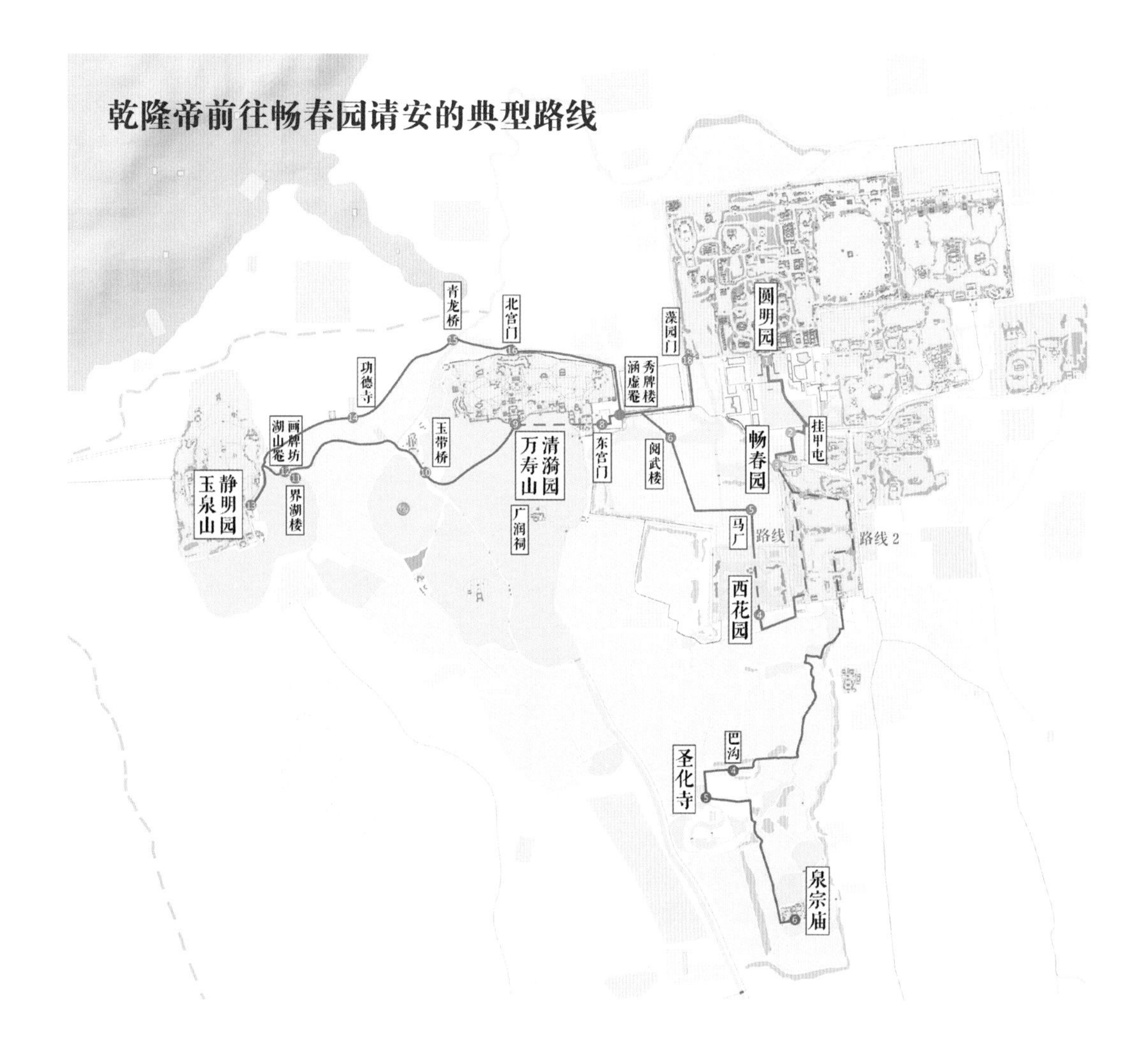

去往其他地方游览。

相似路线

1.圆明园–畅春园–圆明园（如乾隆二十一年五月初六日）；

2.圆明园–畅春园–西花园–万寿山–圆明园（如乾隆二十一年七月十四日）。

模式四解读

乾隆频繁去往畅春园，与母亲崇庆皇太后居住在此有关。这位长寿的皇太后常年居住在畅春园，甚至在一年里园居的时间要长于乾隆帝。至于这里面的原因，我们可以从御制诗里略知一二：如乾隆二十四年（1759年）他在诗中写到的“高年颐养喜仙园”“问寝钦先诣寿萱[7]”。较之皇宫，园林环境轻松美好，年老的皇太后又喜欢安静；另外，乾隆帝就居住在几步之遥的圆明园，将太后奉养在此也十分方便母子相见。四十多年的时间里，乾隆帝对畅春园的印象与对母亲的感情融合在了一起，并不因母亲的去世而有改变。

“尊养畅春历卌冬，欲求温凊更何从？”（乾隆四十二年《御制恩慕寺瞻礼六韵》）

正如御制诗的自述，在母亲去世后，他在畅春园临街的位置建造恩慕寺，并常常在清明、忌日、中元节，以及回到或离开圆明园时前去行礼，即便是一些没有特殊意义的日子也会前去，至嘉庆二年（1797年）时仍不止。

请安之后不立即回圆明园的时候，乾隆帝常常去往一墙之隔的西花园，在树木环绕中的讨源书屋理事和引见。乾隆十三年（1748年）的《讨源书屋诗》就是这种状态的生动写照：“尚书履向花间度，侍史囊从柳外传。岂以游观疏昼接？不因清宴忘朝乾”。意思是尚书和侍史纷纷来到这个花木繁荫的地方朝见，他岂能因为在圆明园之外“游观”就疏忽了处理政务呢？

讨源书屋是承载着乾隆帝关于祖父回忆的地方。就如他在诗中所写：“养志吾心切，那论来往频”，意思是来这里“养志”再频繁也都是应该的。那么乾隆在畅春园所养之志究竟是什么呢？在《讨源书屋记》中，他明确地做出过说明：“如是则圣人讨源之旨，直上接十六字之心传[8]，而非怡情山水之为益可知矣”。在他看来，当治理国家遇到问题的时候，仅仅“怡情山水”虽有一定的益处，却无法从根本上起到帮助，在安静而深幽的讨源书屋里遍寻前人经验或许是个好的解决办法。讨源书屋所讨之源实则为心，而治理心法即在先圣的话语之中等待寻找。

四种模式小结

回顾四类主要的山水巡游路线模式，显而易见的是：三山五园完备的体系在保证安全的同时，给予了皇室成员在工作和生活上极大的自由。与大内宫苑相比，这里仿佛是一个“仙境”。在政务的余暇，乾隆帝作为一国的君主，终于可以不再拘泥于形制严格的皇宫，可以在圆明园里居住和办公，在西花园的书房中寄托感情及思考，在畅春园中与家人相处，还可以在三山之间陶冶性情等等。

但现实也并非如此的美好。庞大的离宫园林早就给之后几朝的内务府财政“预定”好了一笔巨额的开支，也进一步加重了皇帝们国事和家事彼此不分的程度；也就是说，每天除了处理国家政务，他们还需要为各种园林的改建、维修或其他闲杂的事情亲自做决定甚至是设计，这些“家事”严重地分散了他们有限的精力。要知道，不是所有的皇帝都能像乾隆帝那样精力旺盛，每天不仅都能事无巨细地完成各种类型的事情，还有很多时间用于怡情山水。试问当天下的风俗奇景尽皆呈现在一人眼前，乾隆帝和嘉庆帝尚能够保持思路清醒，可他们的后世子孙又能否真正地自我克制，时刻以治国理政之事为先呢？

仅仅将错误归因于园林是荒谬的。然而当先辈留下来的园林渐次破败，每一个统治者面对越来越强横的西方，和仿佛陷入一盘死棋的国内局势，内心之中可能也是失落而茫然的吧。

清·传教士绘·《清国京城市景风俗图》中的上朝官员

8 “十六字心传”是指《书·大禹谟》中的“人心惟危，道心惟微，惟精惟一，允执厥中”。

前朝后宫

在本节中，您将了解到：

1. 清王朝的国家机关是如何在三山五园运行的？
2. 皇帝在圆明园的办公和居住场所具有怎样的特点？
3. 后妃及皇子们居住在圆明园的什么位置？

在清宫剧中，有这样一幕深深地印在了观众的脑海里：文武百官每天都要来到悬挂了“正大光明”匾额的乾清宫内朝见皇帝——但这不过是编剧们的想象，史实并非如此。皇帝在紫禁城中接见朝臣被称为“御门听政”，也就是说皇帝坐在乾清门正中的开间，大臣们则在门外的广场上面圣。自雍正时期，养心殿也开始作为接见群臣的地方。御门听政的时间是每天早上，春夏早起尚无大碍，但寒冬的早晨必然会比较痛苦，“启奏官员惟恐迟误，必四五更趋朝，难免夜行风寒之苦”（《清文献通考》）。于是为了体恤臣子，康熙帝特意推迟了时间，改为春夏7:00，秋冬8:00；除非大雨大雪等特殊天气，其他时候都一如既往。可见，奏事官员确实非常辛苦。那么，既然康熙皇帝开启了在畅春园“园居理政”的新做法，清朝帝王每年都有很长一段时间居住在三山五园，奏事面圣就要从紫禁城转移到远在西郊的园林之中举行。这又是怎样一番场景呢？

在畅春园建成之前，康熙帝就会偶尔来到玉泉山·静明园居住，每天在“前亭”接见群臣，可见“御门听政”在这里只是一座亭子。康熙二十六年（1687年）畅春园建成之后，听政地点就改在了畅春园大宫门，宫门前的广场上东西各有一座朝房，南面以影壁作为边界，东边则是一座下马碑及钟

 紫禁城乾清门与乾清宫

清・宫廷画师绘・康熙《万寿盛典初集》中的畅春园大宫门

亭。虽然这座宫门只有5开间，外形是一座再平常不过的硬山顶建筑，但它的功能却与气势恢宏的乾清门相同。如此简朴甚至是有些简陋的外形，体现了康熙帝“永惟俭德，捐泰去雕”（康熙帝《畅春园记》）的勤俭作风，这令当时来华的朝鲜使节为之震惊，甚至改变了对来自少数民族的清朝统治者的看法。康熙五十二年（1713年），新建的九经三事殿位于宫门以北，作为举办重大仪典的场所，也就是和宫中的太和殿功能相同。至于皇帝日常办公和居住的地点，分别位于澹宁居和清溪书屋，康熙帝常会在畅春园东南角的澹宁居引见大臣，并在这附近为南书房的翰林们设“直庐”。

雍正帝继位之后，并没有沿用畅春园，而是一门心思打造自己理想的皇家御园——圆明园。因此，他利用在宫中守素的3年，为自己和大臣们准备了功能齐全的办公理政空间，还为自己营建了舒适的宫廷起居场所：举办重大仪典的场所位于宫门区的最后一进院落——正大光明殿，听政的地点改在了大殿以东的勤政殿。但问题是，无论是畅春园还是圆明园，都距离京城有10公里的路程，就当时的交通条件来说，这无疑对于起早奏事的大臣们是一项不小的挑战。于是为了解决这个矛盾，他们中财力比较雄厚的一部分人就纷纷在海淀镇及附近村落中购置府宅。

“朕在圆明园，与在宫中无异，凡应办之事，照常办理。尔等应奏者，不可迟误。若无应奏事件，在衙门办事，不必到此。”（雍正三年八月廿七日皇帝上谕，1725年）

也就是说，既然国家的各个机构（衙门）都位于京城之内，如果没有要上奏的事情就不必来了。他还为了体恤年老和生病的大臣，叮嘱大家“不必太早”，即便是有人迟到，也“亦无妨碍”。但就是这样的宽容和仁慈却导致了奏事者越来越少，雍正四年（1726年）竟然没有一个人前来上奏，令雍正帝非常气恼，这与他预想的“与宫中无异”相差甚远。因此，他制定了一个十分明确的轮班奏事制度：

“以后八旗定为八日，各分一日轮奏；部院衙门各分一日轮奏六部之外，都察院与理藩院为一日，内务府为一日；其余衙门可酌量事务之多寡，附于部院班次，每日一旗一部，同来陈奏，则朕每日皆有办理之事。而不来奏事之大臣，又得在京办理，诚为妥便。至朕听政办事，各官齐集之日，原不在轮班奏事

之数，次日仍按班次前来。若该部院衙门轮班之日无事可奏，其堂官亦著前来，恐有召问委办之事，亦未可定。其紧要事件，仍不拘班次，即行启奏。”（雍正四年正月二十日皇帝上谕，1726年）

大致意思就是说，八旗每个旗一天，吏部、户部、礼部、兵部、刑部和工部这6部各一天，督察院和理藩院一天，内务府一天，这样的话8天就是一个循环。如果皇帝御门听政，百官聚齐，则本来轮到当天奏事的部门顺延一天。如果确实没有事情可奏，堂官也得前来，皇帝可能会有事情召见。如果是紧急事件，则无需等到轮班的那一天再上奏。有了明确的制度，就不会再出现之前那样无人前来奏事的情况。但同时，这么多政府人员来到圆明园奏事，需要一个相应的空间用于临时办公或等候，因此在大宫门和出入贤良门的两侧，分布有连排的朝房，样式房图档中甚至明确标示了它们所属的部门。

雍正帝本人工作起来非常卖力，可以说是为大清皇朝殚精竭虑，他的工作时间就是生动写照：雍正三年十月十二日（1725年11月16日），他早上辰时（7:00~9:00）就开始在勤政殿听政，这个时间还算正常。但雍正五年三月廿二日（1727年4月13日）时，提前到卯时（5:00~9:00）在勤政殿听政。第二年的六月初一日（1728年7月7日），他的工作时间更是提早到了寅时（3:00~5:00）。即便是他去世前2天，还坚守在工作岗位上，史书记载为“帝不豫，仍照常办事”。

乾隆帝继位以后，沿用了雍正时期的奏事制度，并且再次强调在圆明园办公并非是为了贪图安逸，叮嘱众大臣“凡有应奏应办之事，仍应上紧办理，不可有意减少，以致迟滞”。但他也充分考虑到了大臣们往来京城与圆明园之间的艰辛，尤其是在寒冷的冬天清晨。

“政务原无间以息，人情要亦体而随。（冬令昼短且寒，朕若园居，则奏事来者必冒冷宵行。数年来率以冬孟还宫而往来问安。既不误政，亦体人情之一端也。）”（乾隆四十一年《诣畅春园恭问皇太后安诗遂驻园有作》）

意思是他为了体恤臣工在冬天冒着严寒前来朝见，从冬天第一个月就开始回宫居住，如果皇太后还居住在畅春园里，就往来问安。这样一来既不耽误政务，又能照顾人情。可见乾隆皇帝还是比较通情达理的。事实上他也按照这个诺言来做的，基本上每年的（农历）十月底他就返回宫里居住了，直到第二年正月初再返回。于是，除了日常的上朝奏事，国家的外交等重大仪典和科举考试等活动都也被转移到了圆明园举办，圆明园所在的三山五园真正地成为了与紫禁城并重、甚至是重要性略大于紫禁城的政治中心。

然而，这样的制度并非没有缺陷。根据相关学者的研究，在嘉庆时期，位于京城内的各国家行政部门出现了严重的松弛怠政的情况。一方面“固然是由于皇权专制下的吏治腐败所造成”，另一方面也与“雍正和乾隆以来‘与宫中无异’的御园轮班奏事制度对中央政治运行体系的冲击和影响分不开。”因此在嘉庆十八年（1813年）时，有大臣请求皇帝暂停驻跸御园，但他得到的答复是：“百年以来，旧制相沿，诸事吉祥……该御史不能深悉内廷规则，所奏著毋庸议……嗣后，朕驻跸御园之日，所有奏事、引见各官员，俱于前一日出城，在附近住宿，则城门即可照常关闭。”可见，皇帝为了驻跸御园，甚至建议大臣提前一天出城。三山五园作为政治副中心的制度成为了“影响各衙门办事效率和吏治风气的毒药”。

咸丰五年（1855年），皇帝欲驻跸圆明园一事遭到了大臣们的强烈反对，理由主要包括了财政问题，以及三山五园与紫禁城的空间距离会导致国家人心涣散。这意味着，他们并不是没有认识到，当国家出现危机时，驻跸皇家园林对政治的危害是极大的。但咸丰帝依然坚持了自己的选择，他还解释道“朕宵旰焦劳无时或释，无论在宫在园，同一敬畏，同一忧勤，即如咸丰二年在园半载，无非办理军务召对臣工，何尝一日废弛政事。”认为他自己无论是在宫里还是在圆明园中，都会勤勤恳恳地为国家操劳。当他顺利地实现了自己的目的之后，马上就着手对九州清晏等景点的多座宫殿进行改造。直到圆明园被毁前夕的1860年8月，一边在天津的英法侵略军已经气势汹汹地登陆，在江南的太平天国军队正在叛乱，一边他还在陶醉于寝宫的装修——“慎德堂东寝宫前面进深，隔断壁子上挂五彩磁挂瓶七十九件照样”。

圆明园大宫门地区复原平面图

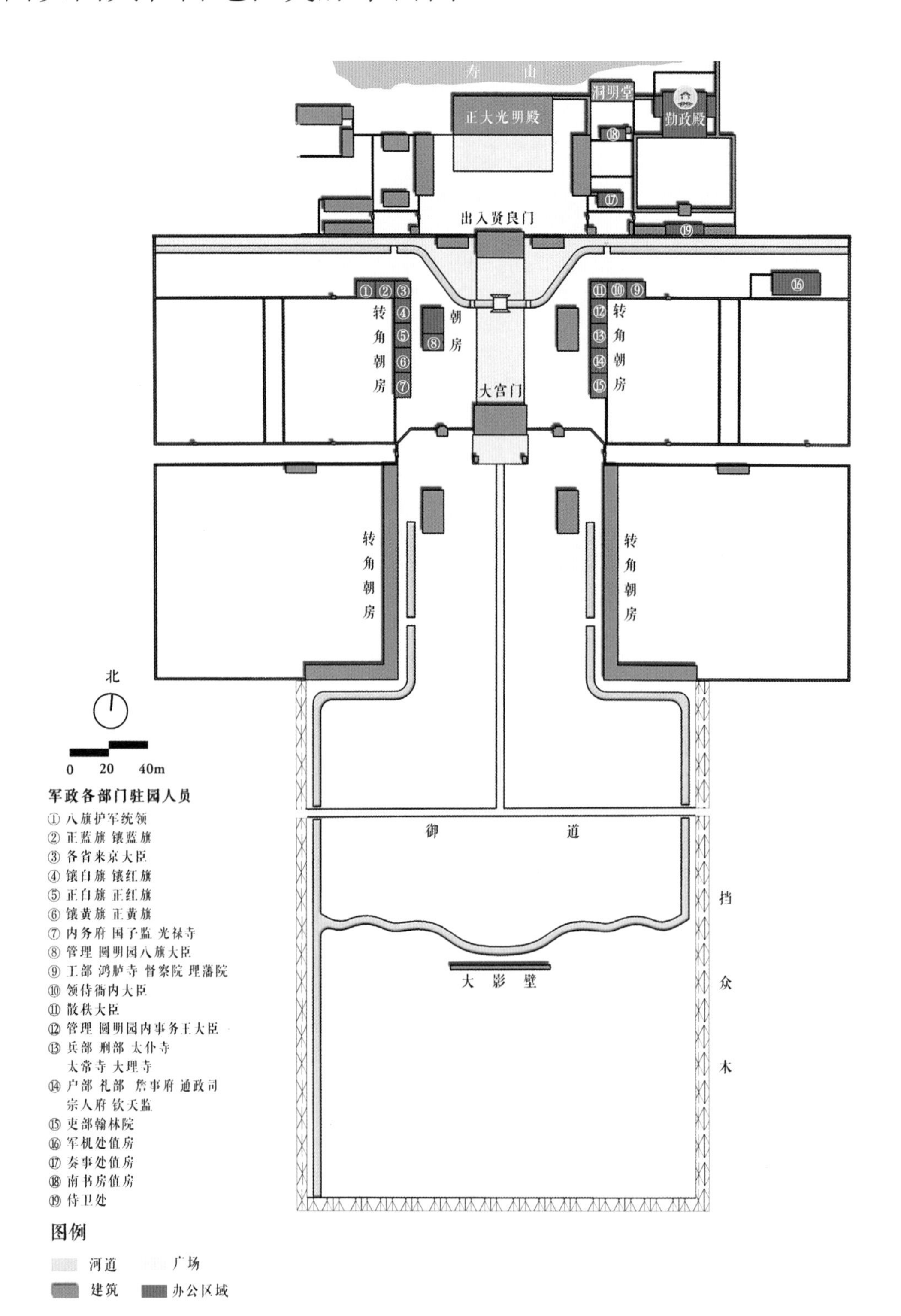

气势宏大的圆明园大宫门广场并不是从大宫门开始，而是包含了一个4.3万平方米的外广场，南北长约300米。御道通过扇面湖长堤之后，直接到达了广场中部，并在此形成了一个“丁”字形的道路岔口。沿着道路向北走，终点就是大宫门。一对表情狰狞的铜狮子蹲坐左右镇守着大门，两侧的“L”形的转角朝房一字排开，单侧就多达27间，可以容纳不少人在此等候或办公，其格局类似于天安门外的千步廊。道路岔口以南的区域并不允许人进入，主要包含了蜿蜒的护园河和一座长达40多米的大影壁，整个区域由立面上呈“X”形的挡众木围合，标示出这里属于皇家禁区。整体来讲，外广场布局简洁，水系环绕，在威严的气势之中包含着一些灵动。

穿过大宫门后，向北直到圆明园外墙上的二宫门——出入贤良门，则是内广场的范围。这里的面积不足7000平方米，仅为外广场的1/6，南北也仅有75米的距离，应该说它的尺度与外广场相比较为宜人。这个院落的功能类似于紫禁城的乾清门广场，皇帝在此举办小型朝会或观看校射。它与宫内的区别主要在于尺度和园林氛围：出入贤良门前的金水河呈弓的形状，与太和门外的金水河相同，庭院中点缀的几棵树木令人感到亲切；另外，所有的建筑都采用卷棚屋顶[9]和朴素的灰色筒瓦。宫门前完全对称式布局的转角朝房和朝房则是八旗和各部门大臣值班和等候的地方，分布十分地紧凑。虽然有的部门因为共同使用一座房屋而显得有些拥挤，但这里毕竟不是日常办公的场所；在城内的千步廊两侧，这些衙署的面积要宽敞得多。在内外广场的两侧，由宫墙围合出了几个超大的院落，但里面仅零星地点缀着一些膳房、茶房等服务性建筑，因此它们可能更多的是在视觉效果上让宫门区显得更加气势恢宏。

穿过出入贤良门，才正式到达了圆明园的正殿——正大光明殿所在的广场。大殿坐落在高台之上，共7开间带周围廊，东西面宽11.39丈（36.45米），南北进深5丈（16米），前面还有一个宽敞的平台。在功能上它相当于太和殿或保和殿，是听政、宴请外藩、接见使节、举办殿试的场所。“正大光明”的四字匾额在清代宫廷中共有5幅，在圆明园的这幅由雍正帝题写，其余的4幅则悬挂在紫禁城、避暑山庄等处，由顺治、康熙、乾隆和咸丰帝御书。大殿之内的宝座两侧悬挂着雍正帝书写的一幅楹联，表达了帝王天人合一、勤于政务、与民同乐的作风：

（上联）心天之心，而宵衣旰食；

（下联）乐民之乐，以和性怡情。

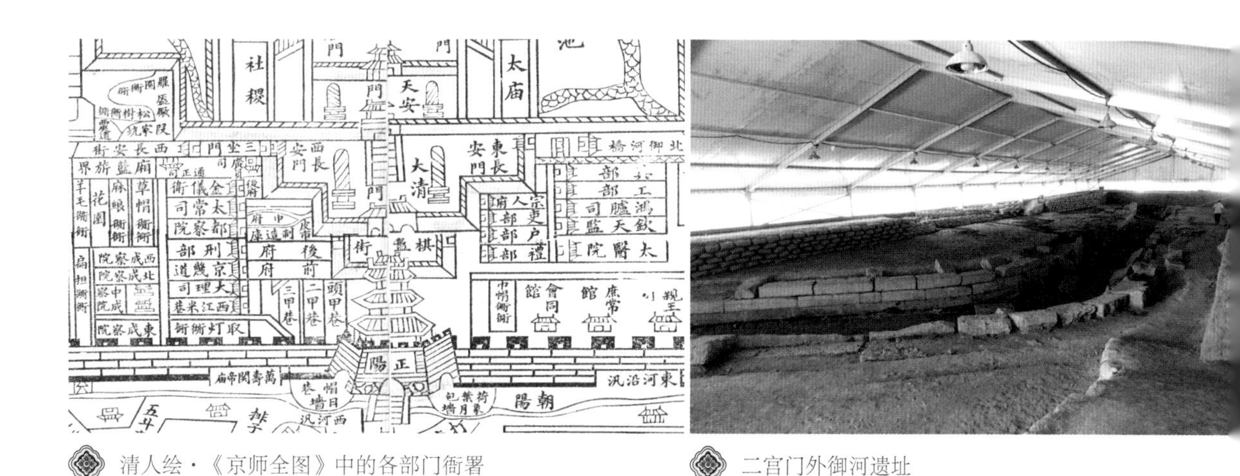

清人绘·《京师全图》中的各部门衙署

二宫门外御河遗址

9 指屋顶没有正脊，建筑等级较低。

清・宫廷画师绘・《圆明园四十景图》之《正大光明》

10 遹音yù，句首发音词。

11 南书房是清代皇帝的文学侍从值班之所。

后来，乾隆帝也引经据典题写了一幅，大意是想表达皇帝治国取得了显著的成效；顺应自然规律办事，以及圆明园是个让人身心享受的地方：

（上联）遹[10]求宁观成，无远弗届；
（下联）以对时育物，有那其居。

这座大殿的另外两个特色分别是室内西墙上的巨幅圆明园鸟瞰图，以及大殿后数根高耸的“剑石”。“屋后峭石壁立，玉笋嶙峋”（乾隆九年《正大光明》诗），以它们作为建筑的背景，在皇家园林中较为少见；又因为“玉笋”的造型与古代臣子上朝时的狭长形手板相似，这座假山具有“万笏朝天”的政治寓意。

正大光明殿以东则是以勤政殿和洞明堂为核心的办公场所，三者用游廊连接，以便皇帝在这几座建筑之间行动。奏事处及南书房[11]值房紧邻勤政殿以西，侍卫处位于勤政殿以南，这些机构中的人员都是皇帝身边的近臣。洞明堂的功能较为特殊，寓意洞察明朗；在古代，全国的死刑犯都需要经过皇帝的亲自审定才能够被执行处决，因此在每年秋末霜降之后，这里就成为了决定生杀的地方。

勤政殿的格局和功能与畅春园的澹宁居都十分类似，均为一个游廊与建筑围合而成的大型四合院。但勤政殿本身非常小，仅有3开间，在平面上接近于一个正方形。它左右各出1间耳房分别作为东西书房。再看室内的格局，室内被划分前殿和后殿两个部分，前后之间用碧纱橱隔扇分隔，且前大后小、前外后内。根据档案记载，咸丰时期的勤政殿前殿为面阔3.7丈、进深2.2丈（11.8米×7米），宝座位于正中最里面的位置，皇帝正是在此接见大臣和批阅奏章，上面高悬“勤政亲贤”的雍正帝御书匾额。后殿虽然在面阔方向与前殿相同，但进深缩小到了1.6丈（5.1米），同样布置有皇帝宝座，但空间感相对较为私密，悬挂有雍正帝的匾额“为君难”。此外，东西书房的面积都不大，室内设有宝座床，都可以作为读书或临时休息的地方。

若打开勤政殿的北窗，则可以欣赏到一组造型优

勤政殿室内复原平面图（咸丰年间）

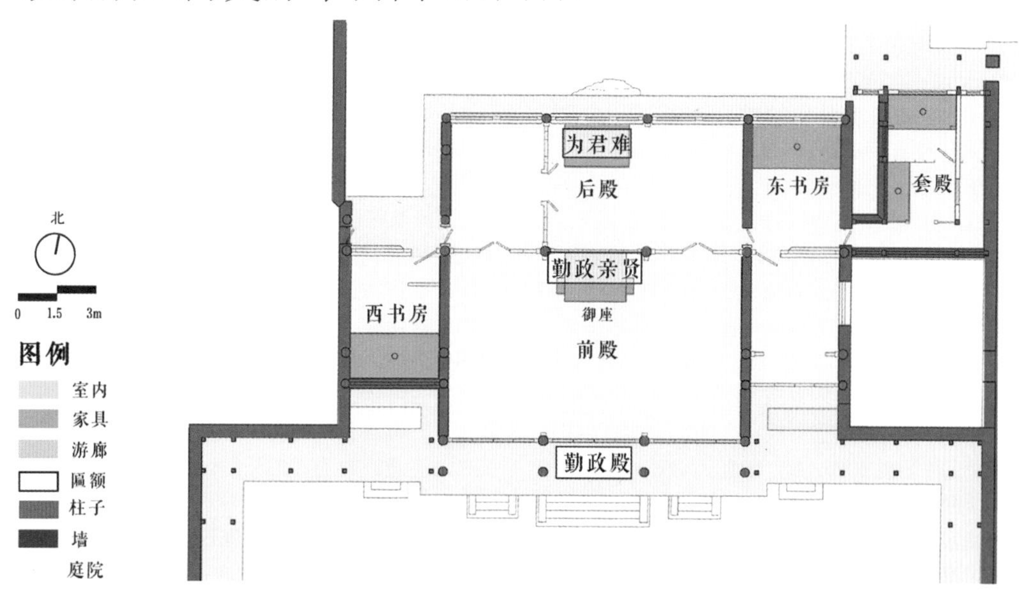

紫禁城养心殿，娄旭摄

美的太湖石假山，上面有5座主要的石峰，可能有着庐山五老峰的设计意向。勤政殿与紫禁城的养心殿相比，都是清朝皇帝使用频率最高的宫殿。但由于勤政殿位于西郊的御园之中，为了彰显勤俭的风气，无论在格局还是功能上都要简单得多，这里只是一个单纯的办公场所，皇帝主要居住在九州清晏的岛屿上。

在勤政亲贤景区的其他部分，则是布局规整的三组大型院落，主要作为办公、用餐的场所以及寝宫，如怀清芬就是乾隆帝经常用早膳的地方。这里面不乏建筑体量庞大的保合太和殿和富春楼，如保合太和殿虽然从室外看是一层，但室内却包含了二层的共享空间[12]。即便如此，从整体来看，它们三面由土山围合，花木繁荫，怪石嶙峋，园林的氛围十分浓厚，丝毫不显呆板。保合太和殿的植物栽培及小品陈设也非常丰富，包含了梨树、松树、玉兰、凌霄花、丁香、榆树、“秋树”“山树”等丰富的植物种类，以及单独放置的置石、铜瓶、日晷等，可见这里与狭小的勤政殿院落相比，显露出了皇室的奢华。正所谓“秀石奇葩，亭轩明敞，观阁相交，林径四达（乾隆九年《勤政亲贤》诗）”。

大庭院又分为三路，中路为芳碧丛、保合太和殿和富春楼的“三大殿”式布局；西路为飞云轩、四得堂、秀木佳荫和生秋亭的4进院落，庭院中布置着花架和山石，光从名字就能感受出这些房屋与自然环境交融在一起的关系；东路为仓库和专门存放皇室丧葬用品的5进院——吉祥所，对面的司房为总管太监的办事处。

自畅春园起，养育皇子同样是皇家御园的一项重要功能，西花园和畅春园中的无逸斋分别作为早年皇子的居住和读书之处。在圆明园，这两个功能被合并到了一个地点：位于勤政亲贤以东的洞天深处。从环境上来看，这里由土山和围墙所包围，特别是“三天”景区位于南北的两座岛屿之上，可由北侧墙上的水关泛舟进入景区，似乎进入了道教中的“洞天”仙境，在主题上反映出了帝王求仙的愿望。

在具体宫殿命名上，雍正帝更是用匾额进行了阐述：三天是指前垂天贶[13]、中天景物和后天不老，寓意“前天”得到了上天的恩赐，“中天”创造盛世佳景，“后天”享受长生不老。他将皇子读书处

清·宫廷画师绘·《圆明园四十景图》之《勤政亲贤》

清·宫廷画师绘·《圆明园四十景图》之《洞天深处》局部

12 指室内拥有的两层通高空间。

13 贶音kuàng，指赐、赠。

选在这里，似乎是要向皇子们灌输这样的思想，也勉强算作是一种鼓励吧，毕竟他们一出生就享有平民百姓不可企及的优越待遇，只有奋发图强、创造盛世才能够对得起这份特权。前垂天贶、中天景物和祭祀孔子的圣人堂位于南侧大岛的四合院之中；后天不老的布局相对灵活，主殿本身并不起眼，但它的东侧院落之中，临水布置有一座高起的仙台，在此登高似乎能够与上天对话；而它的西侧是一座跨水游廊，将建筑群连接到对岸；过河以后，游者紧接着就能通过爬山廊登临到二层的楼阁之中，并在此俯瞰全景，此处的小空间设计甚为精妙。但令人遗憾的是，到了道咸时期，这座跨水游廊和濂溪乐处的香雪廊命运相似，都遭到了拆除。

皇子四所位于“三天”景区东侧，延续了西花园的格局，由4座完全相同的三进大型四合院组成。每个单元模式相同，均包含了宫门、前正房、后正房及东西厢房、后照房等几座建筑，甚至连东南角水井的位置都一模一样，可见皇帝对儿子们的不偏不倚。后来，道光皇帝对这一区域进行了“大刀阔斧”般的改造，他将东西的二所合并，改为贯穿南北的二所，使庭院显得更为宽敞。

“皇家书画院”——如意馆位于四所的东北，虽然仅由3座小房屋组成，但历史上的众多知名画家都曾在这里工作。这些画家既有郎世宁、王致诚等欧洲传教士，又有创作了著名的《圆明园四十景图》的唐岱、沈源，还有钱维城、董邦达、张若澄等顶尖的宫廷画师。乾隆皇帝本身具有较高的艺术审美水平，经常来到这里视察，如乾隆二十一年（1756年）他就来过8次，而不来的时候则通过手下来传达绘画的具体指示。另外，根据传教士们的日记，为皇帝创作绘画需要严格遵守他的旨意，有时还要反复修改；画卷的尺寸小到手卷和卷轴，大到贴在墙上的“通景画”，种类十分丰富，尤其是圆明园中的宫殿如此之多，动辄则绘制墙上的巨幅绘画，可见这样的工作强度并非常人能够承受，因此繁忙的传教士们连来华的根本任务——传教都完全没有精力去执行。下面4条宫廷档案就是生动的写照：

（七月初五日）郎中海望奉旨：“万字房南一路六扇写字围屏上空白纸处，著郎世宁二面各画隔扇六扇。”八月初四日，郎世宁画得隔扇画共十二幅，呈览。（雍正帝）谕：“此画窗户档子太稀了些，著郎世宁另起稿画油栏杆画。”（雍正五年内务府档案，1727年）

太监毛团传旨：“圆明园著沈源起稿画册页一部，沈源画房舍，著唐岱画土山树石。钦此。”（乾隆三年正月初六内务府档案，1738年）

（八月廿九日）太监毛团交付圆明园绢画四十张，传旨：“将绢画四十张裱座册页二册，用文锦糊套。”寻十二月廿五日，司库刘山久将圆明园图绢画四十张配做得糊文锦册页二册，持进交太监毛团呈进。（乾隆四年内务府档案，1739年）

十月十七日太监鄂鲁里传旨：“现画长春园全图，房间著姚文瀚、贾全画，山树著袁瑛画，其姚文瀚、贾全画方壶胜境内圆明园四十景灯片，交珐琅处黄念、黎明、梁意分画，照稿往细致里画，别画糙了。钦此。”（乾隆四十八年内务府档案，1783年）

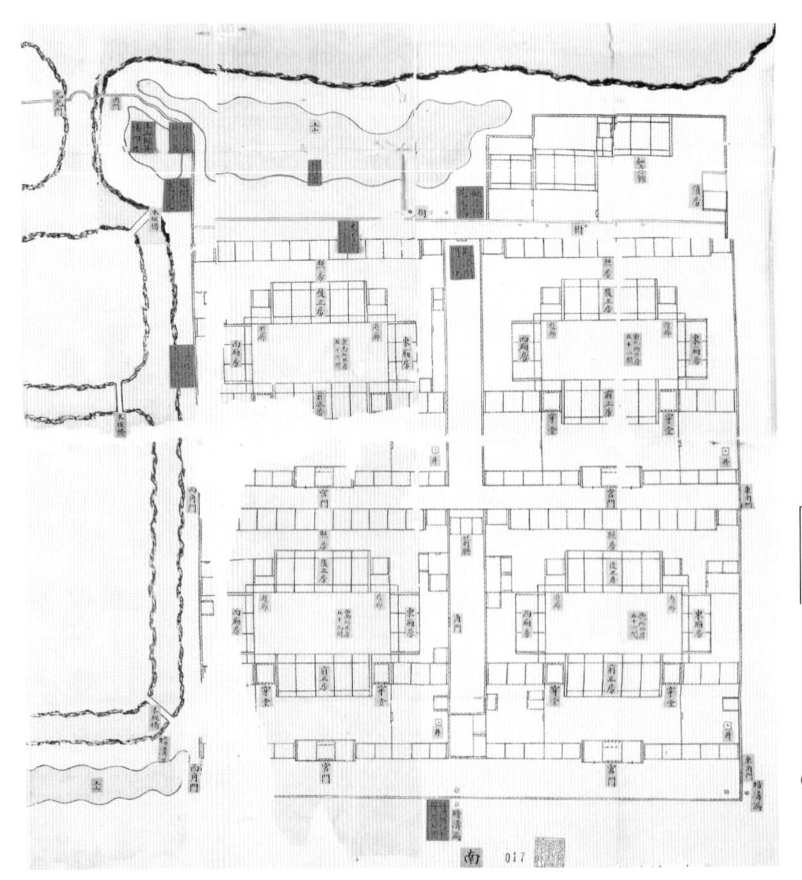

14 指保持谦逊无欲的心态，才能达到美好的境界。

清·样式房绘·皇子四所和如意馆地盘图（道光改造前）（国家图书馆藏）

作为历史最悠久的景点和帝后的寝宫，九州清晏，这座占地面积达2.2万平方米的巨大岛屿上，密布有20余座大小宫殿和30余座附属用房，是圆明园建筑规模最大的景区之一，同时它也是改建频率最高的景区之一。这座岛屿由东西的两座桥梁与外朝区相连接，被严格限制进入，内廷管理文献记载为：“九州清晏系园庭内围禁地，官员、园户、匠役等俱不应擅自过如意桥、南大桥。”

整座建筑群分为中、东、西三个部分，正如上文所述，中路的“三大殿”地位较高，分别作为门殿、宴会厅和寝宫，这一格局始终维持不变。东侧以天地一家春这座大型四合院为核心，集中布置着众多嫔妃的寝宫，以及侍女、太监居住或值班的房间。

西侧则是皇帝居住和生活的范围，占据了岛屿近一半的面积。在道光和咸丰时期，这一侧与早期《圆明园四十景图》所描绘的格局相比，几乎发生了翻天覆地般的变化，主要差别体现在这里的核心建筑慎德堂和宽敞的前院，与早期时一进进的院落相比，更加凸显了单体建筑的体量和室外的活动空间，这次大规模改建发生在道光十一年（1831年）。

整座庭院占地面积约为800多平米，里面点缀着牡丹、芍药、苹果、柿子、白果松（银杏）、马尾松（油松）、罗汉松、“花树”、榆梅（榆叶梅）、杏树等丰富的观赏植物、果树以及大小石桌、石凳等摆件，在慎德堂的正对面的假山上，还有三座高耸的亭榭——得心虚妙[14]、硝碧和昭吟镜作为宫殿的对景；若从跌落游廊攀登而上，就能够俯瞰到后湖的景色。由此可见，“慎德”二字虽然寓意着注重道德修养，不禁让人联想到严肃的氛围，道光帝本人也在文章中强调如何自律、如何节俭，但实际上这里的居住环境非常轻松自在。

“至于饮食勿尚珍异，冠裳勿求华美，耳目勿为物欲所诱，居处勿为淫巧所惑，此犹俭德之小者。不作无益害有益，不贵异物贱用物。一丝一粟，皆出于民脂民膏，思及此，又岂容逞欲妄为哉？”（道光十一年《慎德堂记》）

慎德堂的宫殿是圆明园最大的单体建筑之一，面阔虽然仅有五开间，但是在进深方向实际上是三座建筑“拼接”而成，术语中将其称作“三卷勾连搭”，因此在室内也分为了前殿、中殿和后殿，整座建筑是一个面阔为19.1米（5.97丈），进深为22.24米（6.95丈）的方形大建筑，面积多达424.8平方米。但庞大的建筑内并非空空荡荡，而是由各种隔断灵活地划分为了前、后、左、右多个大小空间，宛若一个“室内迷宫”。

进殿后先是一个开敞的大厅，内部正中设有宝座；大殿的另一半则是一个个由八方罩、“拨浪门”“开关罩”等入口装饰而引导的小空间。比较有趣的是，西侧的高床对面是一面玻璃镜，镜前仍然安设了高床和矮床；高床背后则是通向二层仙楼的楼梯，不难推测室内的净空非常高，从紫禁城养心殿等处的室内空间就不难想象圆明园中寝宫的格局。整座宫殿的地面上贴满了红花和青花的瓷砖，上空还悬挂有“澄心养素”“寄旷怀”等十余块匾额来表明帝王的自我约束、追慕先祖的心境，呼应了“慎德”的主题。

透过慎德堂的室内外格局，不难看出以道光帝为代表的清代帝王在居住环境上有着非常高的追求。这里不仅室内空间和功能丰富，被学者评价为“与现代建筑中大开间自由分隔的设计理念颇为契合”，而且室外既有花木繁荫的庭院景观，又可向庭院外眺望，令人赏心悦目，咸丰帝在诗中就描述了在这里赏月时的场景。但同时在道咸时期的圆明园中，像慎德堂这种巨大体量的单体建筑不止一处，后湖北岸的涵月楼、福海东岸的观澜堂似乎破坏了原有自然与人工之间的协调。

慎德堂对月有述

爱新觉罗・奕詝（1857年）

巍峨广殿月偏多，绕书栖鸟三两过。慎宪省成予意切，朝朝勤政引鸣珂。
经营尚忆我生年①，受命恩深倍惕乾②。注事何堪重回首，多情惟有月知圆。

①慎德堂落成于道光辛卯；②庚戌春宣谕立储在兹殿之寝宫。

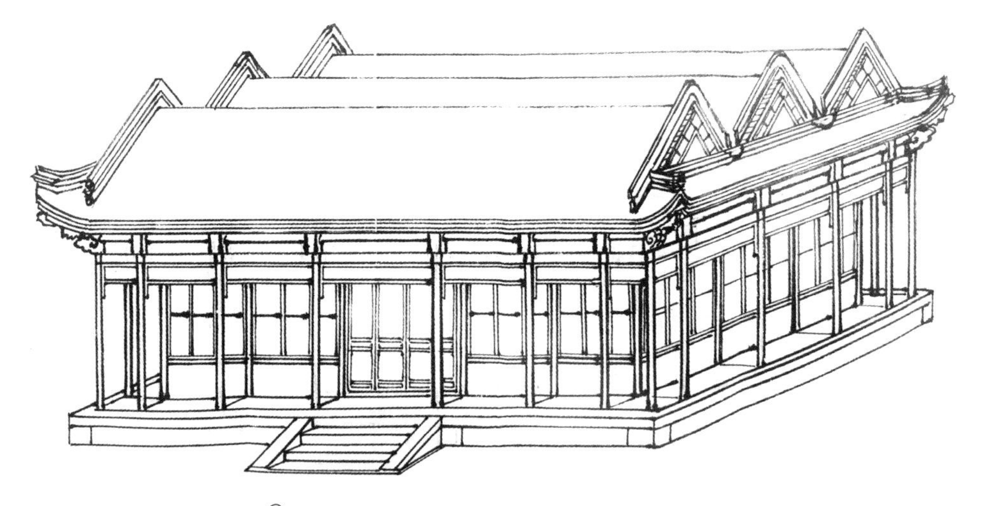

清·样式房绘·慎德堂立样（国家图书馆藏）

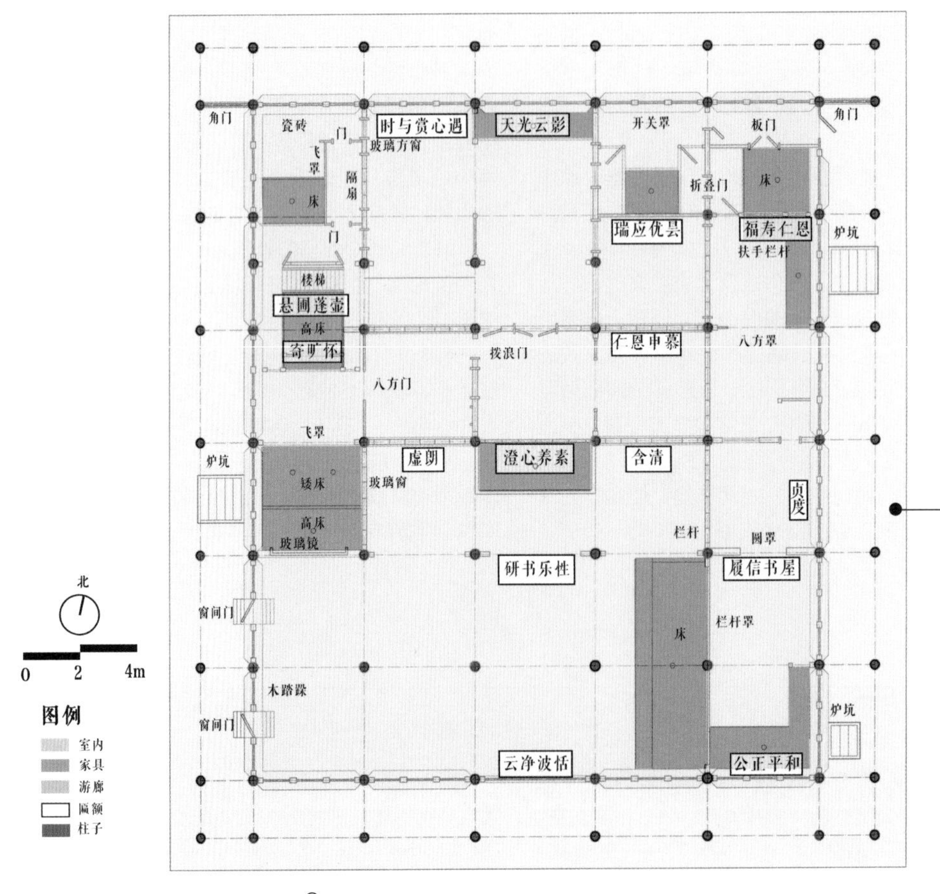

慎德堂的室内格局复原平面图（咸丰年间）

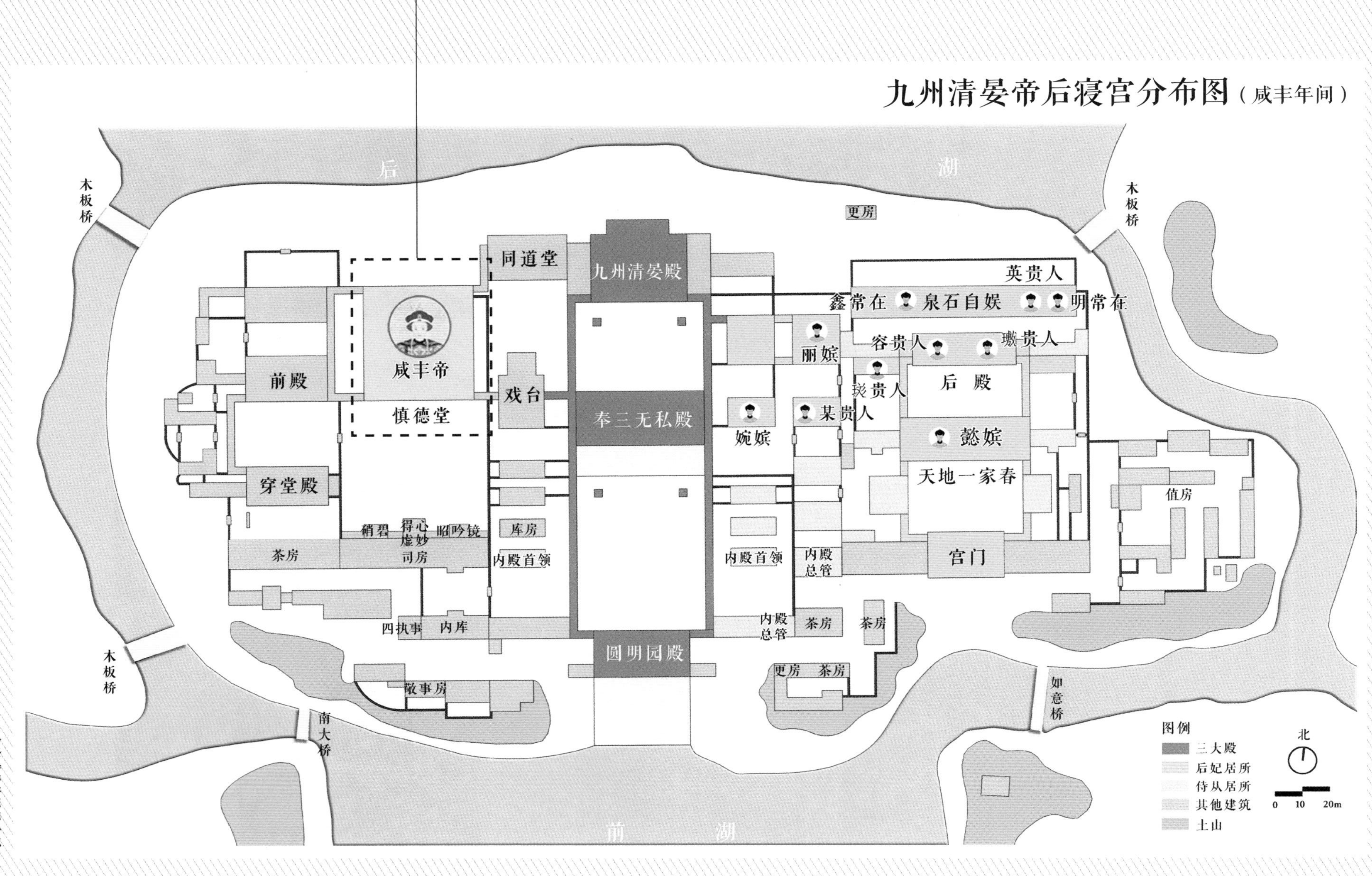

九州清晏帝后寝宫分布图（咸丰年间）
后湖
前湖
木板桥
木板桥
木板桥
南大桥
如意桥
更房
同道堂
九州清晏殿
奉三无私殿
圆明园殿
咸丰帝
前殿
慎德堂
戏台
穿堂殿
硝碧
得心
虚妙
昭吟镜
司房
茶房
库房
内殿首领
四执事
内库
敬事房
英贵人
鑫常在
泉石自娱
明常在
容贵人
璷贵人
丽嫔
玫贵人
后殿
某贵人
婉嫔
懿嫔
天地一家春
值房
内殿首领
内殿总管
宫门
内殿总管
茶房
茶房
更房
茶房
图例
三大殿
后妃居所
侍从居所
其他建筑
土山
北
0 10 20m

就像在紫禁城一样，皇帝们延续了祖上的规矩，没有与后妃居住在一起。后妃们主要居住在九州清晏的东路以及长春仙馆。根据咸丰年间的档案，天地一家春的几进院落中居住了懿嫔（即慈禧太后）、丽嫔、容贵人、英贵人、鑫常在、明常在等10位妃嫔，每人又配备有侍女居住的“下屋”。此时慈禧太后尚未晋升为妃，可见这份档案应出于咸丰三年（1853年）到咸丰六年（1856年）她生下同治皇帝之间。

而从居住分布上来看，从南至北，她们居住的位置和面积大小按照等级分布：如懿嫔居住在天地一家春的五间正殿之中，而璷贵人和丽贵人两位则住在后殿，一东一西每人各三间，而英贵人、鑫常在和明常在三人居住在最后一进院的泉石自娱中——虽然这座建筑共分为15开间，但它东西贯通，室外的院落十分狭窄，因此居住环境相对较差。条件更为艰苦的是侍女和太监住的房间，他们主要住在坐南朝北的倒座房中，房间面对着“主子们”居住的宫殿，似乎更加方便随时被召唤，但由于终日不见阳光，房间可能较为阴冷；相比而言，懿嫔的“女子下房”则位于正殿前西侧的厢房之中，似乎侍女的居住环境也会随着主子地位较高而变好。

但问题来了，九州清晏这里居住的最高等级的后妃是“嫔”，不见皇后（即慈安太后）、皇贵妃、贵妃和妃的踪影，她们肯定居住在圆明园的其他地方。

清·宫廷画师绘《玫贵妃春贵人行乐图轴》（故宫博物院藏）

紫禁城储秀宫

清·宫廷画师绘·《圆明园四十景图》之《长春仙馆》

根据道光年间的档案，原来皇后和几位皇贵妃住在长春仙馆的院落之中，由此推测，咸丰皇帝几位等级较高的后妃则居住在这个环境更加优美的地方。

相比九州清晏，这座岛屿就要小得多，仅有8000平方米，但它的独特性在于四周山环水绕，仅有西北和东南两座小桥与外界相通，具有很强的“仙岛”的感觉。这里早年先是乾隆帝继位之前的居所，后来是皇太后来到圆明短居的寝宫，以及嘉庆帝在嗣皇帝[15]时的临时居所，因此它作为帝王的“潜邸”和皇太后居所，地位相当重要。

乾隆帝与母亲感情至深，因此在乾隆四十二年（1777年）皇太后去世后，畅春园里的众多佛像都被请到了皇太后生前居住的长春仙馆，于是这里的正殿就变为了佛堂，与畅春园的恩慕寺一起作为他怀念母亲的场所。到了道咸时期，皇后居住在最西侧的院落藤影花丛之中，其面积约为600平方米，包含了中央一座狭长的庭院。主建筑在道光时期不同于《圆明园四十景图》描绘的样子，是一座5开间、后出3间抱厦的大型宫殿，前殿面阔17.6米（5.5丈），进深5.86米（1.83丈），内侧正中为皇后宝座；后殿面阔11.52米（3.6丈），进深5.76米（1.8丈），总面积约为170平方米，此外还在西北有一间套殿与后殿室内相通。打开大殿的后窗，就可以看到院外假山之上的四方亭；亭后的土岗之上，则是岛屿上的最高点凭流亭，在此可以隔水眺望鸣玉溪亭桥。皇后的侍女们则住在庭院西侧12间的“皇后下屋”之内。

为了给帝后提供全天候周到的餐饮和医疗服务，御膳房、御茶房和御药房就位于长春仙馆西侧的陆地之上。在这里，皇帝和皇后的餐饮由不同的区域负责。西侧土山环抱之中的“十三所”同样为辅助设施，在这13座院落之中分布着“四执事[16]”“自鸣钟”“船上”、敬事房[17]、掌仪司、“药房”“鸟枪三处”“乾清宫”等机构，包含了皇家生活、工程、军械、管理的方方面面。

15 指嘉庆帝继位后，乾隆帝是太上皇的几年。

16 该机构主要负责皇帝御用冠袍带履、随侍执伞执炉、承应御用军械、收贮赏人衣服以及坐御前更等事务。

17 该机构主要负责管理太监和宫女的奖惩事务。

节日庆典

在本节中，您将了解到：

1. 清朝的国宴在三山五园的哪些地点举办?
2. 宴会都有哪些人员参与，包含哪些内容?
3. 正月十五的皇家早中晚膳菜单有什么特色?

和现在一样，春节是一年中最重要的节日之一。除此之外，清代还会将皇帝的生日万寿节和冬至日作为另外两个重大节日。根据上文所述的园居规律，自康熙时起，皇帝在紫禁城中过完元旦后，马上就会前往三山五园的离宫之中驻跸，因此在康熙时期的畅春园和后来的圆明园中，每年都会举办上元节的庆典，而由于每朝皇帝的生日和外出的习惯不同，万寿节举办的时间和地点并不固定，如乾隆皇帝的生日是八月十三日，假如恰逢他驻跸热河期间，庆典就被改到避暑山庄举办。也就是说，上元节是三山五园最隆重、举办频率最稳定的皇家节庆活动。

上元节又称元宵节，与七月十五中元节、十月十五下元节合成“三元”，是一年之中的三个重大节日之一。根据考证，元宵节燃灯的习俗源起于东汉时期，到隋唐时就已经空前兴盛了，届时处处张灯结彩、火树银花，无论是宫廷还是民间，连续几天都是一派热闹而祥和的景象。

由于清朝帝王喜园居，外加庞大的园林场地开阔，各种功能无一不具备，那么将上元节的庆典活动选在圆明园中举行也就十分容易理解了。尽管元宵节的正日子仅有正月十五一天，但在圆明园这里，节庆活动一般从正月十三持续到正月十九，持续7天左右。而正月十四、十五和十六连续三天的国宴和庆典则是最重要的活动[18]，参加的人员除了皇室成员，朝中的王公大臣和藩属国的来使也与皇帝共度新年。但由于人数众多，不同身份的人便被划分成了三拨赴宴，于是皇帝作为这些宴会的“头号主角”，自然要每天都出席，因此他们在这几天会特别繁忙。

正月十四日，皇家的宗室宴在九州清晏的奉三无私殿举办，届时皇帝和他的后妃、皇子皇孙、诸王等亲属在此齐聚一堂，庆贺佳节。正月十五当天的午正（12:00）和未时三刻（13:45），皇帝也会和后妃在此一起用膳。期间在礼乐的伴奏之下，进行“请酒仪式”。这样的家宴在紫禁城内则在乾清宫举办。

正月十五日，皇帝的这一天尤其繁忙，除了参加宴会，更不能忘记的是列祖列宗和各路神佛。因

紫禁城乾清宫复原的家宴场景

18 乾隆三十五年、四十二年、四十八年，嘉庆九年，道光四年等年份皆如此，表明这3天赐宴人员的顺序为定例。

19 龛：供奉神位、佛像等的小阁子。

20 指青铜祭器。

21 篪音chí，古代的竹管乐器，像笛子，有八孔。

22 搏拊音bó fǔ，乐器名。形状像鼓而较小，悬挂在颈下，用两手拍击作声。

23 镈音bó，古代的一种打击乐器。

24 敔音yǔ，古乐器，奏乐将终，击敔使演奏停止。

清・宫廷画师绘・《圆明园四十景图咏》之《鸿慈永祜》局部

景山寿皇殿内的复原陈设

此皇帝一早起来，就先后去安佑宫（鸿慈永祜）祭祖、到佛楼（日天琳宇）和长春园等处拜佛以及到九州清晏“供元宵”。作为圆明园中规模最大的祭祀建筑，安佑宫是一座九开间的巨大宫殿，面阔约为44.32米（13.85丈），进深约为19.84米（6.2丈），总建筑面积达879平方米。它在早期为重檐歇山顶，上覆黄色琉璃瓦。该殿级别之高，可见它是整个三山五园宫殿中的“顶级配置”了。在大殿的最内侧，每个开间又都被划分为各位先帝的神龛，里面除了供奉了他们的“圣容”（即画像）、悬挂了歌功颂德的匾额，饮食、书籍、文房四宝等供品一应俱全，仿佛先帝的神灵就在此生活，从景山寿皇殿不难想象安佑宫当时的场景。另外根据档案记载，大殿内还陈设有各种乐器，在祭祀的时候应会有神职人员进行演奏。

安佑宫室内陈设：

圆明园安佑宫，大殿九室，中龛[19]恭悬圣祖仁皇帝（即康熙帝）圣容，前设一案，供奉圣祖仁皇帝孝恭仁皇后（即清世宗的生母乌雅氏）神牌，左龛恭悬世宗宪皇帝（即雍正帝）圣容，右龛恭悬高总纯皇帝（即乾隆帝）圣容。

每位圣容龛旁几案，皆陈设彝器[20]、书册及佩用服物，合设中和韶乐一分，左金钟一，琴五、瑟二、笙五、笛五、箫五、篪[21]三、埙一、排箫一、麾幡二、大鼓一、搏拊[22]一、祝一、镈[23]钟一、右玉磬一、琴五、瑟二、笙五、笛五、箫五、篪三、壎一、排箫一、搏拊一、敔[24]一、特磬一。（《清会典事例》–《内务府》之《祀典》）

圆明园的
上元十二时辰

专题八

乾隆四十八年正月十五日（1783年2月16日）

子 丑 寅 卯 辰 巳 午 未 申 酉 戌 亥

甲 乙 丙 丁 戊 己 庚 辛 壬 癸

食

安佑宫 卯初 · 5:00

至安佑宫，供元宵毕

同乐园 辰初一刻 · 7:15

正大光明殿 午初 · 11:

奉三无私殿 午正 · 12:00

奉三无私殿 未初三刻 · 13:45

山高水长 申正二刻 · 16:30

上至山高水长

元宵1品。
两边台阶上蒙古王、
郭什哈额附、郭什哈昂邦、
乾清门额附、郭什哈辖等，
攒盘饽饽果子10盘不行，
元宵8盒，每盒8碗，
药栏外胡土克图堪布喇嘛，
外边行走蒙古王、额附、台吉、
霍罕来使，年班回子、杜尔伯特、
朝鲜国来使人等，
用鼓盒16副，
攒盘饽饽果子30盘，
各具满行元宵8盒每盒8碗，
上高水长楼上妃嫔等位，
每位元宵1品。

清 · 宫廷画师绘 · 《职贡图》中的琉球国、暹罗国及廓尔喀人（法国国家图书馆藏）

拉拉1品，
燕窝野意热锅1品，
燕窝肥鸡丝1品，
冬笋鸭腰锅烧鸭子1品，
肉丝水笋丝1品，
口蘑锅烧鸭子1品，
托汤鸭子1品，
额思克森1品，
蒸肥鸡1品，
鹿尾酱1品，
杂剁野鸡1品，
清蒸鸭子鹿尾攒盘1品，
糊猪肉攒盘1品，
蒸肥鸡1品，
鹿尾1品，
羊乌义1品，
煺鹿肉1品，

糊猪肉1品，
竹节卷小馒首1品，
鸡肉馅馓丹饺子1品，
素包子1品。
妃嫔等位进：
热锅1品，
珐琅葵花盒小菜1品，
珐琅碟小菜4品，
咸肉1品；
随送燕窝三鲜面进1品，
额食4桌；
饽饽18品，
干湿点心8品，
奶子14品，
菜2品，
共40品2桌，
盘肉16盘2桌，羊肉五方共3桌。

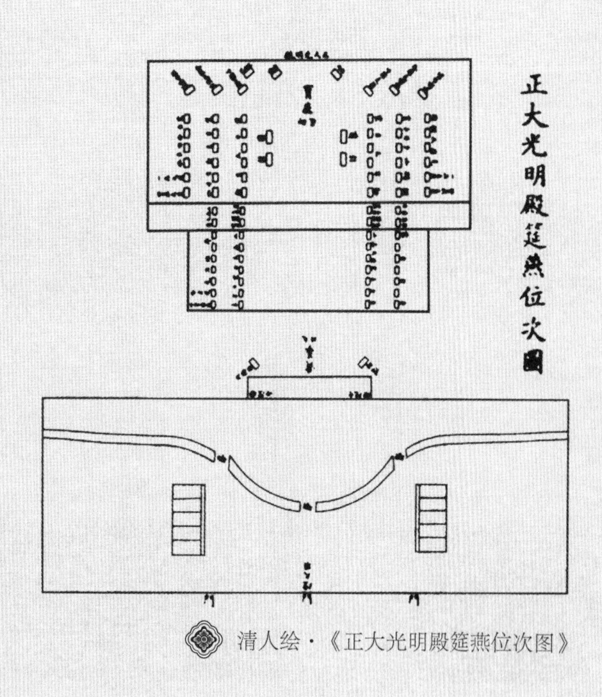

清人绘·《正大光明殿筵燕位次图》

早膳后，上至正大光明，进饽饽桌

白玉盘果桌，1桌10品：
饽饽5品、果子5品；
随送热饽饽3碗3盘2盒，
热果子2碗2盘1盒，
元宵1品。
妃嫔等11位用鼓盒6副，
每位元宵1品；
公主2位用鼓盒2副，元宵1品；
东边睿亲王、庄亲王、諴亲王、
怡亲王、和郡王、恒郡王，
用鼓盒3副；
军机大臣、郭什哈辖等，
用鼓盒5副；
西边赏郭什哈额附等，
用鼓盒6副；

安着群膳32品，
万寿无疆两边干湿点心4品，
奶子1品，
敖尔布哈1品，
万万万两边糟小菜1品，
老腌菜1品，
东边南小菜1品，
清酱1品。
东边愉妃、惇妃头桌宴1桌，
十公主、循嫔2桌宴1桌，
禄贵人、白常在3桌宴1桌；
两边颖妃、顺妃头桌宴1桌，
诚嫔、林贵人、明贵人2桌宴1桌。
白里酱色碗菜3桌，
每桌干湿点心4品，小菜4品，
内有清酱1品。

传摆热宴，唯有汤膳不摆，请万岁爷升座起祝，
上升座毕，总管首领四人往里请宴桌毕，乐止，
出殿外，妃嫔等位入座毕，随送万岁爷汤膳：
燕窝鸭羹汤膳1品，
铺内伺候粳米膳1品，
燕窝鸡丝汤1品，
鸭子鸭腰汤1品；
盒盖一出，就送妃嫔等位汤膳，
每位粳米膳1品，
羊肉卧蛋粉汤1品，
送茶，奉旨送奶茶；
转宴，奏乐，
随摆上用酒膳1桌，32品，
2对盒果子8品，

3对盒菜8品，
4对盒果子8品，
妃嫔等酒宴，此5桌每桌15品；
菜7品、果子8品，
摆毕，送上用元宵1品；
盒盖一出，就送妃嫔等位元宵，
每位元宵1品，
送元宵毕，乐止，随送酒，奏乐，
总管萧云鹏请酒一杯至万岁爷前，
跪进酒毕，斟赏酒一杯，
饮毕，请看杯酒，至万岁爷前送看杯酒毕，
出殿外，看杯酒一毕进，就送内庭等位酒，
送酒毕，乐止，奉旨送果茶，
果茶碗盖一出，就送妃嫔等位果茶。

辰时一刻（7:15），皇帝与后妃一起在同乐园用早膳，从乾隆四十八年（1783年）的菜单来看，这顿早餐异常丰盛，鸡、鸭、猪、鹿、羊各种肉菜兼备，烹饪做法也五花八门，包含热锅（火锅）、蒸、烧等，配菜也十分丰富，有燕窝、冬笋、口蘑等富有营养之物。同时还有饽饽（饺子）、干湿点心、奶子等主食和小食。

当天在正大光明殿中举办宴会堪称国宴，来宾包括了各国来使，准噶尔、朝鲜、琉球[25]、安南[26]、暹罗[27]、缅甸、霍罕伯克那尔巴图等国来使及回部、廓尔喀的供使得到高规格的接待，表明皇帝对外交的高度重视。从《正大光明殿筵燕位次图》可以清晰地看出，皇帝的宝座位居正中，不同人的座次根据其身份的高低依次由内而外地排开，与宫中的保和殿并无二致。宴会则遵循一套繁复而严苛的流程，各位使臣都需要频频向皇帝叩首行礼，来表明对于宗主国的忠诚，并强调皇帝的至尊地位。

正月十六日，这一天轮到了朝中各机构的大学士和尚书赴宴，地点同样是在正大光明殿，也有少见的记录（如乾隆五年）在奉三无私殿举办，皇帝借助这个机会犒劳辛劳了一年的各位臣工，当然也是大臣们表达忠心的一次良机。

从三天的活动地点和赴宴人员的情况不难看出：首先，同样都是举办仪典的建筑，在接待的人员上就分出了“内”与“外”的区别，皇帝参与的宴会在后宫举办，而大臣和外国来使则在外朝的正大光明殿举办。

除了拘谨而繁复的宴会，当然也会有轻松和愉快的活动。同乐园和山高水长两个地方会在连续几天的晚上举办热闹非凡的节庆活动，皇帝则会频繁地往来于这几个地点之间。在同乐园的大戏楼清音阁，除了会上演年度大戏，各种花样的彩灯会将宫殿装饰得富丽堂皇。这座大戏楼与紫禁城内的畅音阁格局相似，由3层戏台和后面的扮戏楼两部分组成，看戏殿位于戏台的对面坐北朝南，院落的东西两侧则是王公大臣看戏的座位。值得注意的是，清音阁的构造异常复杂，戏台的正中上至顶层，下抵地下，为贯通的方形井口。在这里借助人工控制的机械装置，各种角色可以在此“上天入地”，上演各种神佛传说，档案中还描绘了佛教中圣花——“地涌金莲”的机械构造。不禁令人感叹，清人并非不擅长使用机械，只是将它们应用到了娱乐观演的戏

清・宫廷画师绘・《圆明园四十景图咏》之同乐园

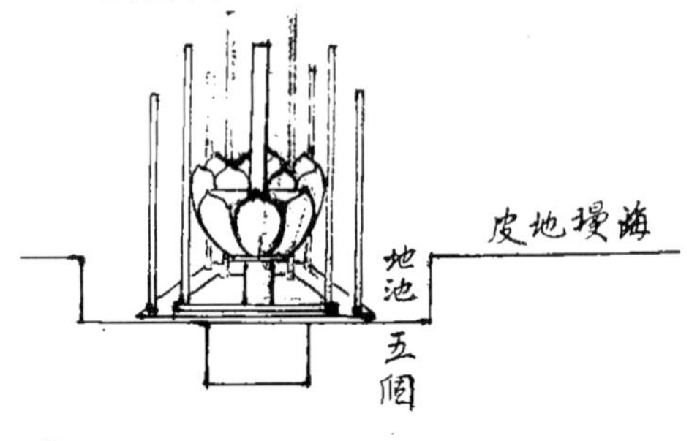

清・样式房绘・同乐园清音阁地涌金莲构造图

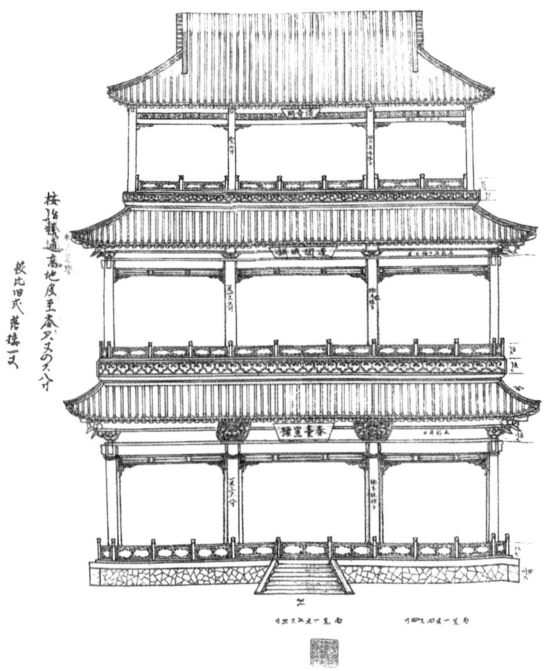
清・样式房绘・同乐园清音阁立样（国家图书馆藏）

25 今日本冲绳县。

26 嘉庆年间赐国名“越南”，沿用至今。

27 今泰国。

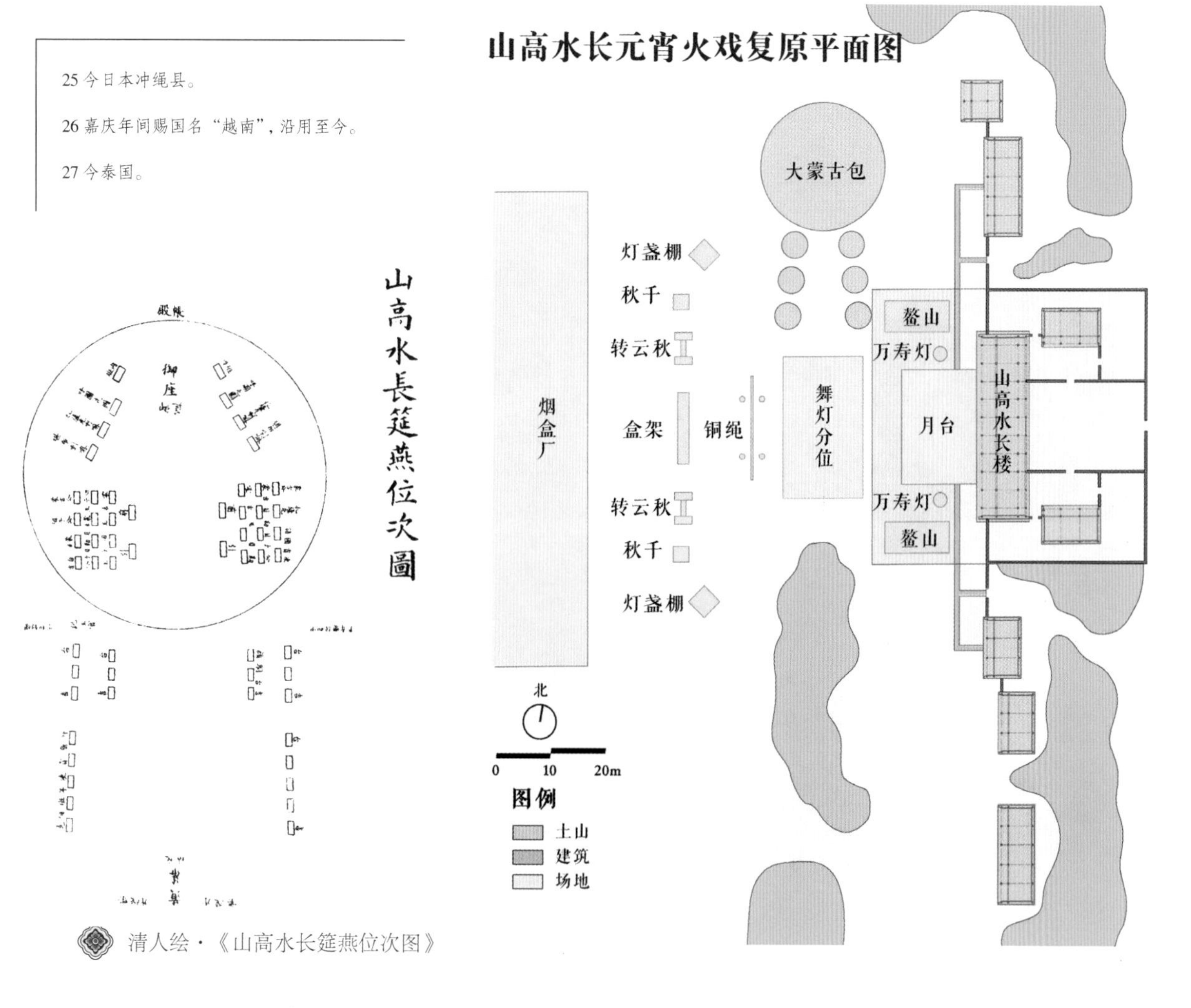

清人绘·《山高水长筵燕位次图》

台和西洋水法之中。

> “金花照度如恒昼，火树烘春了不寒。
> 从来灯与月为媒，远映西山雪又皑。”
> （乾隆四十八年《上元灯词》）

如果说同乐园的灯会和戏曲是富有汉族特色的节日活动，那么在山高水长这里，游牧民族的习俗得以充分彰显，从景区布置的复原图和反映室内的《山高水长筵燕位次图》，就可以看出节日宴会的盛况。皇帝所在的大蒙古包——“御幄”体量巨大，直径约为7.2丈（23米），坐北朝南，面朝舞台，室内的座位布局类似于正大光明殿，在入口处的巨大方形地毯上，会上演紧张刺激的摔跤表演；在其两侧，各有3个小蒙古包呈“八”字排布，或者按照《位次图》的描绘摆满了“吉台”，一些地位较低的人在此就座。总体来看这具有非常鲜明的游牧民族特色，其布局与避暑山庄的万树园、中南海紫光阁前临时布置的蒙古包格局相似。来自蒙古等地的王公贵族在这样的环境中，一定也会倍感亲切。

景区的正殿山高水长楼坐东朝西，是一个面阔九开间的狭长形二层阁楼，面宽约为10.04丈（32.13米），进深约为2.54丈（8.13米），两侧万寿灯、鳌山灯对置，而在西侧的平地上布置有秋千、铜绳、盒架、“转云秋”等演艺设施，再向西的大广场是则是燃放烟火的烟盒厂。皇帝和

故宫博物院复原制作的万寿灯，娄旭摄

后妃等人登临于此，视线十分开阔。乾隆四十八年（1783年），申正二刻（16:30），乾隆帝和蒙古王等人在此举办宴会；从菜单来看，里面大多是元宵、饽饽、果子等小食类，与早餐相比要简略很多。

皇家焰火晚会随后举行，在这里曾放置的各种尺寸的“烟盒”种类和数量之繁多令人惊叹，如“七尺烟盒7架”“四尺烟盒、三尺烟盒和尺六烟盒各10架”“金钱炮、百福拱寿等19种230匣”“大小花筒1000个，大小炮竹10000个”（道光二年《穆彰阿等奏预备烟火花炮折》）等等，这正是道光帝诗中描述的“皎皎镫光让星月，层层火戏幻鱼龙”（道光四年《上元日御山高水长作》诗）。此外，这里还曾是骑射演武和祭祀的场所，如道光帝曾在此设坛祈雨，可见山高水长具有功能的多样性。

清・宫廷画师绘・《弘历元宵行乐图》（故宫博物院藏）

骑射演武

在本节中，您将了解到：

1. 三山五园的驻军中都有哪些兵种？
2. 乾隆皇帝为什么要在香山附近修建四川的碉楼？
3. 清军如何在圆明园中演练骑射的？

“凡八旗序次，曰镶黄，曰正黄，曰正白，为上三旗。曰正红，曰镶白，曰镶红，曰正蓝，曰镶蓝，为下五旗。”

“行军搜狩，以镶黄、正白、镶白、正蓝四旗居左为左翼，正黄、正红、镶红、镶蓝四旗居右为右翼。”（《钦定日下旧闻考》）

在人们的印象中，“八旗子弟”往往代表着清朝社会中的特权阶层，甚至与清王朝的衰亡有着或多或少的关联。骁勇善战的八旗军队是清王朝能够入主中原的决定性因素，为王朝的奠基立下了汗马功劳。事实上，在明朝万历年间，满洲开始实行八旗的社会制度，所有人在战时为军，平时则为民，为部落储备了强大的战斗力。入关之后，北京内城的汉人被强制迁出，整个范围则被划分为8个区域，八旗按照左翼和右翼的特定方位驻守其中，“皆四周星共，以环卫宸居”，即拱卫中央的皇城。

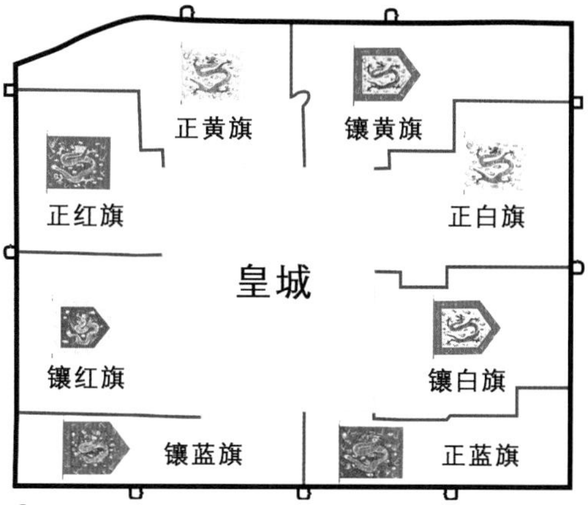

正黄旗　镶黄旗　正红旗　正白旗　皇城　镶红旗　镶白旗　镶蓝旗　正蓝旗

北京内城八旗驻防分布示意图

八旗原本无上下之分，在顺治年间，正黄旗、镶黄旗和正白旗3旗由皇帝直接控制，是皇帝的禁卫军，被称作“上三旗”；而其余5旗由王公贵族控制，被称作“下五旗”。同时，为了区分隶属于皇室和王公贵族的奴仆（即满语中的“包衣”），上三旗的包衣归内务府管辖，也称“内务府三旗”，而下五旗的则由各王府自行管辖。后来，雍正帝掌权之后，下五旗的军事权限被削弱，同样由皇帝直接掌控。因此，上下之分也就只针对内务府世代为奴的包衣们了。

三山五园地区的驻军始于康熙时期，为守卫皇家御园畅春园的安全，皇帝每天从京城抽调八旗军队来到畅春园附近驻扎，往返行军，甚为辛苦。雍正帝继位以后，改圆明园作为皇家御园，并在雍正二年（1724年）效仿都城内的八旗军队分布制度，在圆明园的北、东、南侧的郊外地带按照左翼与右翼的布局规则，依次布置了圆明园八旗护军营作为常驻军队，同样形成拱卫的趋势，其中镶白旗的规模略大，还包含了大营与小营。

由于没有实物留存，只能根据历史文献的记载解读这些过去规模庞大的军营。等级较高的护军参领住在廨舍之中，除镶白旗大营房外，每个旗营均为65楹；护军校和护军居住的官房都在1400间左右。相比而言，位于成府村东北的内务府三旗营则要小很多。再看布局特色，从清末民国年间的舆图和测绘图来看，这些旗营均由围墙所包围，类似一个小城池，里面的房屋不仅大小统一，而且排列得相当规整，与周边的村镇形成了十分明显的对比。嘉庆二十年（1815年），皇家在圆明园的西北又添建了另一座内务府三旗营（推测为道咸时期的河北新营和河南新营），包含了230座的1096间房屋及箭厅、火药房等附属设施，花费达18.7万两白银。

如果说各旗的护军营是官兵们办公、训练和生活

圆明园周边八旗护军营统计表（乾隆时期）

	旗名	地点	廨舍数量（间）	官房数量（间）
1	镶黄旗	树村西	65	1485
2	正黄旗	萧家河北	65	1485
3	正白旗	树村东	65	1464
4	镶白旗大营房	长春园东北	39	1167
	镶白旗小营房	长春园东	26	315
5	正蓝旗	海淀镇东	65	1455
6	镶蓝旗	广仁宫西	65	1485
7	正红旗	安河桥西北	65	1467
8	镶红旗	静明园东北	65	1485
9	内务府包衣三旗	成府村东	96	408

四座皇家园林的周边驻军数量统计表（乾隆时期）

	堆铺数量	营总	护军参领	副护军参领、署护军参领	护军校、护军	合计
圆明园	76	2	2	15	760	779
长春园	20	–	1	4	200	205
清漪园	6	–	–	1	60	61
畅春园	19	1	–	5	190	196

的地方，那么皇家园林围墙四周的“堆铺[28]”才是真正的岗哨。史料记载了乾隆时期三山五园东部四座皇家园林的驻防情况。不难看出，地位最高的圆明园周边驻扎了人数最多的军队，从营总、护军参领到副护军参领、署护军参领再到护军校、护军，各级官兵多达779人，驻扎在园墙四周的76处堆铺之中。皇太后居住的畅春园及圆明园东侧附属的长春园总人数仅为200人左右，驻扎在20处左右的堆铺之中。虽然清漪园园墙的范围仅包含了万寿山，但其面积也有近60万平方米，皇家却仅在此设置了6处堆铺和61位官兵，可见其守卫要疏松得多。乾隆四十三年（1778年）时，果郡王凭侥幸私游藻鉴堂被发现，主管大臣和首领太监均被治罪。

圆明园周边的76处堆铺和779名官兵具体是如何分布的？原来，圆明园由双重的虎皮石大墙围合，除东侧外，其余三面的墙外还有护园河与外界阻隔，仅有几座桥梁与外界相通，而驻军的堆铺正是位于两座墙之间。如此一来，圆明园就有了“一河”“二墙”及若干座堆铺构成的四重防卫，无疑是“五园”之中戒备最森严的皇家园林。

四周的八旗驻军也是按照左翼和右翼来排布的，以大宫门为分界，东侧逆时针依次为正蓝旗、镶白旗、正白旗和镶黄旗，西侧顺时针依次为镶蓝旗、镶红旗、正红旗和正黄旗。每个旗由9处堆铺组成，每处堆铺又由1~2座房屋组成，分别被编号为“头诸旗”“二诸旗”直到“九诸旗”。除此之外，在大宫门前的一左一右，还各设有一座“四旗诸旗”，可能作为各旗的高级军官驻扎的地方。

乾隆十三年（1748年），为了平定四川大小金川的少数民族叛乱，乾隆帝在香山一带建设了“特种部队”健锐营。八旗军队在此以香山·静宜园为中心分散布置，其营房共计3532间，还有模拟少数民族建筑而建的68座碉楼用于训练。次年，团城演武厅在此建成。

乾隆三十五年（1770年），他还下令在清漪园及蓝靛厂附近的长河西岸设置了与城内对应的外火器营，用于演练火器装备，同样还设置有大小两处校场作为“合操之地”。与前两者不同的是，这里采用了集中式布局，共包含了官廨1024间，官厅义学[29]60间，炮甲连房6038间以及周围墙上的门楼3176座等，可见这里是一个十分庞大的军事基地。

至此，“外三营”的军事体系正式形成。

雍正和乾隆二帝花了如此大的力气在三山五园加强军事防卫，正是出于他们强烈的忧患意识。骑射

圆明园的八旗驻军分布图

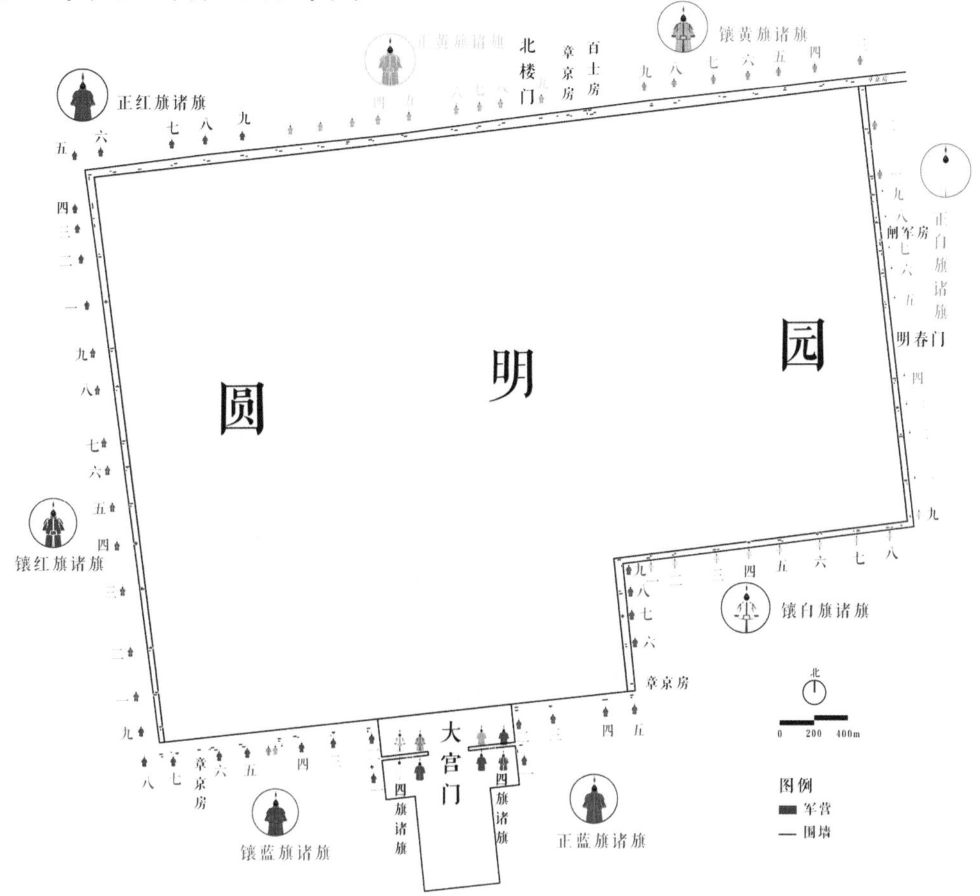

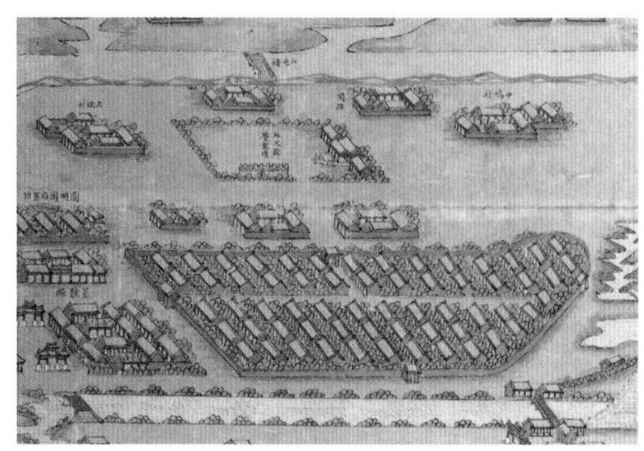

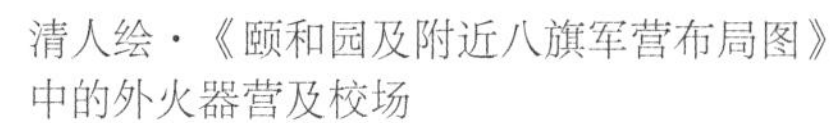
清人绘·《颐和园及附近八旗军营布局图》中的外火器营及校场

八旗军旗及铠甲

28 也称“堆拨”，满语的音译词，译为驻兵之所。

29 军营之中的一种教育机构。

和满语是满族人的两大特色习俗，清初时满汉矛盾尖锐，国家推崇“满汉一家”，皇帝还通过写仿造园的运动来笼络人心，似乎民族边界并不存在。但久而久之，随着国家安定和社会繁荣，乾隆帝发现八旗子弟大多都已经不再通晓“国语”（即满语），而且在生活方式上“薰染汉习”，不仅骑射训练荒废已久，而且在衣着、姓氏等方面存在着严重的“汉化”现象。如果容忍这种情况继续恶化，满族人的民族特色将逐渐衰亡，这对于清帝国而言将是一种十分严重的危机。

“俾我后世子孙臣庶，咸知满洲旧制，敬谨遵循，学习骑射，娴熟国语，敦崇淳朴，屏去浮华，毋或稍有怠惰。”（乾隆十七年《训守冠服骑射碑文》）

为了扭转这种局势，乾隆帝引用了1636年入关之前皇太极的上谕，书写成了这样一篇文章，训诫广大旗人恪守祖制，绝对不能丢掉满文、满语和骑射的重要特性，并将其刊刻于石碑上，陈列在紫禁城箭亭、中南海紫光阁和圆明园的山高水长等地，以昭示众人。在实际举措上，他兴办满语和骑射的教育机构，对八旗军队的官兵严加管理与考核，并且在服饰发型等多个方面都进行了严格的规定——这也就是为什么他要在常年居住的三山五园部署这么多的军队。

在圆明园山高水长楼前方的空地上，曾有一条长达73丈（233.6米）的斜向跑马道，一直以来都没有得到过足够的关注。除了固定靶位的这种常规射箭方式，满族人在常年的游牧中积累了丰富的打猎经验，他们能够在骑马的行进中准确地将弓箭或子弹射向猎物——这就是骑射；当然，它也是骑兵部队所必需的一种军事技能。那么，清代军人究竟如何训练骑射？这张复原图给出了最直接的答案。

首先，跑马道并不是空场上的一条通道，而是一条具有明确边界的跑道，宽度仅为0.55丈（1.76米）；南端为入口，北端为出口，两端的开口类似于桥头一样放大。

其次，跑马道上设置有“头靶”“二靶”和“三靶”这3个靶位，也就是骑手需要在行进中连续射中它们。同时，为了取得更好的观赏效果，前两个靶位分别位于山高水长楼的左右，头靶距离南端有22丈（70.4米）长，而头靶至二靶以及二靶至三靶之间的距离较短，约为17.75丈（56.8米），不难推测，前面的距离较长有利于骑手进行加速。三靶至北端的距离更短，仅有15.5丈（49.6米）的距离用于减速。

“苑西五尺墙，筑土卌年矣。昔习虎神枪，每尝临莅此。（诗注：习枪苑中，远筑土墙，以遮枪子，恐伤人也）”（乾隆五十二年《土墙》诗）

乾隆帝所说的这种“虎神枪”，正是清朝一种制作精细、性能优良的火绳枪，全长约1.4米，重量约为12.2斤。从他的诗中不难推测，这种火枪的威力较大，他还特意命人在山高水长西侧砌筑了一堵高约0.5丈（1.65米）的土墙，以防止流弹伤人。但这种性能较好的枪支问题可能由于成本较高而无法大规模地装备于部队之中，因此可能只能作为宫廷中的一种“玩物”。

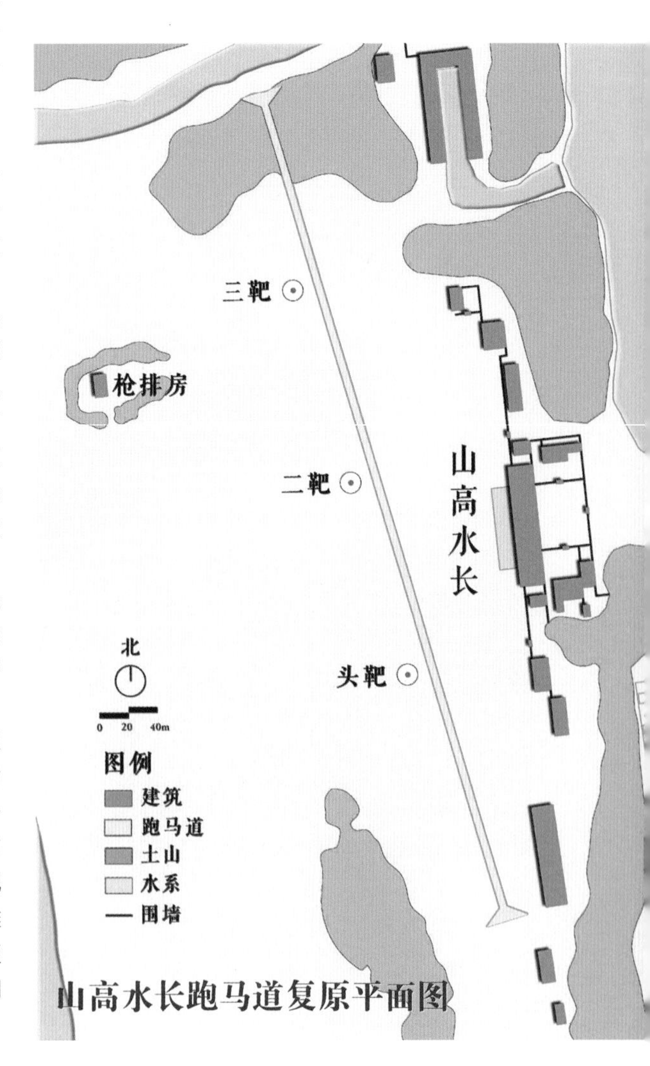

山高水长跑马道复原平面图

清・郎世宁绘・《乾隆帝射猎图》(故宫博物院藏)

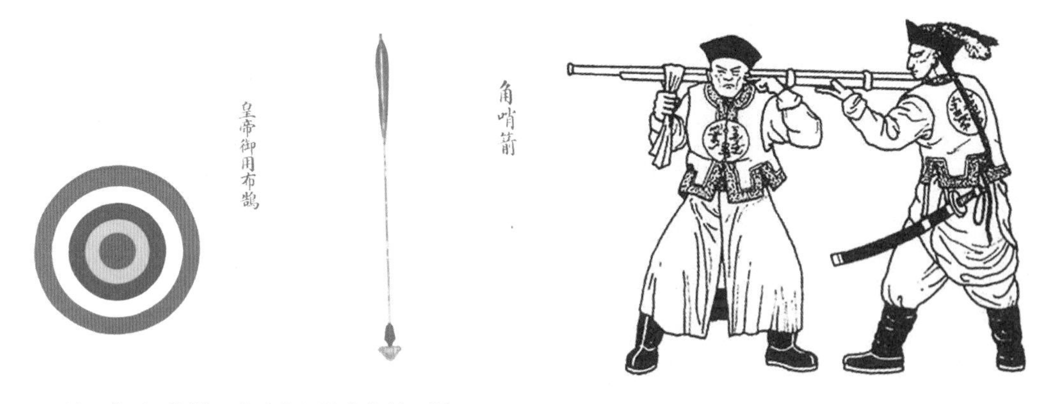

清・宫廷画师绘・皇帝御用箭和靶的图样(故宫博物院藏)

清军使用抬枪动作示意图

此外根据档案记载，道光二十五年(1845年)时，跑马道的西侧空地上还加建了一座小型的“枪排房”，由土山包围——这种设计意图显然是不希望将房子暴露在场地之上。据推测，它可能是用于存储枪支的临时库房。由此看出，火器已经在清军的部队中得以应用，如鸟枪、抬枪等，连皇帝本人都可能亲自学习使用。但问题是直到19世纪鸦片战争时，欧洲强大的英国军队已经处于初步的火器时代，而清军仍处在冷热兵器混用的时代。更为致命的是，清军使用的火器主要不是自行研制的，而是仿制的“老式的‘洋枪洋炮’”，在外形、点火装置、射程、质量乃至火药等方面均存在着严重的缺陷。为此，有学者认为，“就形制样式而言，(清军的武器装备)与英军相比整整落后了二百余年”。

让我们回到乾隆年间的往事。

实际上，香山健锐营的设立，与一场战争的爆发有着直接的关联。

乾隆十三年九月五日(1748年)，在一个秋高气爽的天气中，乾隆帝与身边的侍卫和大臣们齐聚畅春园的大西门内校射，自康熙时起这里便是皇帝校射的场所。大西门外就是占地面积多达110万平方米的马厂；广袤的场地正中还矗立有一座高大的阅武楼，这里使圆明园八旗护军营的大规模阅兵成为了可能。

乾隆帝娴熟的技艺使他“弓手相调，连发

二十矢中一十有九”，20发19中，命中率极高，为他的臣子和官兵们树立了良好的榜样。回忆起12岁时，他曾得“蒙皇祖指授射法，辄能发矢命中，仰荷嘉奖”，以及下面这个令他终生难忘的危急时刻，便心生感激与怀念之情。

当年在热河北狩时，康熙帝在射中一头熊后，命弘历前去补射，想让自己心爱的皇孙得到猎获大熊的美名。但谁知奄奄一息的熊突然站立，弘历虽然没有被吓到，但陷入到了万分危急之中。多亏康熙帝前去补枪，才避免了一个悲惨的事故的发生。事后，康熙帝连连称赞他“命贵重，福将过予”，并召见了乾隆帝的生母。

再回到畅春园的校射现场。看着眼前金黄色的树叶，他在乎的不是眼前取得的小战果和他人的奉承，而是“安不忘危古有戒，金川况未靖天狼”——原来，帝国的边疆大小金川正在发生着战事，在此举办校射活动，也有着深刻的政治目的。他在诗中记载到：“我逊贞观能致治，且循习射教臣工（乾隆十三年御制畅春园诗）”，意思是如此效仿唐太宗曾在显德殿亲自教授士兵箭术，正是为了警示大臣们居安思危。

畅春园大西门的校射活动并非像圆明园的山高水长一样举办得那么频繁，在向皇太后请安的闲

清·郎世宁绘·《乾隆皇帝殪熊图》（故宫博物院藏）

暇之时，乾隆帝时常命人在此表演马技或亲自射箭“以娱慈颜”。一年后的乾隆十四年（1749年），登上畅春园西厂横亘的长楼，乾隆帝的心情格外舒畅，他在诗中对所见景象赞美道“马技更陈新雨后，遥峰澄景黛蛾弯”。这样好的心情，是因为远征大小金川的战役取得了胜利，用一句“贤臣集事穷番服，烽息今休戍白狼（乾隆十四年《集凤轩》诗）”作为乾隆十三年“金川况未靖天狼”的回应。

大金川、小金川，位于四川和西藏的交界地带，今阿坝藏族羌族自治州的金川县，地处小金沙江的上游，都因为有金矿而得名。在清朝的早期，金川土司臣服于中央政府，听从中央的管辖。然而到了乾隆初年，以大金川的藏族首领莎罗奔为首的部落，随着势力的扩张，不仅在要道上打劫并且侵占邻近的土司，烧杀抢掠，严重地危害了边疆的安全。

乾隆十二年（1747年）三月，清廷正式向金川宣战，目的为“震慑诸蛮，永靖边陲”。但乾隆帝和他的幕僚明显低估了对方的战斗力，同时也高估了清军的战斗力。金川的士兵异常勇猛、士气高涨，不仅“登山越岭如平地”，而且拥有火枪、腰刀等兵器；更重要的是，他们擅长建造碉楼——这种少数民族建筑不仅异常坚固，而且易守难攻，是清军十分不擅长进攻的对象。虽然清军拥有威力强大的火炮，但每进攻一碉，动辄死伤数十人乃至数百人，这种挫败对他们造成了严重的内心恐慌。

面对这样艰难的局势，乾隆帝联想到当年开国之时，“旗人蹑云梯肉薄而登城者不可屈指数，以此攻碉，何碉弗克？”（乾隆帝《实胜寺碑记》），当年将士们攀登云梯而攻克的城池数不胜数，要是拿出当时的斗志来，哪里还有无法攻克的碉楼呢？和平年代的时日一长，军队的战斗力不免下降。因此，为了训练专门进攻碉楼的士兵，乾隆帝在扩建完静宜园后，在它东西两翼的山地之上，“依山为碉，以肖刮耳勒歪[30]之境”，即对金川的地势和建筑进行写仿，开展“模拟训练”。晚年时，他对当初选址在此的理由解释为：“香山地远京城……无外诱习气，故能操练精熟。”（乾隆五十二年《阅武》诗），可见在这里因为地势偏远而能够让士兵们安心训练，这在京城附近一带可能是无法实现的。于是，在金川俘虏的参与下，68座碉楼拔地而起，每个旗分配有7座或9座；负责军事管理的“八旗印房”在四个角上还各建有一座碉楼。

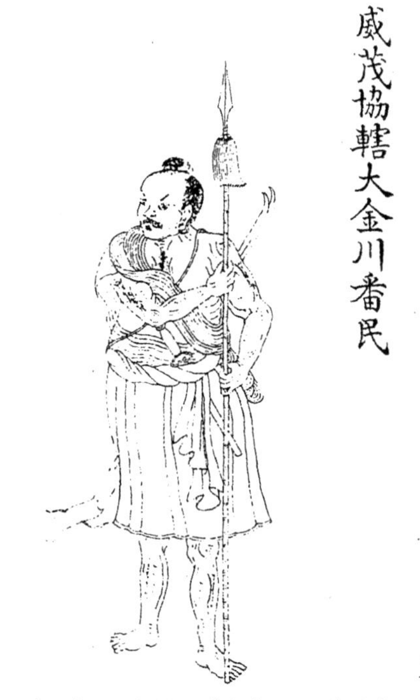

清・宫廷画师绘・《皇清职贡图》中的大金川“番民”

30 指金川地区的音译词。

健锐营碉楼地点及数量统计表

名称	地点	碉楼数量	名称	地点	碉楼数量
镶黄旗	佟峪村西	9	正黄旗	永安村西	9
正白旗	公车府西	9	正红旗	梵香寺东	9
镶白旗	小府西	7	镶红旗	宝相寺南	7
正蓝旗	道公府西	7	镶蓝旗	镶红旗南	7
八旗印房	静宜园门外	4			

这次战争从乾隆十二年持续到十四年（1747—1749年），即使是超过了10:1的压倒性的军力比，依然军情危急，伤亡惨重，耗费巨多。虽然一征金川是他引以为傲的“十全武功”之首，但实际上是一场胜中有败的“胜仗”。在选派军官上，由于前期失误，他不得不接连下令诛杀了指挥不力的大学士、一等公讷亲和川陕总督、一等公庆复以及川陕总督张广泗3位高官，最后派出孝贤皇后的亲弟弟富察·傅恒（约1720—1770年）前去平定。年轻气盛的傅恒果然没有让乾隆帝失望，仅用一个半月就从京师飞驰到了金川军营，而且接连取胜。

出乎意料的是，就在傅恒大军占据有利形势，即将发起全面进攻之时，乾隆十四年（1749年）的正月，乾隆帝就命他们班师回朝。原来他意识到，发动这场战争是一个极大的失误，光是军费开支就是一个“无底洞”，而且还会耽误朝中其他事务的正常运转，因此及时止损。幸运的是，次月，莎罗奔在劝说之下正式投降，这场战争才算“草率了事”。这样的话，在畅春园先后上演的两场校射，以及乾隆严肃和放松两种完全不一样的心境，就很容易能够理解了。

（上联）“选士励无前，远宣伟绩”
（下联）“练军垂有久，永视成规”

这场战争结束后，健锐营不仅没有因此而闲置，而是加强了训练，乾隆帝本人时常前往香山检阅军队演练，并赏赐士兵以示激励。为了提高训练的“硬件条件”，他还命人在静宜园东南的山脚下修建了一座占地约2000平方米的团城演武厅，包含了正殿演武厅、团城、城楼门及校场几个部分，其中圆形的高大城池东西直径为51.2米，南北直径40米，城高11米，蔚为壮观，乾隆帝还为它题写了“固若金汤”等石匾额以及上面这一幅悬挂在殿内的楹联，表达出他对于军事训练的高度重视。同时期兴建的，还有为了纪念战争胜利、模仿盛京实胜寺而翻修的一座寺庙，乾隆帝将其命名为“实胜寺”，用于“绍先烈而纪成功（乾隆五十年《实胜寺述义》诗）”。幸运的是，这两处见证了乾隆帝“武功”的建筑都幸存至今（实胜寺仅剩碑亭），而散落在香山附近的碉楼只剩下了不超过10座。

“是营皆去岁金川成功之旅，适金川降虏及临阵俘番习工筑者数人，令附居营侧，是日并列众末俾预惠焉。”（乾隆十五年《御制赐健锐云梯营军士食即席得句》诗）

然而首次金川之战并没有彻底消除西南边疆的隐患。乾隆二十五年（1760年），莎罗奔的侄子朗卡继承大金川土司，向周边土司发起进攻，

清·宫廷画师绘·《平定两金川得胜战图》之《攻克石真噶贼碉》（故宫博物院藏）

现存于国家植物园内的碉楼

香山脚下的健锐营演武厅

清·宫廷画师绘·《健锐营地理全图》(首都博物馆藏)

烧杀抢掠，再一次使当地局势陷入混乱。乾隆帝和大臣本想联合9个土司一起“以番制番”，但由于人心涣散，反攻大金川却未取得成功。于是，就在十几年后的乾隆三十七年(1772年)，二征金川正式打响。这场战争历时长达五年时间，乾隆帝从全国调遣了大量的人力和物力，最终艰难取胜。有历史学家统计，一征金川共花费1100余万两白银，二征金川则翻了数倍，多达7000万两。

在这两场规模浩大的战争中，健锐营训练出来的云梯兵无疑对取胜起到了促进作用，但更重要的是，就像在皇家园林内设置水稻试验田一样，乾隆帝通过在三山五园对战术不断的探索，使清朝军队在一定程度上恢复了强大的战斗力，并且能够适应多种战争环境，健锐营的特种部队甚至能够掌握“云梯、马步射、鸟枪、驰马、跃马、舞鞭、舞刀、水战、驾船、驶风”等多种技能，其中昆明湖就是水战和驾船的主要训练场地。

后来，这些特种部队在不同的战场上均发挥了一定作用，帮助乾隆帝最终实现了令他骄傲的“十全武功”，即“平准噶尔二，定回部一，打金川为二，靖台湾为一，降缅甸、安南各一，即今之受廓尔喀降，合为十”(乾隆帝《御制十全记》)。虽然在1860年时，清军面对英法联军的坚船利炮根本无力反抗，但乾隆时期清帝国的军力在全世界都应该是名列前茅的，他本人在军事上的开拓进取也应该是值得肯定的。

七司三院 / 内务府 / 奉宸苑 / 管理团队 / 各品级太监 / 园户
各行匠役 / 月收入 / 内帑 / 皇家当铺 / 资生银 / 盐业收入 / 稻田厂 / 油菜花 / 荷花
果树 / 织染局 / 男耕女织 / 室内绿植 / 异域植物 / 含羞草 / 孔雀草 / 样式雷 / 烫样
圆明园内工则例 / 保固年限 / 岁修

皇家园林的后勤管理

庞大的皇家宫苑和繁杂的各项事务，一定离不开大量的人员来组织运行。

在入关之后的顺治时期，清朝就设置了专门负责宫廷一切事物的内务府，总机关称为**“总管内务府衙门”**。

内务府下属有“七司三院”：“七司”是内务府的直属机构，包括广储司、都虞司、掌仪司、会计司、营造司、庆丰司和慎刑司；“三院”包括了上驷院、武备院和奉宸苑，其地位不同于“七司”，是内务府的统辖机构，也就是说“三院”保留有一些独立的权限。

除此之外，内务府还有其他的十几个部门，如**“三大殿”“宁寿宫”“文渊阁”**等负责紫禁城宫殿的部门，负责皇家生活的御药房，负责宫廷制造和储备各项器物的**养心殿造办处**，负责管理太监的**“敬事房”**，以及**咸安宫官学**、**景山官学**等教育部门。

一座没有城墙的郊外“城市”了。

以上这20多个部门负责皇家的衣、食、住、行，以及财产、人事、刑罚、教育等各个方面，**可以说相当全面，**而与皇家园林的运营管理最紧密相关的，则是奉宸苑及其下属的各机构。

皇家园林的管理机构

庞大的皇家宫苑和繁杂的各项事务，一定离不开大量的人员来组织运行。在入关之后的顺治时期，清朝就设置了专门负责宫廷一切事物的内务府，总机关称为“总管内务府衙门”，它的最高官员是“总管内务府大臣”，简称为“内务府总管”。

内务府下属有“七司三院”：“七司”是内务府的直属机构，包括广储司、都虞司、掌仪司、会计司、营造司、庆丰司和慎刑司；“三院”包括了上驷院、武备院和奉宸苑，其地位不同于“七司”，是内务府的统辖机构，也就是说“三院”保留有一些独立的权限。除此之外，内务府还有其他的十几个部门，如“三大殿”“宁寿宫”“文渊阁”等负责紫禁城宫殿的部门，负责皇家生活的御药房，负责宫廷制造和储备各项器物的养心殿造办处，负责管理太监的“敬事房”，以及咸安宫官学、景山官学等教育部门。

以上这20多个部门负责皇家的衣、食、住、行，以及财产、人事、刑罚、教育等各个方面，可以说相当全面，而与皇家园林的运营管理最紧密相关的，则是奉宸苑及其下属的各机构。

奉宸苑设立于康熙二十三年（1684年），按字面上的意思，“奉”是指伺候，“宸”指皇帝的居所，因此泛指管理皇家宫苑的部门。最初它主要负责西苑三海、景山、南苑及一些小型皇家行宫的管理，同年位于西郊的畅春园正式设立，也交由奉宸苑管辖。然而，随着三山五园地区的兴起，奉宸苑的职责随之变得越来越多，部门和人员也日渐庞大。康熙五十三年（1714年），玉泉山稻田厂正式成立；雍正三年（1725年）时，由于海淀镇及玉泉山一带附近官地甚多，远远超出了皇家日常必须的“六七百石”，因此雍正帝下谕旨“稻田厂地亩除官种外，余地租与附近居民”皇家日常所需的稻米就从功德寺附近的官种地生产。于是稻田厂正式归属奉宸苑管理，专设管理三山五园一带稻田。

实际上，除了稻田以外，奉宸苑管辖的范围还包括苇地、蒲地、荷花地、旱地等众多类型，这些农作物连同皇家园林内生产的农作物一起，不仅为皇家提供饮食，而且为养护修缮工作提供经费。次年（1726年），圆明园、畅春园、西花园和圣化寺等处的船只也交由奉宸苑管理。后来，随着雍正帝长时间驻跸圆明园，皇家园林的事务也越来越繁杂而关键，因此西郊的几座大型皇家园林都分别设置了管理机构及大臣，与奉宸苑有着类似于平行级别的关系。

到了乾隆年间，畅春园、圆明园和“三山”都分别设置了管理部门，每个部分又管理着下属的几个小园林，分工十分明确。如“畅春园”的机构同时负责管理西花园、圣化寺和泉宗庙的事宜；“圆明园”的机构同时管理长春园、绮春园等几个附属园林；香山·静宜园、玉泉山·静明园和万寿山·清漪园清漪园的机构虽然独立，但它们在经费上没有足够的自主权，在一定程度上仍然要依赖于圆明园银库。

由此可见，这里面权限最大的机构当属奉宸苑和圆明园。由于在雍正至咸丰时期圆明园的地位与皇宫相当、且面积甚大，因此它是三山五园中级别最高的部门；畅春园在康熙时期以后地位下降，尤其是乾隆时期以后逐渐荒废，其人员也被陆续调往其他园林办事；“三山”均为皇家行宫的性质，地位同样较低，主要负责园林内部及部分园外河道。因此，奉宸苑也就成为了三山五园中其他各项繁杂事务的负责单位，管理着包含倚虹堂等小型行宫、水利、农业、交通等各个方面，管辖的地域范围也十分广泛，因此责任十分重大。

内务府“七司三院”概况

	部门	主要职责
七司	广储司	府藏及各库出纳总汇，下设银、皮、瓷、缎、衣、茶6库
	都虞司	打猎捕鱼
	掌仪司	内廷的各项礼乐、考核太监品级
	会计司	财务管理和庄园地亩、选用太监宫女
	营造司	宫廷缮修工程，下设“七库三作”
	庆丰司	牛羊畜牧
	慎刑司	上三旗的刑狱案件
三院	上驷院	御用马匹
	武备院	制备器械，下设南北鞍库、甲库和毡库4库
	奉宸苑	景山、西苑和南苑、稻田厂及圆明园等西郊皇家园林的管理

奉宸苑皇家园林管理职能分配表

机构	管辖范围	备注
圆明园	圆明园、长春园、绮春园、熙春园及春熙院	熙春园和春熙院在嘉庆及道光年间相继脱离圆明园管理
畅春园	畅春园、西花园、圣化寺、泉宗庙	
清漪园（万寿山）	清漪园、功德寺，静明园附近的河道	水面的范围及职责包括“除青龙桥闸座外，自凤凰墩以北、青龙桥以南、至静明园一带湖面、河道、堤岸、桥闸、船只、绛拨割除苇草等项差务”
静明园（玉泉山）	静明园	
静宜园（香山）	静宜园及周边皇家寺庙	寺庙包括碧云寺、卧佛寺等
奉宸苑	倚虹堂、乐善园、万寿寺等行宫，南花园、稻田厂，皇家园林外长河、金河、万泉河等水系的河道、水闸、船只等	南花园管理圆明园等园的盆栽植物

管理团队

在本节中，您将了解到：

1. 皇家园林都由哪些人员进行管理？
2. 这些人员的收入情况如何？

由于皇家园林在构成上包含了山水、宫殿、植物、农作物、动物各种内容，皇家在此的活动也如前文所述异常丰富。想要将它们管理得井井有条，绝非易事，因此就要依赖一套完备的制度。

皇帝根据每一座园林的面积和重要性设置不同品级的官员，从不同品级的总领（苑丞）、副总领（苑副）、笔帖式、库掌，到雇佣的园户、园隶、匠役，人员数量非常庞大，因此皇家仅在劳务上的开销就不容小觑。

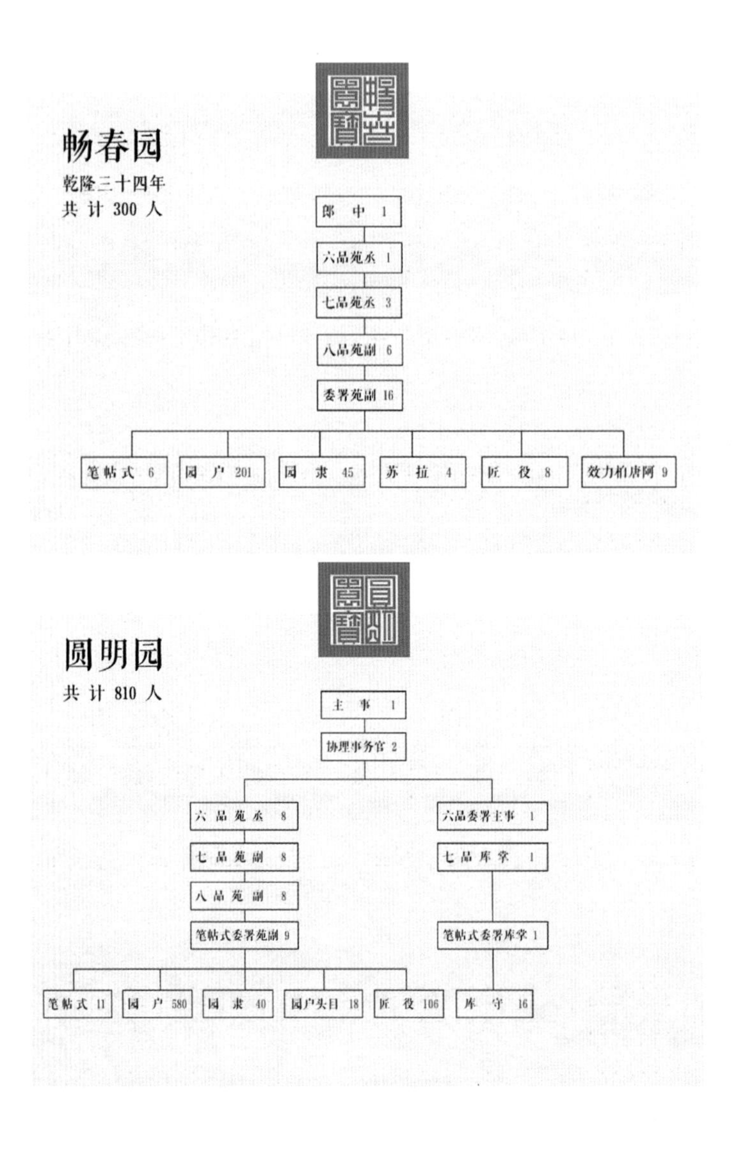

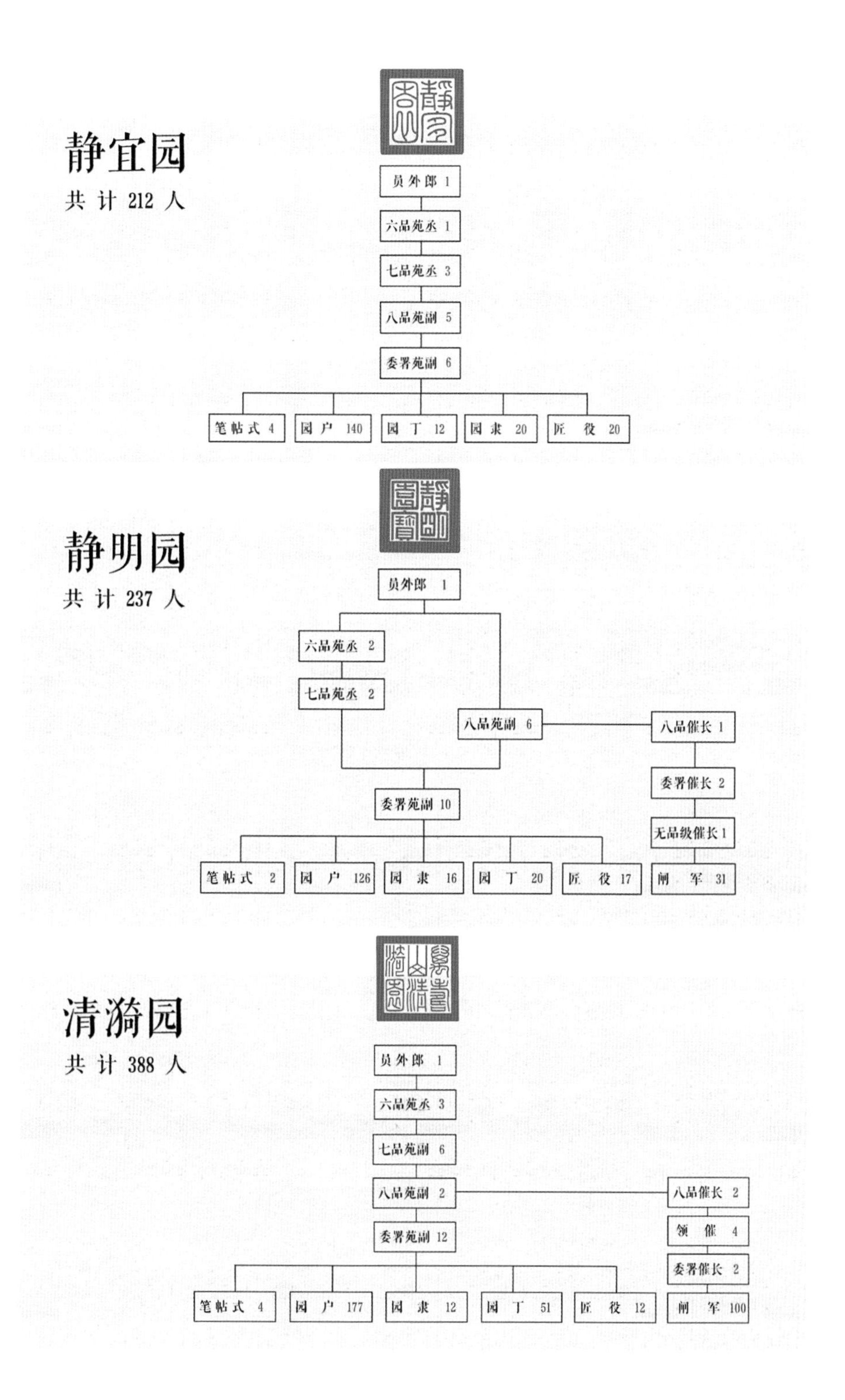

圆明园人员数据引用自《钦定总管内务府现行则例》乾隆三十四年十月记录；畅春园依据雍正二年、乾隆三十二年七月的记录推断；静宜园依据乾隆十二年正月、十六年闰五月、二十四年十二月、二十六年七月、三十四年六月的记录推断而来；静明园依据康熙三十年闰七月、乾隆五年六月至三十四年六月的记录推断；清漪园依据乾隆十六年四月、十八年二月、十九年闰四月至三十四年六月的记录推断而来。

由于每座园林管理人员的数量都发生过多次变化，为了解整个三山五园在鼎盛时期的人员情况，我们可根据自园林设立以来不同时期的内务府档案来进行推算。

当时的畅春园作为皇太后园，由郎中和4名苑丞作为高级官员进行管理，他们手下还有22名苑副和委署苑副协同管理。这些高级官员共同管理着273名园户、园隶、匠役、苏拉[1]、笔帖式[2]、效力柏唐阿[3]，共计300人。从图中可以看出，人数规模最大的当属园户。虽然为“户”，但他们并不可能住在皇家园林中，只是提供劳动力。

圆明园及其附属园林是皇帝居住和治国的御园，因此各类管理人员的数量都“位居榜首”。1名主事及他的2位协理事务官管理着24名六品至八品的苑丞及苑副以及9名笔帖式委署苑副，最基层则由18名园户头目、580名园户、40名园隶、106名各行匠役、11名笔帖式负责。此外还有19名掌管皇家库房的各级人员，总计管理人员810人。与畅春园相比，圆明园的匠役人数与占地面积不成比例，这可能是由于其建筑、装修甚至是西洋机械等方面的复杂性较高。

那么，圆明园的其他几座附属园林情况如何？五园之一的熙春园始建于康熙末期，自乾隆时起被并入御园体系，在道光二年（1822年）脱离五园体系之前，它由六品苑丞1员、委署苑副3员、笔帖式1员、库守5名、园户头目、园户等共49名的59人的团队进行管理。后来因熙春园被赐予其它皇族居住，管理人员也就被调往长春园和绮春园了。

乾隆十六年（1751年），附属园林长春园的管理机构正式设立。由于面积较小，内务府在此仅设置了六品总领1员，七品副总领1员，八品副总领1员，园禁2名，园户30名，各行匠役6名，总计才41人。

同年刚刚建成的万寿山 · 清漪园虽然园墙内的面积与长春园相当，但由于宗教建筑的面积和园外的管辖范围较大，其团队人数为长春园的3倍之多：共设六品总领1员，七品副总领2员，八品副总领2员，园户100名，笔帖式4员，园禁6名，各行匠役10名，总计125人。到了乾隆三十四年（1769年），清漪园已完工多年，管理人数大大增加：员外郎[4]、苑丞及苑副共计24人，管理着园户177名，园隶12名，匠役12名和笔帖式4名，此外由于万寿山还担负着皇家园林“苗圃”的功能，这里有51名园丁供职；为了管理清漪园的多个水闸，还比较特别地设置了闸军，总计管理人员388人。

玉泉山 · 静明园与香山 · 静宜园虽然在总人数上相当。静明园由员外郎和六品至八品的11名官员和10名委署苑副共同管理着126名园户、20名园丁、16名园隶、17名匠役和2名笔帖式，此外还有负责静明园水闸的35名催长和闸军，共计237人。静宜园的最高级别官员为郎中及六至八品的苑丞及苑副10人，由他们连同6名委署苑副共同管理着20名园隶、140名园户、20名匠役、12名园丁及4名笔帖式，共计212人。

经过统计，可以发现在这1947名管理人员中，圆明园的人数有着41.6%的绝对数量优势，同样为皇室起居地的畅春园则与之相差很多，仅为15.4%。“三山”之中，由于清漪园是水利枢纽和农业生产的重要区域，光是园丁就有51人，因此该园的管理团队人数超过了畅春园而达到19.9%。静明园和静宜园则相对最少，分别为12.2%和10.9%。

在这些人员中，特别值得关注的是能够进入皇家园林中的内务府基层人员——园户，他们主要负

1 蒙语音译词，一种低级的勤务人员。

2 满语音译词，一种文职官员，主要负责满文的抄写和翻译。

3 满语音译词，一种随侍人员。

4 郎中之下的一种官职。

5 1两银子=10钱。

6 八旗军队的一种官职名称。

7 1斛（音hú）=10斗=50升=50000毫升，1升米接近于2斤米。

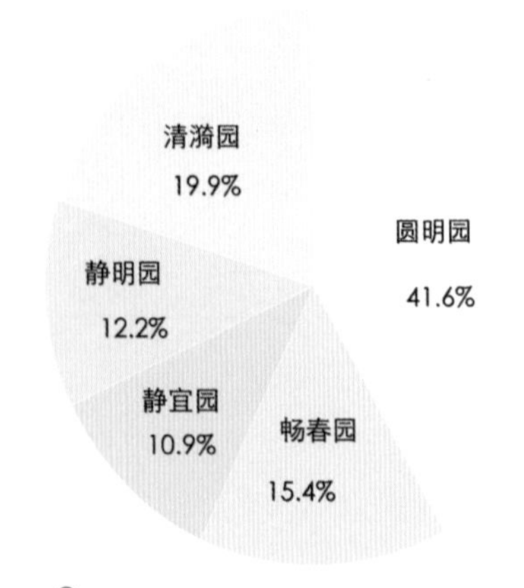

乾隆中期“五园”管理人员比例分布

责宫殿打扫卫生、坐更、巡查等各种各样的工作。虽然干起活来可能并不轻松，但每天都与皇家珍贵的陈设收藏“打交道”，平常百姓甚至是高级官员都看不到的美景成了他们的“家常便饭”。但实际上，他们的待遇并没有因此而丰厚，根据一份乾隆五十二年（1787年）的统计，园户头目每月工资2两，园户每月仅有1两5钱[5]，相当于普通小工的水平。

一份更详细的统计出现在18年后的嘉庆十年（1805年），此时圆明园、长春园、绮春园、熙春园和南园（即绮春园西部的单独区域）内，除太监外共有劳务人员908人，管理人员的数量因为绮春园的兴建而攀上了史上新高。从中可以发现，园户和园隶被划分为两个工资级别，相差了0.5两；园户头目的工资仍然是每个月2两；其他的工种如花匠、水手、闸军仅为1两。

于是，面对低收入和稳定的工作，很多人选择了冒名顶替。被顶替的人可能不想丢掉这个工作，但是又对这份收入并不满意，于是就偷偷地去寻找收入更丰厚的工作了。

乾隆二十一年（1756年），内务府发现了园户存在着冒名顶替的情况。对于这种“欺君”的严重罪名，乾隆帝下令严肃清查。结果统计的数据十分惊人，以圆明园的情况最为严重，以子代父差、孙代祖差等形式的冒名顶替者竟然接近100人，五园实际应该当差的人总共955人，冒名顶替的人就多达141人，而占据了15%之多。在乾隆盛世之中，戒备森严的御园竟然潜藏着如此严重的危机，可见门禁管理的松懈和各级管理人员欺上瞒下的失职。为此，主管官员在奏折中建议乾隆帝将冒名顶替者“杖一百”并遣回原籍，严惩佐领、领催[6]及总管太监和首领太监。为了弥补管理上的漏洞，内务府下令每一位园户都应该配与火印腰牌，并且明确规定出入的园门。同时，每天都会安排总领和副总领1人对园户的腰牌及上面烙印的面貌、年龄进行详细核对，并且值班的护军参领等人还会对园户“严行盘诘”。

宫廷中直接服务于皇室成员的太监也是皇家园林中的一个较大群体。据统计，嘉庆十年（1805年），圆明园等园的太监多达620人，这其中最高的品级为六品，月收入为银6两、米6斛[7]，下设七品首领、七品总领、八品首领等5个级别，而人数最多的还要属普通太监。令人惊奇的是，这些普通太监又被分为了5种不同等级，包含了技勇太监、船上太监、园内外的普通太监以及园内的下等太监，他们每月的收入从3两白银和4斛米 逐渐降低，最低级的太监仅能得到2两白银和1.5斛米。但即便如此，太监的收入也要比园户、匠役等高得多，但它

1805年圆明园管理人员月收入统计表

工种	园户头目	园隶	园隶	园户	园户	花匠	匠役	水手	闸军	合计
人数	35	42	11	525	90	54	94	3	54	908
月收入（钱粮）	2两	1.5两	1两	1.5两	1两	1两	1两	1两	1两	–

1756年五园园户及冒名顶替者数量统计表

园林	本当差者	冒名顶替者
畅春园	192	9
圆明园	455	95
清漪园	137	15
静明园	47	13
静宜园	121	9
合计	955	141

1805年圆明园及附属园林各品级太监人数统计表

品级	六品总领太监	七品总领太监	七品首领太监	八品首领太监	副首领太监	普通太监	合计
人数	1	4	10	22	51	532	620

1805年圆明园普通太监人数及月收入统计表

品级	技勇太监	船上太监	太监	园内太监	园内下等太监	普通太监合计
人数	70	6	8	50	398	532
月收入	银3两、米4斛	银3两、米3斛	银2.5两、米2.5斛	银2.5两、米2.5斛	银2两、米1.5斛	-

们晋升的道路实在是过于艰难。根据一块在清华大学出土的清代石碑，在1860年10月英法联军进攻圆明园时，任亮等技勇太监曾英勇地抵抗侵略者，最后不幸中弹身亡。从中可以推测，技勇太监掌握有一定的军事技能，也起到了一定的防卫作用。

由此可知，在嘉庆十年（1805年）的圆明园中，共有1528人为皇室提供服务，其中包括了各品级的620名太监和908名管理及勤杂人员。而当年嘉庆帝共有1名皇后（孝和睿皇后）、2名皇贵妃（恭顺皇贵妃、和裕皇贵妃）及可能有6位妃嫔（庄妃、信妃、淳嫔、恩嫔、荣嫔、安嫔）在世[8]，皇子有绵宁（即道光帝）和绵恺2名。若不统计公主和太妃，皇室成员仅为12人，这种主仆数量比是令人震惊的。

 技勇太监任亮的墓碑拓片（圆明园展览馆藏）

8 根据当年在世的嫔妃数量推测。

皇家银库

皇家园林的建设及日常管理是一笔巨大的款项支出，离不开当时繁盛的社会经济条件作为支撑。据统计在乾隆年间，清帝国的财政相当宽裕，乾隆元年（1736年）到二十八年（1763年），国库每年的存银多达3千万~4千万两，二十九年（1764年）为5千余万两；从三十年（1765年）起，每年库银都在6千万两以上；三十七年（1772年）更是多达8千万两。这种库银之多、持续时间之长在中国历史上是十分罕见的。然而在晚清以前，并没有证据表明皇家园林的天价开销是从国库支出的，那么它究竟来源于哪里？事实上，无论是乾隆时期的昆明湖工程、万泉河疏浚及泉宗庙工程，还是嘉庆时期的谐趣园工程等等，皇帝在御制文中均表明了这些款项的来源于“内帑[9]”，如“爰命出内帑之有余，补斯园之不足”（嘉庆帝《谐趣园记》）等，这也就意味着皇家园林的经济是与国库不同的两套体系，由内务府替皇帝管理着他们的“私房钱”，而这笔神秘的账目在过去完全无法向社会公开的。

具体到西郊皇家园林的各项开销，各园虽设有相对独立的财政管理部门，但主要还是依附于更高级别的银库。乾隆年间，静宜园的经济来源包括收缴房租和变卖果品的银两，但如果在不够用的情况下可以“呈明向圆明园银库支领”；嘉庆十八年（1813年），三山的修园工程改从造办处领用银两，可到了4年后皇帝又下令“嗣后三山畅春园等处应领银两着由圆明园支领，如圆明园银两不敷支发，着奏明由广储司所存银两内拨给圆明园再行发给”（《钦定总管内务府现行则例》）。也就意味着此时，圆明园银库成为了三山五园的财政中枢。为此，每5年就要彻底清查一次银库以及“器皿库装修什物等项”。

那么这笔巨额资金来源于哪里？其中之一就是皇庄的经营。清代的田制分为官田、官庄、民田和屯田4种，内务府主要管辖着官庄中的皇庄，每年共收得地租为十万余两。通过经营土地或房屋，皇家能够在三山五园地区中收获大量农副产品或直接收缴租金。其中这些产品除少部分为皇室直接使用，大部分则被变现并用于各园（详见下一节：农副产业）。

此外还有两类资金来源，分别是皇家当铺的生息款以及皇室在盐业的收入。内务府前后共设立有26座当铺，属于圆明园管理的当铺为康熙年间开设的圆成当，胤禛就曾用22000两白银以“二分起息”的高额利率进行放贷[10]。乾隆十六年（1751年），乾隆帝曾下令赏给云梯营5万两“资生银”“以备健锐营公费等项领用。”（《钦定总管内务府现行则例》）

而皇室在盐业上的巨额收入被认为是乾隆皇帝压榨商人的手段之一。乾隆四十九年（1784年），内务府拟“慎选殷实数商家”，将圆明园银库中20万两白银按照“一分”生息放贷，“以为添补岁修之用”（当年《总管内务府奏遵旨议奏拨借圆明园银两交盐商生息折》），这样每年可坐收24000两的收益，折合年利率12%。嘉庆五年（1800年），皇帝从银库拨出10万两白银交两淮盐商，并按照“一分”生息，第二年就收到“例银”12480两，利率高达12.48%。

从以上这些历史片段可知，“较民当利息稍重”的皇家银两以高额利率的形式流通到民间，再从商人那里获利，看似是“商力得此济运，更益转输裕如”，但由于食盐在清代是垄断性行业，盐商为了向政府交纳高额的税金，同时向皇家支付“帑利”不得不抬高价格，因此实际为此付出代价的还是广大百姓。这种情况带来的影响是皇家过度依赖盐商的“报效”，如乾隆帝南巡时兴建的行宫也多由盐商出资。但当盐商们走向衰落时，远在北京的庞大园林体系自然也就难以支撑了。更重要的是有学者认为，清王朝表面上将内廷与外朝的财政做出清晰划分，这种做法实际上是内务府透过对盐政的运作，不断地侵蚀户部的财政。可见透过皇家园林，能够洞察到一些鲜为人知的清朝财政“秘密”。

9 帑音tǎng。

10 根据相关统计，亲王的年收入是10000两白银和10000斛大米。

农副产业

在本节中，您将了解到：

1. 内务府为皇家经营着哪些农副产业？
2. 皇家织染局具有怎样的景观特色？

在三山五园中，农作物不仅是皇家的一部分经济来源，而且是皇家园林内外的景观构成要素。乾隆十六年（1751年）时，官种稻田共计15顷97亩6分[11]（约106.4万平方米），收获的大米除了进贡皇家之外，其余部分均在市场售卖变现。这些银两除用于生息，还用于农田的管理用房、沟渠水闸等设施、农具、肥料及人员等各项开支。

虽然皇家园林是一个完整的设计，但园林内的水面和园林并不是完全统一管理。正如前文的《奉宸苑三山五园管理职能分配表》，虽然清漪园的管理机构负责管辖凤凰墩以北、青龙桥以南，西侧直抵玉泉山下的大小河湖，但根据奉宸苑稻田厂的记录，这里面曾局部种植的荷花、水稻等农作物不属于清漪园管理，如清漪园的治镜阁曾种植有1顷44亩7分6釐（约9.65万平方米）的水稻，而治镜阁周围的湖面约为29.5万平方米；藻鉴堂处的水稻面积仅为4亩2分（2800平方米），其湖面大于前者。湖心楼处（疑似高水湖中的影湖楼）种植有29亩1分3厘（约1.94万平方米）的荷花。相对于50万平方米的高水湖而言微不足道，推测荷花可能被栽植于湖心岛的四周，起到美化景观的作用。从上述几处来看，稻田及荷花占据水面的比重并不是很大，应是优先保证这些水域的水利功能。

根据嘉庆二十年（1815年）的统计，当时稻田厂共计征租水田约为80顷56亩，旱地5顷35亩，沙地14顷52亩，蒲地13亩，房基地约43亩，房间58间，每年共征租银5705两3钱5分4厘5毫，这笔银两连同粮食变现后的银子被奉宸苑用于修理三海等皇家园林。其中，大多数水田和旱地都位于三山五园地区，以玉泉山和万寿山附近、泉宗庙和巴沟村附近为主，这份记载与清代样式房图纸描绘的分布几乎完全吻合（如《圆明园来水河道全图》）。在租金上，水田在旱地、蒲地和沙地等几种类型中相对较高，面积也多达536.5万平方米，约等于圆明三园和香山·静宜园的面积之和。水田的地租较高可能是由于皇家需要为此付出的维护成本也会相对较高。除此之外，圆明园等几座皇家园林内部又分别有地租、农作物等收入，这笔财产会直接被用作本园的修缮经费。

除了上述几种明确的租地，三山五园中还有一种与江南相同的特色农作物——油菜花。乾隆十九年（1754年），皇帝批准在清漪园的藻鉴堂四周至玉带桥、耕织图以西新闸附近及玉河两岸栽植油菜花，其中玉河两岸的花田绵延长达1000余丈[12]，金

三山五园中的部分地租分布表

类别	租金（每亩）	地点	面积	换算后面积（万平方米）
水田	4钱至8钱2分	畅春园宫门前	53亩3分1厘	3.55
		圆明园大北门外	5顷33亩1分9厘3毫7丝6忽	35.55
		巴沟村以北附近	3顷66亩4分3厘	24.43
旱地	2钱至3钱	玉泉山东太监坟后	53亩5分8厘1毫7丝	3.57
蒲地	2钱	六郎庄附近	10亩2分9厘2毫8忽	0.69
房基地	1两	稻田厂仓后	11亩9分7厘4毫	0.8

两山公园内恢复的油菜花及京西稻景观

黄色花海映衬着万寿山和玉泉山的佛楼佛塔，蔚为壮观。这种兼具观赏与生产作用的植物每年花期为3~5月，果期为4~6月，其菜籽在清代能够每仓斗[13]榨油2斤8两，交给官三仓[14]使用。

令人意想不到的是，为了保证资源的最大化利用，菜籽榨油之后产生的麻饼则可用作稻田的肥料；而每年收割水稻后的14.15万斤稻草则被用于饲养宫廷中的大象，为内务府省下了191两2分5厘的银子。

不仅是园外的广袤地带，皇家园林其实也是一个“大农庄”，栽植有各种观赏与生产兼备的园林植物。除了畅春园、圆明园、静明园内的稻田，圆明园的紫碧山房等处曾种植有梨树、杏树、桃树、山里红、核桃、樱桃等果树，玉泉山 · 静明园内曾栽植有蔬菜和桃树，香山 · 静宜园内也曾栽植有果树。此外，园中栽植的大面积荷花除了用于观赏和生产莲藕，也作为安佑宫等寺庙的供品，可谓物尽其用。

除了务农，纺织业也是三山五园中的一个重要产业。乾隆十六年（1751年），随着清漪园的正式设立，万寿山织染局也成立了，位于万寿山西侧的耕织图景区内。这组建筑群包含了纺织所需的各工序用房：前为织局，后为络丝局，北为染局，西为蚕户房，每年九月还在附近的蚕神庙举办祭祀活动。从内务府《奏销档》中的记载的“合其形势或二三间、三四间不等、布置成村落，实以标幽致”（大意是根据实际情况将2、3间和3、4间不等的房屋布置成村落，用于营造优雅的景观）以及“于该匠役房

11 1顷=100亩=1000分=6.66万平方米。

12 1丈约等于3.2米。经过核算，该尺寸应为两岸的长度之和。

13 1斗=10升，每升约为1.5公斤。

14 内务府的粮食管理机构。

耕织图口号

爱新觉罗 · 弘历（1766年）

稻已分秧蚕吐丝，耕忙亦复织忙时。

汉家欲笑昆明上，牛女徒成点景为。

清·宫廷画师绘·《崇庆皇太后万寿庆典图》中的耕织图

清·宫廷画师绘·《圆明园四十景图咏》之《北远山村》

间空间之地，种植桑株以养丝蚕，如此则匠没等既淂楼止之地，而村居蚕桑点缀于山水之间，盖着园亭之盛也”（大意是在房间之间的空地栽植桑树用于养蚕，这样一来，既能使匠役有了工作的场地，还能让山水之间点缀有村居和桑树，这实在是园林的盛景啊）的谕旨可以看出，皇家在建造它时，所采用的布局形式并非规整的院落，而是有意地模拟村舍的零散式布局，并栽植有桑树作为养蚕的饲料。可见乾隆时期的设计理念就已经十分注重将建筑与景观融合、功能与美观融合了。

其实早在雍正七年（1729年）时，皇家就已经在圆明园设立养蚕的机构。乾隆年间，园中的北远山村专门为万寿山织染局提供蚕丝，可见圆明园这里并不包含纺织的所有工序。这些圆明园中的蚕户可能因为高超的技术而位列当时的“高收入人群”，虽然银两并不多，但是生活物资相当充裕：每年收入银子12两、三色米12石 、煤1800斤、炭360斤、蓝布15匹、棉花2斤、棉花线2两、钮子（即纽扣）14个，而且5年一次各给狐皮帽1顶、狐皮领1条、老羊皮袄1件。此外，对他们的“优待”还体现在竟可以居住在北远山村的景点之中，这也就不难理解为什么圆明园北部的景区被大墙分隔了。

那么，除了室外栽植的观赏和生产植物，皇家宫殿的室内是否也像现代一样摆放有各种绿植呢？答案是肯定的，南花园就是专门负责各宫殿内的盆栽养护的机构。每逢皇帝驻跸御园时，仅圆明园和长春园内的16处景点就安奉“大花”81盆和“小花”200盆，可见室内绿植的用量之大。

北方的冬季气候寒冷，皇家不得不依靠温室来培育这些来自中国乃至世界多地的“四季花卉”，这一场景被外国传教士描绘了下来。这些植物不仅包含了造型优美、色彩芬香的南方花卉，还包含了含羞草等进贡而来的外国植物。由于含羞草的叶片被触碰之后会闭合，它在宫廷中得到了“海西知时草”这个具有诗意的名字。雍正三年（1725年）时，暹罗国曾进贡19种果木共90株，被雍正帝安排尝试栽植在畅春园、圆明园和静明园之中，虽然具体的品种并不清楚，但根据气候条件可以推测，这些热带植物很难在北方露地过冬。

有很多今天已经常见的园林植物在当时却十分罕见，如原产于美洲的紫茉莉、千日红、晚香玉，原产自墨西哥的孔雀草等。乾隆帝还曾亲自为孔雀草赋诗：“叶花与菊总无同，色则同黄更带红。”（乾隆帝《御制万寿菊诗》，两者在当时名字通用），由此可见他观察的细致程度，孔雀草还因其花期正值农历八月的万寿节而备受他的喜爱。他还命蒋廷锡等宫廷画师为这些植物一一作画，并命花匠精心照料。当然，这些植物肯定会耗费不少人力、物力和财力，乾隆二十一年（1756年）时，仅煤炭一项，花房就领用了22080斤煤和7560斤炭。即便如此，有很多植物依然没有引种成功。乾隆帝不仅喜爱来自西洋的建筑和喷泉，而且也对其植物品种非常感兴趣。据史料记载，他甚至为了获取更多的西洋植物，命传教士向巴黎皇家植物园和英国皇家学会传达了引种的需求，这也应算是中西文化交流的一段记录了。

清·法国传教士绘·温室花房图（法国国家图书馆藏）

清·宫廷画师绘·《花卉虫草册》之孔雀草（故宫博物院藏）

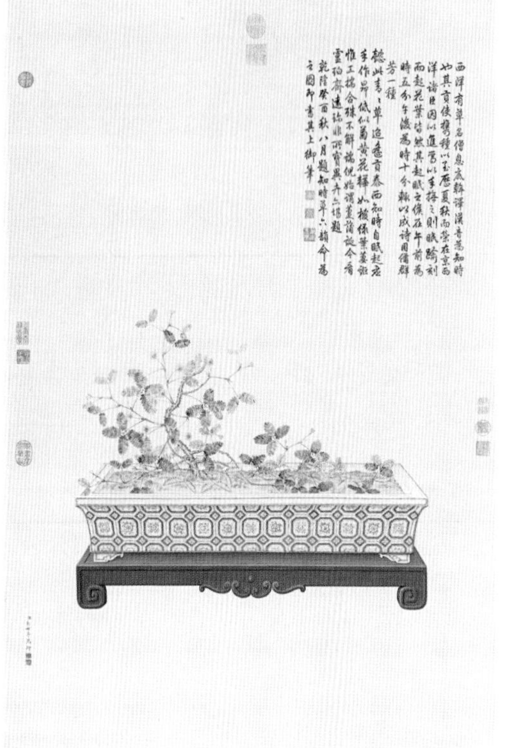

清·郎世宁绘·《海西知时草图轴》（台北故宫博物院藏）

图解《御制耕织图》中的23个步骤

《耕织图》被誉为"中国最早完整记录男耕女织的画卷""世界首部农业科普画册"。清康熙二十八年（1689年）康熙帝南巡时，偶获"宋公重加考订，诸梓以传"的《耕织图》，即命焦秉贞据原意另绘一版，并附有皇帝本人的七言绝句及序文。总体而言，两版绘画内容略有改动，图序亦有变换，但布景与人物活动大同小异；康熙版畅春园《佩文斋耕织图》所绘更为工细纤丽，在技法上还参用了西洋焦点透视法，为后世广为流传。

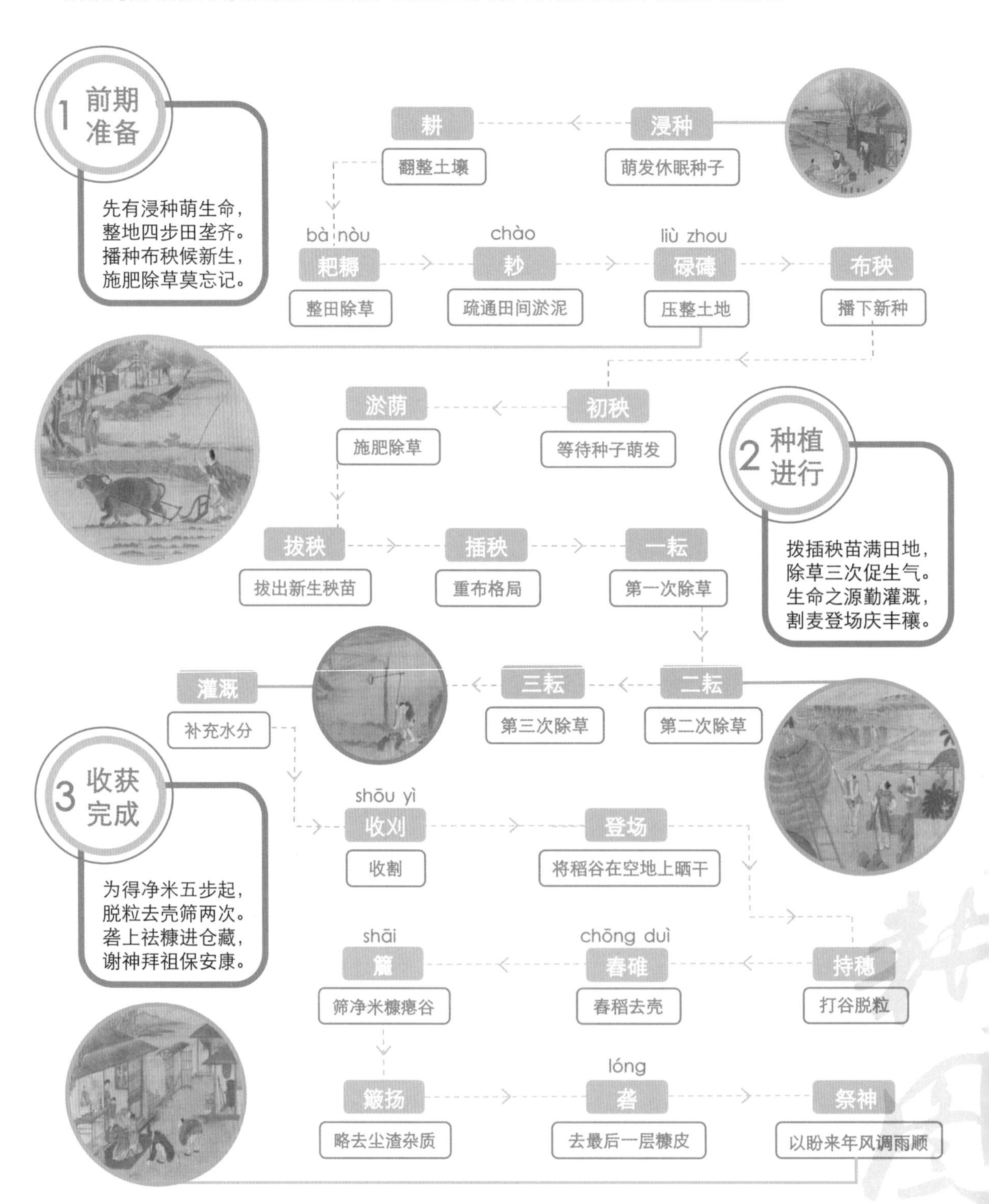

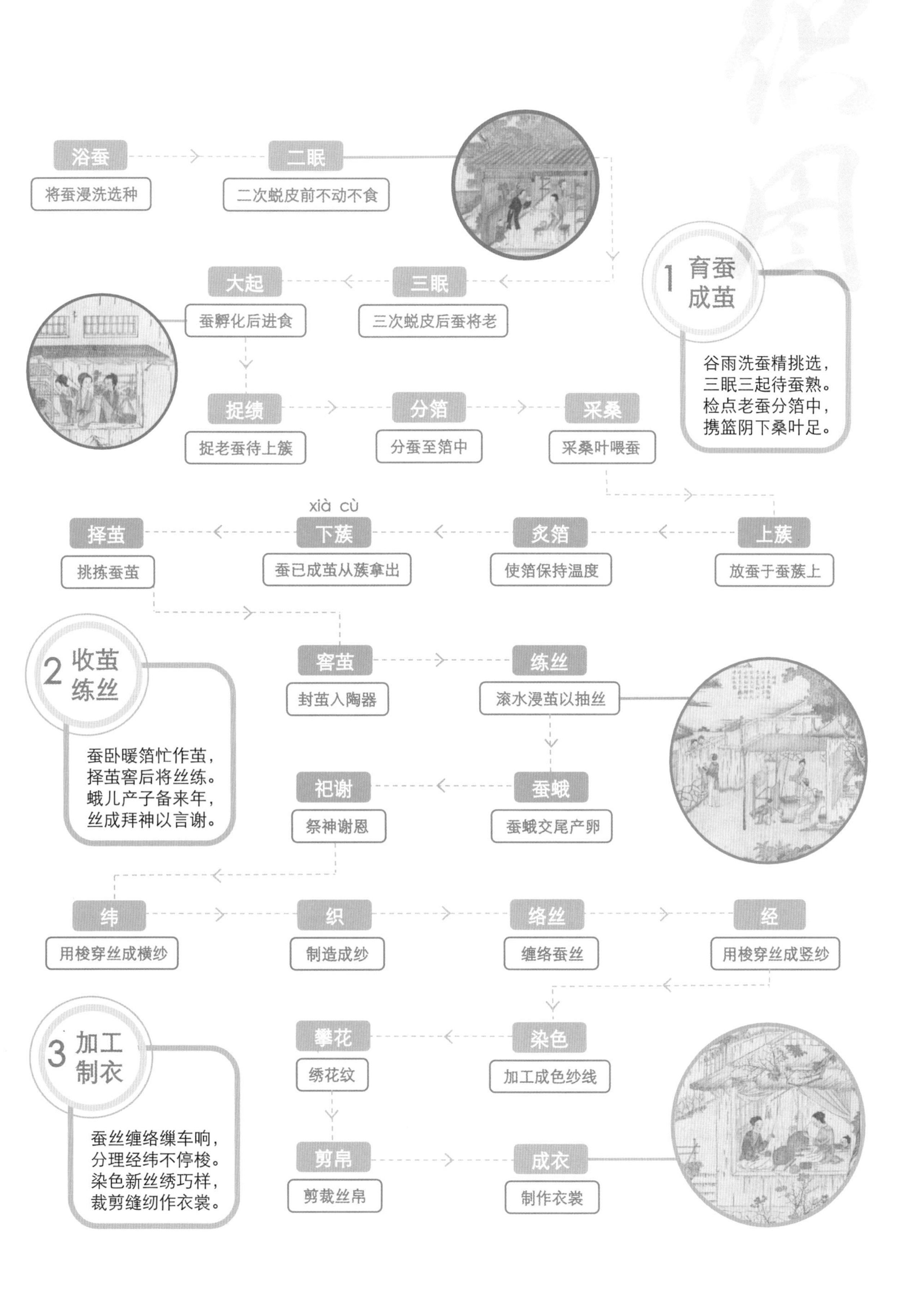

浴蚕
将蚕浸洗选种
二眠
二次蜕皮前不动不食
三眠
三次蜕皮后蚕将老
大起
蚕孵化后进食
1 育蚕成茧
谷雨洗蚕精挑选，
三眠三起待蚕熟。
检点老蚕分箔中，
携篮阴下桑叶足。
捉绩
捉老蚕待上簇
分箔
分蚕至箔中
采桑
采桑叶喂蚕
上蔟
放蚕于蚕蔟上
炙箔
使箔保持温度
xià cù
下蔟
蚕已成茧从蔟拿出
择茧
挑拣蚕茧
2 收茧练丝
蚕卧暖箔忙作茧，
择茧窖后将丝练。
蛾儿产子备来年，
丝成拜神以言谢。
窖茧
封茧入陶器
练丝
滚水浸茧以抽丝
蚕蛾
蚕蛾交尾产卵
祀谢
祭神谢恩
纬
用梭穿丝成横纱
织
制造成纱
络丝
缠络蚕丝
经
用梭穿丝成竖纱
3 加工制衣
蚕丝缠络缫车响，
分理经纬不停梭。
染色新丝绣巧样，
裁剪缝纫作衣裳。
染色
加工成色纱线
攀花
绣花纹
剪帛
剪裁丝帛
成衣
制作衣裳

皇家工程

在本节中，您将了解到：

1. 清代“样式房”是如何开展皇家工程的？
2. 圆明园共包含了哪些工种？
3. 皇家是如何保证工程质量的？

清代皇家园林的所有者是整个帝国最具权力和财富的皇帝，并且它们规模庞大、设计精良，必然有一套完备的设计与工程体系来为其服务。专门负责这项工作的，就是内务府下属的“样式房”。

所谓的“样式”，是指工匠在设计方案时绘制的图纸及制作的模型，与今天专门负责园林和建筑设计的设计院十分相似。这些设计成果将直接呈现给皇帝审阅，经过反复修改后才能确定最终方案，估价预算后才能正式实施。因此，这一工作对于古代的设计师和工匠们来说是非常具有挑战性的，他们不仅由于直接面对“甲方”，也就是国家最高领导人，面临极大的心理压力，而且在设计的过程中需要费尽心思来揣摩皇帝的想法，有时甚至还要绘制多套方案供其挑选；一旦皇帝不满意，方案就有可能直接被否定或做出非常具体的修改。

在样式房的众多工匠中，有一个十分出名的“样式雷”家族，他们的图文档案已经被列入世界记忆遗产之中。从康熙时期的雷发达（第一代）开始，后世的雷金玉（第二代）、雷声澂（第三代）、雷家玺、雷家玮和雷家瑞（第四代）、雷景修（第五代），直到清末的雷思起（第六代）、雷廷昌（第七代）和雷献彩（第八代），8代传人均在样式房供职，尤其是雷思起和雷声澂曾在康雍乾时期长时间担任“掌案”一职，也就是总工程师的职位。他们所在的“样式房”曾负责设计建造过京城内外包括宫苑（如紫禁城、三海、三山五园）、坛庙（如太庙）、陵寝（如清西陵、清东陵）、城池（如正阳门）在内的大量皇家工程，可以说是我国古代的杰出技术人才和“劳动模范”。

今天，我们仍然可以从样式房图档中看到由国画颜料绘制的彩色平面图、立面图甚至是剖面图，上面工整而恭敬地书写着建筑的名称、尺寸等信息，建筑的开间、进深，内部家具的摆设、花纹、色彩等信息都一一呈现，园林中的土山、假山和水系在图面上与灵活布置的建筑群融为一体，有的图纸还会表示花木的种类和日晷、铜瓶等园林小品的分布，在这些作品中，古人的工匠精神得到了充分地彰显。

那么图纸与建成实景的吻合度如何？如果将样式房图与著名的工笔写实绘画《圆明园四十景图》进行对比，会发现古画上的建筑造形与布局与同时期的样式房图基本吻合；尽管由于圆明园被毁而无法眼见为实，但是颐和园、静明园和静宜园的大量图纸足以说明，这些伟大的园林风景都是在这些一笔笔绘制的图纸的指导之下建成的。而今，现存的样式房图纸只是历史上的一部分，却也足以让今天花费几代人的精力来破解其中的未解之谜了。

模型同样是一个推敲设计方案的重要工具，它在古代被称作“烫样”，是用纸板等简易工具热加工而成。尤其是在给皇帝讲解方案时，匠师们

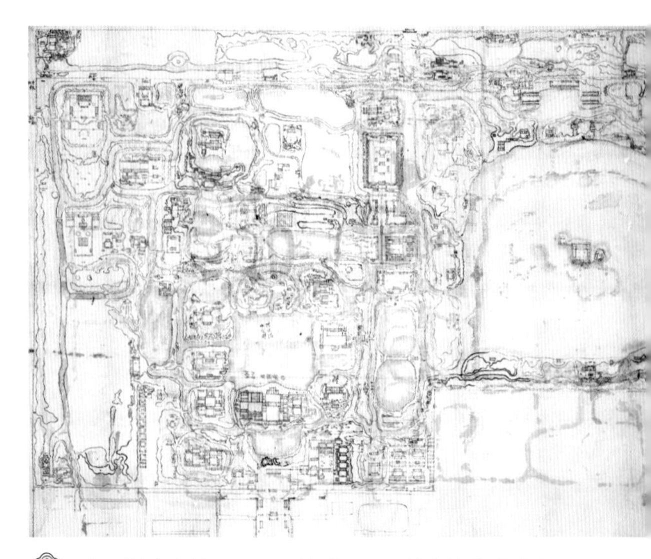

清・样式房绘・圆明园总平面图（故宫博物院藏）

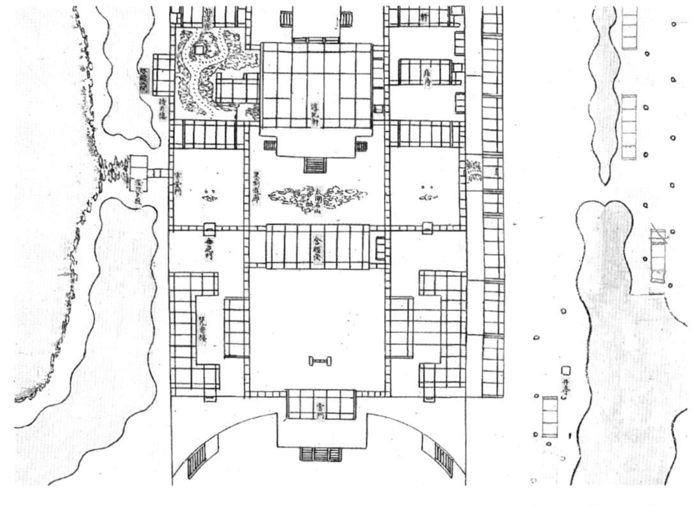

清·样式房绘·长春园含经堂总平面图局部（国家图书馆藏）

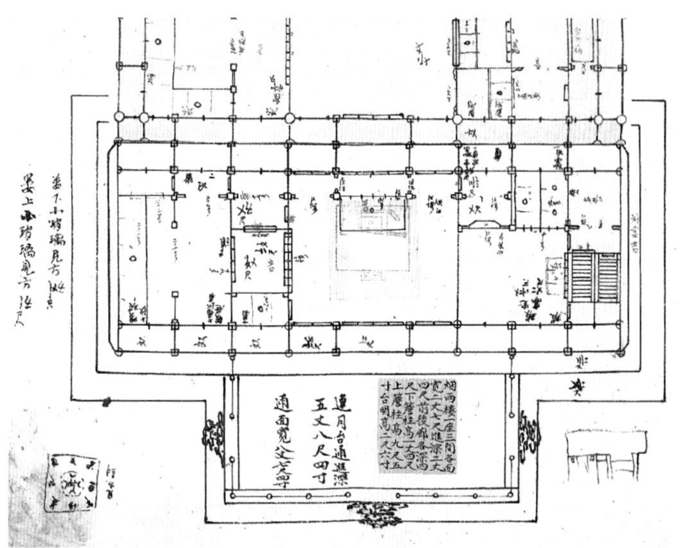

清·样式房绘·圆明园上下天光楼平面图（国家图书馆藏）

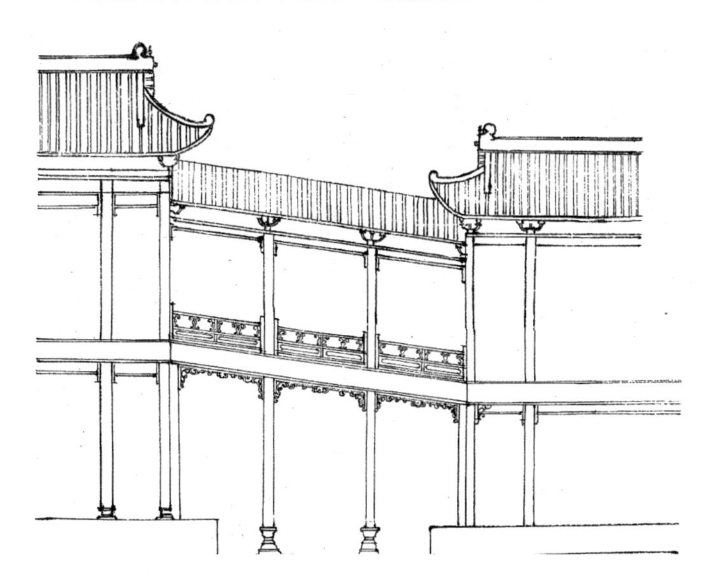

清·样式房绘·圆明园方壶胜境宫殿立面图（国家图书馆藏）

可以通过拆卸模型的不同部分来展示出园林由内而外的各方面信息——这种设计步骤在今天看来仍然不过时。

在今天留存的烫样中，既有圆明园廓然大公这种完整的园林，也有颐和园的德和园大戏楼、圆明园勤政殿这种单体建筑，虽然其中有很多都是在同治重修圆明园时制作的，而且并没有机会变为现实，但这些文物成为了今天人们尤其是设计师们的物质和精神财富。

有大量的工程档案表明，清代帝王们对于园林设计从整体到细微各个方面的控制欲很强，尤其是雍正和乾隆二帝。整体上的主题意境、建筑格局，建筑内部具体到如何装修、如何安放家具等，细节上甚至包含匾额的色彩、质地。

郎中海望传旨："圆明园西峰秀色高水瀑布处安的水法七分，下身水筒系协打料红铜成造，但水瀑布处水势浩大，不知力量，红铜水筒软薄，不时长坏，另改换做铸料铜水筒七分。再，水法上墩铁、销子、护眼、戳铁、压杆、箍等件俱已磨细，亦换做七分。记此。"（雍正七年内务府杂活作档案，1729年）

太监胡世杰传旨："圆明园、万寿山、静明园、静宜园等处，新换安宝座椅子有绣褥无锦套之处，俱配锦套。钦此。"（乾隆二十六年内务府档案，1761年）

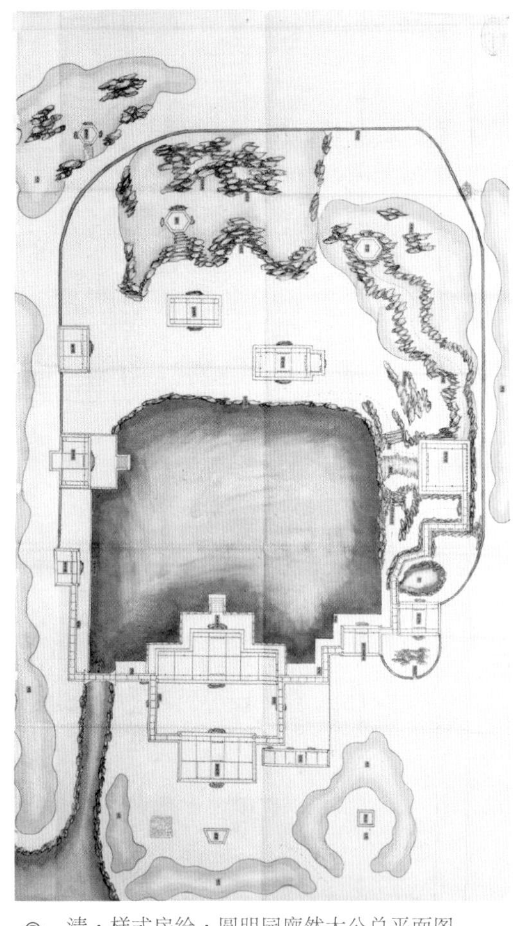

清·样式房绘·圆明园廓然大公总平面图（故宫博物院藏）

清·样式房制作·廓然大公烫样（故宫博物院藏）

这些细致入微的工作均由各种皇家工匠进行实施。根据《圆明园内工则例》，庞大的建设工程被划分为大木作、装修作、石作、瓦作、搭材作、土作、油作、画作、裱作、内里装修作、漆作、佛作和陈设作这13个工种，可见为了有效地对施工工序进行把控，古人将其划分得非常细致，而且每一种“作”都由不同工种的工人根据实际需求来配合完成。

在工程费用上，清朝对每种建材的成本和每种工匠的工钱都有着严格的规定，园林中使用到的木材、砖瓦、石材、苗木和室内装修中使用的各个种类的建材都明码标价，同时为了避免偷工减料并且提高施工效率，每种建材加工所需要的工期也被明确规定——这就意味着工人必须在规定的时间内完成相应的工作量。而木工、瓦工、堆叠假山的山子匠、用绸布扎花饰的彩子匠、没有特定技术的壮夫等工种每工的工钱也被确定，如山子匠每工银1钱4分，彩子匠每工银1钱8分，夯夫每名银9分，各项壮夫每名银8分 等等。也就是说，一旦园林、建筑或室内装修的设计方案确定，那么建成它所需要的时间、人工、材料的数量和所需金额都将可以被详细地估算出来。

圆明园中房屋建造的几种木料规定

木种料类	尺寸	所需工时
檐柱	长1丈2尺5寸至1丈5寸，径1尺至1尺1寸	木匠1.5工
金柱	长1丈5尺至1丈2尺，径1尺2寸至1尺	木匠2工
六、七八架梁	长2丈至1丈8尺，宽1尺5~6寸，厚1尺2~3寸	木匠5工
踩步金	长1丈8尺至1丈6尺，宽1尺5~6寸，厚1尺1~2寸	木匠6工

圆明园中房屋装修的几种材料规定

构件名称	尺寸	所需材料	所需工时
楠柏木隔扇、碧纱橱大扇	高1丈至9尺6寸，宽2尺3寸至1尺6寸	2块长1丈5寸，宽6寸，厚2寸的楠柏木	木匠2工，水磨烫蜡匠2工
紫檀木凹面玲珑夔龙牙子			每块面木匠0.5工，雕匠4工，水磨烫蜡匠1.5工
戏台上松木琴头栏杆柱子	–	–	每4根木匠1工
象牙凹面玲珑夔龙式书格牙子			每块雕牙匠2.5工，粗牙匠7分5，厘水磨茜色匠7分5厘

圆明园中几种苗木规格及价格

苗木种类	价格（两）	苗木种类	价格（两）	苗木种类	价格（两）
马尾松	1.6	白丁香	0.28	文官果	0.25
一号柏树	0.8	红丁香	0.35	大山杏	0.14
大红果树	0.7	棣棠	0.22	柿子	0.75
栗子	1	桑树	0.17	白碧桃	0.7
梧桐	1	秋树	0.5	红樱桃	0.7
垂柳	0.35	藤花	0.35	黄刺梅	0.2

新的园林建成后，不同类型的工程如房屋、苗木、围墙等都有相应的“保固年限”，一旦在年限内出现工程质量问题，负责该项工程的官员和工匠不仅要被罚俸，而且还要自掏腰包进行维修。乾隆三十五年（1770年），圆明园的大墙出现了坍塌的情况，乾隆帝对此事的处罚决定“所有承办官员除赔修外，仍交内务府大臣议处，嗣后各项工程遇有坍塌在3年以内者，均照此例办理；其在3年以外5年以内者，只令赔修，毋庸议处，钦此”；另一个例子是因为植物的养护不到位而遭到了处罚，在乾隆四十三年（1778年）的谷雨前夕，乾隆帝命人在熙春园和绮春园内栽植了1400多斤藕秧，但到了七月荷花仍未冒出，相应的官员被罚俸6个月，可见皇家工程管理制度的严格。

园林和建筑正常的保养被称为“岁修”，内务府常常会拨出大笔资金用于维修各处的殿宇，采用报销制，每一座园林具体到景点和建筑的名称、数量、维修内容都会被详细记录在案向皇帝呈览。如和珅在乾隆四十六年（1781年）的一次岁修中上奏乾隆帝：“经奴才等估奏，黏修圆明园、长春园、熙春园、绮春园内殿宇、楼室、亭座、房间、桥梁，并外围花洞、诸旗房、证租铺面等房，统计估需工料银13228两5钱8分4厘外，领用官厂木植核值银5928两5钱6分”（嘉庆十五年，1810年）。绮春园宫门、勤政殿、烟雨楼等5处景点及圆明园中舍卫城等4处景点的扩建工程共实际开销333905两5钱8分3厘，具体施工内容包括了房屋173间，游廊206间，亭子6座，牌楼2座等建筑，墙垣、甬路、驳岸、码头等各种室外工程，佛像、油画、裱糊等室内装修，以及维修196艘大小船只等，可谓工程量十分浩大。

园林建成之后，并非一直保持相同的面貌，不同的帝王、或者是同一位皇帝在不同的时期都会多多少少地对园林景点和室内装修进行改造；当然，这直接取决于帝王本人的审美和心思。在三山五园的皇家园林中，改建频率最高的当属圆明园，而且有的景点还会经过很多次的大小改建。

因此，若将《圆明园四十景图》中的格局与实际中的圆明园遗址相比，可以发现其中不少景点的格局无法对应，代表性的如九州清晏、杏花春馆、上下天光、濂溪乐处等。另外在清漪园中，如位于万寿山东麓的惠山园在嘉庆年间被改建为谐趣园，在光绪时期再次被改建才成为了现在的格局。有些景点在改造之后，常因为建筑体量或布局的不符合原始的意境而常被学者所诟病。

但总体来讲，在道光和咸丰时期，皇帝似乎更加偏爱室内大空间的建筑，不惜采用“勾连搭”的形式将几座建筑拼成一个大房子，如九州清晏的皇帝寝宫慎德堂、福海东岸的观澜堂和谐趣园中的正殿涵远堂等等。另外，在改建时也会遇到比较特殊的情况，道光十八年（1738年）出现了由太监迷信而引发的一场风波：当时道光帝正在筹划改建圆明园中的同乐园大戏楼，拟定方案将3层改建为2层，并且绘制了图样。这时一位名叫郭耀、祖籍台湾的老太监在土中刨到了一个手形山药，想呈上这一“祥瑞宝物”。读过《易经》的他在陈述中说道，改建戏台有碍风水，恳求上奏。这样的妄言当然会遭到严厉的处罚，本来也不会有人会把他的话当回事。可奇怪的是，从样式房图档中可以发现，皇帝的旨意似乎因为某种原因而发生了改变，他决定不再降低楼层、仍然维持3层大戏楼的原状（参见第三章“节日庆典”中的“同乐园清音阁立样”）。我们无从而知道光帝本人否是受到了这一事件的影响，但在当时国运衰败的社会背景下，封建帝王在改建时的决定确实很可能会受到玄学的影响，同样的例子也发生在圆明园出入贤良门外石拱桥的改建。

三山五园中的几种工程保固年限表

维修内容	保固年限	维修内容	保固年限
房屋拆盖	10年	油画满錾地仗	10年
房屋揭瓦头停挑犁拨正	6年	油画找补地仗	6年
房屋夹垄黏修	3年	油画不动地仗	3年
墙垣连灰土刨砌	10年	大料石泊岸、连地脚拆修	10年
墙垣不灰动土	6年	大料石泊岸拆换石料、不动地脚	6年
墙垣粘补找砌	3年	大料石泊岸黏修	3年
牌楼、牌坊、木桥拆换大木	10年	山石泊岸连地脚拆修	10年
牌楼、牌坊、木桥仅挑换木料	6年	山石泊岸拆修山石、不动地脚	6年
牌楼、牌坊、木桥仅黏修	3年	山石泊岸勾抿油灰	3年

图解一座亭子是如何建成的 专题十

“亭者，停也。”作为皇家园林中结构最简单的建筑类型之一，亭子常被用来供游者停留、休息和观景。不要小看了亭子，您知道它是经过哪些步骤才建成的吗？以及它都有哪些丰富多样的造形吗？这套绘画现藏于法国国家图书馆，由18世纪来华的法国传教士就绘制并寄往欧洲，可谓是中西方文化交流的见证。作为三山五园建设的亲历者，他们通过用心观察，记录下了当时工匠们建造亭子的10个步骤，本书在此摘录其中6个重要步骤呈现给您。

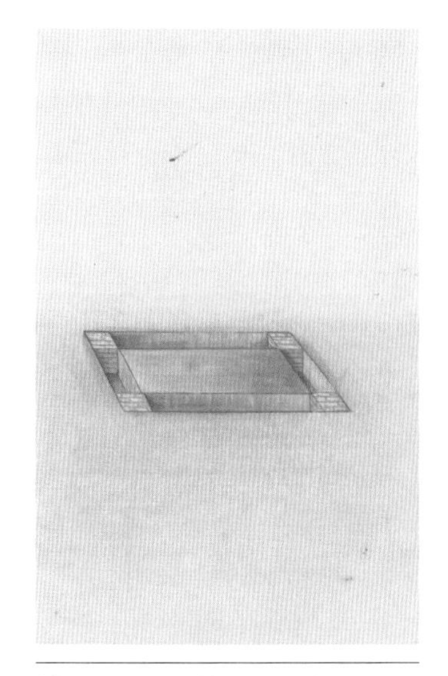

❶开挖并夯实基础，砌筑磉墩。

❷包砌台明、台阶及柱础。

❸立柱搭梁，搭接木构架。

❹于檩上钉置椽子和望板。

❺铺设瓦面并安装屋脊、宝顶等砖瓦构件。

❻安装雀替、坐凳等木构件，绘制彩绘。一座单檐四方亭完工，而这是三山五园中再普通不过的一种亭子造形了。

下面的四座亭子是一些带有丰富变化的案例，亭子1与前面的亭子同样属于单檐四方亭，但它采用了云步踏跺，屋顶采用自然的页岩作为瓦片，同时亭子上并没有绘制复杂的彩画，以绿色、红色为主，它因此而显得非常朴素。

亭子2的特色主要体现在屋顶形式上，它采用了重檐六角的形式，整座亭子同样以古朴的绿色为主体颜色。颐和园长廊上的亭子与之造型类似。

亭子3并不在园林中常见，而是用于节庆活动中，在康熙和乾隆时万寿庆典节时，类似的临时房屋会被大量地临街布置。这种亭子的基础采用了带栏杆的汉白玉须弥座的高规格形式，屋顶采用不太常用的蓝色鱼鳞瓦，屋脊和宝顶均采用了类似于镀金的做法，因此它在色彩上比较华丽，同时还附加有大量的装饰物。

亭子4实际上是一种亭子造形的紫藤廊架，与圆明园西洋楼的五竹亭类似，其主体结构用竹子搭接而成，显得风格迥异。

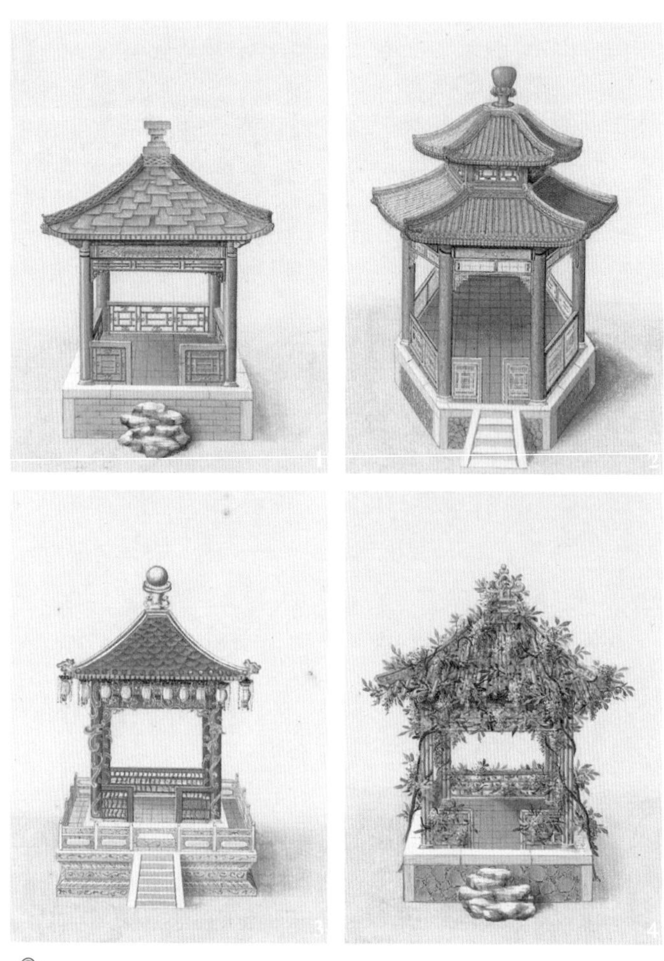

清·传教士绘·《中国建筑彩绘笔记》中的亭子

结语

自然赋予了三山五园绝佳的地理条件和风景资源，劳动人民在此基础上顺应自然并接力式地开发建设，文人墨客络绎不绝地为之吟咏赋诗，使它拥有了自然和人文的双重美。明清以来，三山五园的建设将这种美逐渐推向高潮，清中期达到了史无前例的巅峰，它不仅成为了北京城之外的帝国政治中心，更以其庞大的占地规模、完备的功能布局、高超的艺术成就和深厚的文化内涵，在中国乃至世界历史上占据了举足轻重的地位。

纵观三山五园的建造史，我们发现在很多情况下造园或造景并非第一目的，如清漪园、静明园和泉宗庙等，而是在水利和农业开发的基础上对自然环境进行艺术化的改造和美化，通过科学选址、筑山理水、布置殿宇、配植花木、植入文化等一系列手段，完成整个体系的构建。并且随着这套流程的手段愈发成熟，中式园林审美甚至影响了其他国家的景观设计。因此，三山五园可以毫不夸张地被称作古代中国人居环境建设的典范。

再看清朝皇室的园居生活，应该说他们一方面深深地浸染在汉文化之中；另一方面又将民族的特色融入到了三山五园的场所建设。帝王们为景点钦定了具有深厚儒、释、道内涵的名称，他们平日在园林中开展了丰富多样的活动并创作了大量的诗词歌赋，他们还深入地参与到园林创作的过程之中……这种生活方式相对于整日被禁锢在紫禁城中简直无法抗拒，难道这不正是几千年来文人心中的理想生活吗？虽然它在封建时代只为少数上层社会的人群所拥有，但它潜藏的文化艺术，特别是它对于宜居环境的营建理念和精神追求值得被全人类所共享。

我们还不能忘记为此付出劳动的各行工匠和管理人员。没有完善甚至严苛的管理制度，没有他们的匠心和精湛的技艺，没有他们精心的打理和修缮，三山五园这个庞大的体系不可能保持较高的艺术水准，并顺畅地运行了近两个世纪的时间。当然，这也离不开雄厚的财力支持。封建时代的皇室借助自身的权力优势，从皇家农庄的农副产品生产以及全国范围内的皇室资本运作，源源不断地为整个地区的园林营建及维护提供资金，以至于统计出它究竟花了多少钱是一件不可能的事情。但追根溯源，这份财富是由劳动人民创造的，它也理所应当地被今天的所有人拥有。

然而，三山五园没能够在历史中完整地保留至今，它的生态环境也发生了剧变，甚至连它名字的含义都鲜为人知。我们只有牢记1860年惨痛的历史教训，反思在生态环境和遗产保护上遭受的损失，并且尝试唤醒广大公众的历史记忆和文化认同感，才是对这份物质和精神财富最好的尊重；幸运的是，最新一版《北京城市总体规划（2016—2035年）》已经提出了整体保护三山五园地区的理念以及一系列举措。了解园林历史的意义在于，先辈们为了实现人与自然的和谐共生、满足物质与精神生活上的需求，付出过数不清的艰辛探索；借鉴他们在几千年来积累的经验，今天的人们才能够保留有本民族的品格与特性。

也正是出于这样的目的，本书的作者——一个不起眼的学生团队虽然力量单薄，但没有畏惧历史研究的重重挑战、没有因为枯燥乏味和别人的不解而失去动力，从浩如烟海般的史料中寻找历史的踪迹，不断开展园林史和宫廷史的复原研究，从一个微小的局部逐步向庞大的整个地区扩展，已经初步勾勒出了它在遭受破坏前的面貌。同时，为了让社会上的更多人了解和关注三山五园，将学术成果转化为公众科普的内容，并借助一些广受欢迎的宣传手段，开展多场线上和线下的文化活动，受众群体从中小学生到大学生，再到不同职业、不同年龄的广大人群，取得了一定的社会影响力。

研究没有止境，科普亦没有止境。三山五园从九百多年前的金朝走来，也正在向遥远的未来走去。我们希望这里的风景、文化和艺术能够被永远保留在记忆中，我们希望它能成为传承和发扬中华优秀历史文化和生态文明的典范地区，我们希望它的生态效益能够延续到久远的未来……实现这些目标，需要我们共同的努力。

附录1
三山五园地区文物保护单位概况（不完全统计）

世界级、国家级文保单位

文保单位	级别	简介	开放情况
颐和园	世界文化遗产 全国重点	原名清漪园，始建于乾隆十五年（1750年）。1860年的第二次鸦片战争中，清漪园被英法联军烧毁；1886年，清政府挪用海军军费等款项重修，并于两年后改名颐和园，作为慈禧太后晚年的颐养之地	开放
静明园（玉泉山）	全国重点	位于北京市海淀区玉泉山小东门外，颐和园昆明湖西。占地75公顷，其中水面13公顷，为“三山五园”之一。始建于清康熙年间，乾隆年间大规模扩建。1949年后为国家机关使用	不开放
圆明园遗址	全国重点	始建于康熙四十六年（1707年），由圆明、长春、绮春三园组成。是清朝帝王在150余年间创建和经营的一座大型皇家宫苑，被誉为“一切造园艺术的典范”和“万园之园”。咸丰十年（1860年）惨遭英法联军洗劫并付之一炬	开放
十方普觉寺（卧佛寺）	全国重点	位于海淀香山寿安山南麓，始建于唐贞观年间，初称兜率寺。由于寺内供奉有一尊元代铸造的铜卧佛，故俗称卧佛寺。清雍正年间怡亲王允祥施资对卧佛寺进行修葺，后改名十方普觉寺	开放
碧云寺	全国重点	位于海淀区香山公园北侧，是一座依山势而建的园林式寺庙。碧云寺创建于宁宗至顺二年（1331年），几经扩建，在乾隆时期形成基本格局。1929年碧云寺内设立了“孙中山纪念堂”和“孙中山先生衣冠冢”	开放
大正觉寺（五塔寺）	全国重点	位于海淀区五塔寺村长河北岸。始建于明代永乐年间，至成化九年（1473年）创建金刚宝座，清末遭大火，仅存金刚宝座塔，其形制是在一高台上建有五座小型石塔，故真觉寺又俗称五塔寺。金刚宝座是中国古建筑吸收外来文化的成功范例，具有较高艺术价值和历史价值	开放
万寿寺	全国重点	京西著名皇家大寺，建于明万历五年（1577年），次年落成。历经清康熙、雍正、乾隆、光绪四帝改扩建成现有规模，是集行宫、寺院、园林为一体的皇家禁苑	开放
健锐营（团城）演武厅	全国重点	始建于清乾隆十四年（1749年），原为清代帝王操练和检阅健锐营云梯部队之所。辛亥革命后，由于清帝逊位，战乱频仍，演武厅也被荒废于一隅。1988年移交北京市文物局，成立北京市团城演武厅管理处进行管理	开放
高梁桥及广源闸	世界文化遗产 全国重点	通惠河上众多水闸之一，1289年为元代科学家郭守敬主持修建，号称京杭运河第一闸。位于海淀区紫竹院附近。元代时广源闸分为上闸和下闸两部分，上闸就是今天的广源闸，下闸叫白石闸（已消失）。清代作为皇家码头供龙船停靠	开放
景泰陵	全国重点	明朝第七位皇帝朱祁钰的陵墓。朱祁钰明正统十四年（1449年）即位，1457年被明英宗朱祁镇夺回皇位，死后以亲王之礼入葬，后明宪宗追认朱祁钰为“景皇帝”，并对原陵墓进行修扩	不开放
原燕京大学未名湖区	全国重点	未名湖区为清乾隆宠臣和珅淑春园遗址的中心部分。1860年英法联军火烧圆明的同时被毁。1920年，燕京大学校长司徒雷登将其买下，在此选址建校。未名湖燕园建筑群以未名湖为中心，是中国近代建筑中传统形式与现代功能相结合的一项重要创作，具有很高的环境艺术价值	开放
清华大学早期建筑	全国重点	位于清华大学校园北部。此地建校前为清康熙时创建的熙春园。咸丰时改熙春园为清华园和近春园。1909年8月，清政府将清华园拨给游美学务处，作为游美肄业馆馆址。1910年11月改名为清华学堂，即后来的清华大学前身	开放
双清别墅	全国重点	位于香山公园香山寺以南，是一座依山而建的庭院，是教育家熊希龄于民国七年（1918年）前后所建。相传这里为金章宗“梦感泉”旧址。1949年，中共中央曾在静宜园办公，此间，中共中央、毛泽东指挥了渡江战役，筹备了中华人民共和国的成立	开放

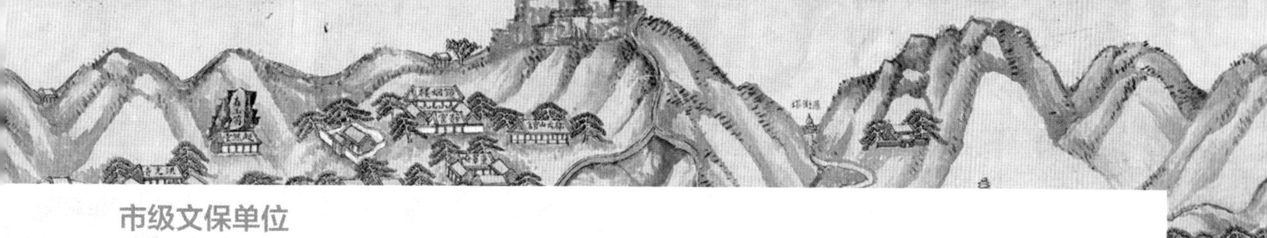

市级文保单位

文保单位	级别	简介	开放情况
静宜园（香山）	市级	位于北京西北郊西山东麓香山上。据记载，辽代中丞阿勒弥舍宅兴建佛寺。唐代始建香山寺，后大定二十六年（1186年）重修为香山大永安寺。清乾隆十年（1745年）扩建并赐名“静宜园”。燕京八景之一的“西山晴雪”即在园内。山上遍植黄栌，秋季满山红叶，为京郊胜景	开放
达园	市级	位于北京市海淀区福缘门地区，原是北洋军阀王怀庆的私家花园，故俗称王怀庆花园，是京郊私家园林中保存最为完整的一座。达园始建于民国初年，是王怀庆在圆明园废墟的前湖区兴建的别墅	不开放
“三·一八”烈士纪念碑	市级	位于圆明园遗址西南角九州清晏遗址上。1926年3月18日，为反对日本帝国主义武装干涉中国内政，李大钊等同志带领爱国学生，工人和各界人士在天安门和段祺瑞执政府门前集会游行，遭到反动军阀武装镇压。1929年，北平市政府将死难烈士安葬在此，并立此纪念碑	开放
宝相寺旭华之阁及松堂	市级	位于海淀区香山南路南河滩万安山东麓。旭华之阁原为中锋庵遗址。清乾隆二十七年（1762年），高宗弘历自五台山归京后下诏仿山西五台山殊像寺的布局和建筑建立寺院，并取名“宝相寺”。旭华之阁是宝相寺的主体建筑，是北京地区仅存的几座无梁殿之一	不开放
乐善园建筑遗存	市级	为清代京郊御园之一，位于现在的北京动物园一带。建于康熙年间，乾隆年间重建，光绪三十二年（1906年），办农事试验场，先遗存光绪年间的畅观楼	开放
白家大院（乐家花园）	市级	原为清代礼亲王的郊园，俗称大观园，为清太祖次子礼亲王代善的后代所建，是京西海淀地区最早建成的一座园囿。民国初年转卖给北京著名药店同仁堂乐家，因此后人称其为乐家花园	开放
黑龙潭及龙王庙	市级	龙王庙又名神龙祠，兴建于明成化二十二年（1468年），万历十四年（1586年）重修，清康熙二十年（1681年）重建，乾隆三年（1738年）封龙神为昭灵沛泽龙王之神，是明清两代帝王祈雨之地	不开放
广仁宫（西顶）	市级	建于明万历年间，原名“护国洪慈宫”。清康熙五十一年（1712年）改称“西顶碧霞元君庙”，又称“广仁宫”，是北京著名的“五顶”之一。该庙坐北朝南，建筑有山门、前殿，藏经楼等。建筑格局保存完整，是北京“五顶”中保存最好的建筑	开放
梁启超墓	市级	该墓坐北朝南，占地约0.88公顷，由梁启超之子、我国著名建筑专家梁思成设计。墓主体为黄色花岗岩结构，墓前有八角形石筑方亭一座，汉白玉石碑两通，现保存完好，现位于北京植物园内	开放
李大钊烈士陵园	市级	1927年4月28日，李大钊同志被奉系军阀张作霖杀害。1933年，中共河北省委发动北平市民于4月23日公葬李大钊烈士于万安公墓。1982年，中共中央决定在万安公墓内建李大钊烈士陵园。1983年3月18日，将烈士及其夫人的灵柩移葬于园内。同年10月29日，中共中央主持举行了陵园落成典礼	不开放
承泽园	市级	承泽园位于北京市海淀区燕园街道挂甲屯村，为清代皇家赐园，可能始建于康熙年间。承泽园幸免于1860和1900年的两次劫难。1912年清帝逊位后为收藏家张伯驹所有。1953年被北京大学购得，1998年廖宗明先生捐资修建，现为北京大学科学与社会研究中心教学科研办公场所	不开放
广济桥	市级	广济桥俗称清河大桥，建于明永乐十四年（1416年），是当时由都城通往西北边关和明帝陵的必经之桥，是北京现存明代石桥中建筑年代较早、保存较完整的一座，1982年迁建于小月河保护	开放

文保单位	级别	简介	开放情况
恩佑寺山门	市级	建于清雍正元年（1723年），此处原为畅春园清溪书屋，康熙皇帝晚年常在此寝宴，并逝于此。雍正皇帝“为圣祖仁皇帝荐福”，建恩佑寺于畅春园之东垣，并将书屋局部改成恩佑寺	开放
恩慕寺山门	市级	位于北京大学西门外，建于清乾隆四十二年（1777年）。乾隆时，皇太后曾长期居于畅春园，太后病逝后，乾隆皇帝“昭承家法”以寄托哀思。原恩慕寺形制仿恩佑寺，山门额为乾隆御笔	开放

区级军事类文保单位

文保单位	级别	简介	开放情况
镶红旗碉楼	区级	位于香山街道红旗村3号院。清中叶，乾隆皇帝为平定大小金川，在香山一带的八旗营房附近修建碉楼，用于军事训练	不开放
香山八旗高等小学	区级	原称香山健锐营八旗高等小学，建于清乾隆十五年（1750年），为健锐营子弟教授满语及骑射等技艺的官学。清光绪二十七年（1901年）为健锐营两翼知方学社。戊戌变法后，1902年官学改并为中、小学，在此建立了八旗高等小学延续至今，现为香山小学	不开放
正蓝旗碉楼	区级	建于清代乾隆年间。用于训练健锐营云梯攻占而设。清中叶，乾隆皇帝为平定大小金川，在香山一带的八旗营房附近修建碉楼，用于军事训练	不开放
镶白旗碉楼	区级	位于北京市植物园内。清中叶，乾隆皇帝为平定大小金川，在香山一带的八旗营房附近修建碉楼，用于军事训练	开放

区级园林宅院类文保单位

文保单位	级别	简介	开放情况
紫竹院行宫	区级	原为明代万寿寺下院，于乾隆年间建成行宫。乾隆皇帝位孝敬其母后钮钴禄氏，在庙中供奉观音大士像一尊，赐名“紫竹禅院”，并在西侧修建一座行宫，作为他陪同母后去万寿寺和游逛苏州街的驻跸之所	开放
湖山罨画坊	区级	位于玉泉山静明园小东门外，东临界湖楼，西邻玉泉山河道管理所。其上匾联均出自乾隆御笔	开放
蔚秀园古建群	区级	位于北京大学西门外，始建于康熙四十六年（1707年），最早是清圣祖皇子的赐园彩霞园，是三山五园的重要组成部分。雍正年间赐予和亲王弘昼，称和王园，咸丰八年（1858年）转赐醇亲王奕譞，赐名蔚秀园	开放
金河堤诗碑	区级	位于颐和园南墙外长河西岸边。乾隆二十年（1755年）五月立。金河自玉泉山高水闸流出，经颐和园西墙，至该碑北侧汇入长河，它是元代金水河的孑遗。金河堤诗碑是研究北京水利史及京西水利史的重要实物资料	开放
昇平署	区级	是清代掌管宫廷奏乐、演戏事务的机构，作为宫廷梨园子弟和太监的住所及存放演出的服装用具，位于颐和园东宫门外牌楼北侧。1950年由中央党校接收并管理至今	不开放
大高玄殿牌坊	区级	位于海淀区青龙桥街道大有庄100号。原建筑位于景山前街，是大高玄殿前品字形排列的四柱九楼式牌楼之一，始建于明嘉靖二十一年（1542年），二十世纪五十年代原址拆除，六十年代重建于现址	不开放
吴家花园	区级	吴家花园位于海淀区青龙桥街道挂甲屯村，原是承泽园西部的一部分。民国时期，此园出售给浙江人吴鼎昌（字达诠），故称“吴家花园”。1959年至1965年期间，彭德怀元帅一直居住在这里	不开放

（续）

文保单位	级别	简介	开放情况
东公所	区级	位于海淀区青龙桥街道大有庄坡上村12号。据传清代此处曾住过一位专给慈禧梳头的王姓太监，后园子被朝廷收回充公，赐予嘉庆帝第五子惠亲王绵愉之孙载润，又称润贝勒园、寄云别墅	不开放
佰王园	区级	建于清代，原为僧格林沁花园的一部分，现为八一学校小学部使用	不开放
治贝子园	区级	位于北京大学逸夫一楼南侧。初为清宗室贝子载治的宅园别业，俗称“治贝子园”，又叫“苏大人园”。光绪中叶，载治之子溥侗继有其地。现为北京大学中国哲学暨文化研究所办公院落	开放
海淀镇彩和坊24号院	区级	位于彩和坊南端，传为清朝著名太监李莲英在海淀镇修建的三处宅院之一，始建于清光绪中叶，占地约2100平方米	不开放
六郎庄茶棚	区级	位于万柳地区六郎庄村西北，原被称为娘娘庙，是旧时人们去妙峰山敬香的歇脚之处，故村民都称其为茶棚	不开放
六郎庄田世光故居	区级	原为清末一官员居所，后转卖至田家手中。田世光（1916—1999年），号公炜，祖籍山东乐陵，擅长花鸟画，是中国当代著名画家，师承张大千、赵梦朱、吴镜汀、于非闇、齐白石诸先生，是新国画研究会创办人之一	不开放
门头新村甲8号四合院	区级	位于海淀区四季青镇门头新村甲8 号，该院落解放前为一地主家宅院，解放后先是归部队使用，后来第四十五中学将这里用作教室，文革后归四季青乡政府，乡政府将二进院落（西院）出租给香山助剂厂。现该处土地已经归永泰开发公司	不开放
蒋家胡同四合院	区级	蒋家胡同四合院位于北京大学。建于清光绪年间，原是天利木厂安联魁修建的宅院。光绪年间慈禧太后兴建颐和园，天利木厂承包佛香阁等多项工程，将部分木料、砖瓦等运出，建造了蒋家胡同四合院。该院几经易手最后转卖给燕京大学。著名学者顾颉刚先生曾在此编纂《禹贡》杂志。2001年由北京大学修缮并部分复建	不开放
香山慈幼院	区级	位于香山公园内。民国六年（1917），顺天府及直隶地区发大水，受灾民众数以百万计。民国时期政治家、慈善家熊希龄督办救灾善后事宜，收养遗弃儿童四百余人。慈幼局初在西安门内府右街培根女学旧址处，后由总统徐世昌与清室内务府协商，将三山五园之一的静宜园房产拨出以建慈幼院	不开放
永山宅院	区级	永山宅院位于曙光街道老营房路。解放后，永山宅院改为蓝靛厂小学。永山宅院经多年使用及改造，院落格局无存，现仅存东西两院十一座建筑。2012年，原蓝靛厂小学腾退后，由海淀区文化委员会对永山宅院进行修缮	不开放
大有庄小学四合院	区级	据说晚清设此地为慈禧太后管理钱粮，后归一大户。解放前为学校，解放后曾为大有庄小学。现存建筑为坐北朝南的二进四合院	不开放

区级寺庙类文保单位

文保单位	级别	简介	开放情况
西禅寺	区级	位于四季青镇小屯村东，明正德八年（1513年）建，原名褒贤寺，为正德太监秦安的祠堂。秦安时任锦衣卫带俸指挥同知，在小屯村购地建祠，敕名褒贤寺，后称西禅寺	开放
妙云寺	区级	建于乾隆年间，建成后赐给了山东巡抚贵泰，至清末，贵泰的后人将家庙卖给了驻藏大臣张家作为别墅使用，取名“石居”，并换上“石居”石匾。1937年“七七”事变后，“石居”曾被协和医院占用，二十世纪六十年代曾为海淀修养所	开放
北坞金山寺及戏楼	区级	位于海淀四季青镇北坞村，明天顺五年（1461年）建。原名普陀寺，明、清两代多次重修，建国后为北坞小学使用，文革期间遭到严重的破坏	开放
北坞关帝庙	区级	位于海淀区四季青镇北坞村北坞公园内，建筑年代不详。整体坐北朝南，筒瓦，硬山调大脊，正殿面阔三间，建筑面积约100平方米	开放

（续）

文保单位	级别	简介	开放情况
功德寺遗址	区级	位于颐和园与玉泉山之间，原名大承天护圣寺，始建于元天历二年（1329年），为奉敕御建，是元明两代兼有行宫性质的寺庙园林。明宣德二年（1427年）重修，改名为功德寺。清乾隆三十五年（1770年）重修，并立《御制重修功德寺碑记》。2010年北京市海淀区学校后勤管理中心成立并在此办公	不开放
六郎庄真武庙	区级	位于海淀区六郎庄村。始建于清康熙年间，建造者为曹雪芹祖父曹寅。六郎庄真武庙是曹寅在监造畅春园西园时同时负责的一个工程	不开放
万寿寺龙王庙	区级	万寿寺龙王庙坐落在长河北岸，庙北为万寿寺路，庙西南30米处为广源闸桥。现存殿一间，坐北朝南，小式箍头脊硬山，门额上绘苏式彩绘	开放
鲁班庙	区级	鲁班庙位于海淀区青龙桥街道。鲁班庙是修建三山五园等皇家园林的工匠捐款修建的庙，是目前北京地区唯一的鲁班庙	不开放
火神庙	区级	火神庙位于燕园街道。建于清乾隆五十九年（1794年）。自清康熙中叶以来，北京西郊兴建畅春园等皇家园林，海淀镇也随之日渐繁荣兴盛，商号多达百余家。商铺多为木结构，常有火灾之患。为祈平安，合镇绅商集资修建火神庙，供奉火神，并“作为本镇海晏水会办公及存储救火器处所”	开放
正白旗北庙	区级	正白旗北庙位于海淀区四季青镇正白旗甲9号，是海淀区仅存的清代旗营庙宇。院内古树林立，目前为四王府小学使用	不开放
立马关帝庙	区级	建于清光绪年间，是由慈禧太后的大太监刘诚印主持。立马关帝庙因山门左侧之殿塑有一匹红色“赤兔”马得名。建成之后，大太监崔玉贵献香火地680亩，宫中年老病衰的太监栖居于此安度晚年	不开放
树村清真寺	区级	位于海淀区上地街道树村，圆明园大北门外树村中西南侧。始建于清早期，树村当时是回族聚居的商业村落	开放
隐修庵	区级	位于青龙桥街道青龙桥东街。隐修庵始建于清，1925年重修	不开放
慈恩寺	区级	位于青龙桥街道青龙桥。慈恩寺又名报国慈恩寺，始建于明万历二十一年（1593年），次年落成，民国时重修。据《日下旧闻考》记载，寺东有塔院，塔园内是慈恩寺开山第一代主持古风禅师灵塔	不开放
董四墓娘娘庙	区级	位于青龙桥街道董四墓村。始建于明代，原名天仙庙，清乾隆二十四年（1759年）重修，现存建筑建于清乾隆年间	不开放
一亩园娘娘庙	区级	位于圆明园遗址正大光明门东南侧西扇子河边，是清代皇帝亲耕的“籍田”。清代自雍正后，每年春天帝后出园来此举行亲耕之礼，后至嘉庆、道光年间，一亩园皇帝亲耕之礼渐废。光绪间，御前掌玺太监刘诚连在一亩园旁修建了他的家庙及宅园	不开放
肖家河延福庵	区级	位于海淀区马连洼街道肖家河村1号。始建于清乾隆年间，原名延福禅林地藏庵，同治九年（1870年）重修	不开放
黄庄双关帝庙	区级	黄庄双关帝庙始建于明代，康熙四十九年（1710年）补修，因庙西侧尚有一座关帝庙，格局形式相同，故称“双关帝庙”。又因古代凡关帝庙前必立旗杆一根为标志，所以又称“双旗杆老爷庙”	开放
极乐寺	区级	极乐寺位于海淀区北下关街道。明嘉靖二十八年（1549年）太监暨擢建。极乐寺坐落于高梁河边，曾垒石为岸以临清池，垂柳婆娑。寺内曾遍植牡丹，在京师名噪一时，是当时郊游的理想之所。清代曾重修极乐寺。解放后，曾作为北京第四制药厂办公室	不开放
普安塔	区级	普安塔位于海淀区香山街道四王府东北山南坡，始建于辽，塔高约9米，为七层八角八面密檐式砖塔，是海淀区现存最早的塔。目前为国务院机关事务管理局西山管理处管理	不开放

（续）

文保单位	级别	简介	开放情况
晏公祠	区级	晏公祠位于海淀区四季青镇万安山麓。始建于明正德七年（1512年），为太监晏宏所建。原名道统庙，是儒家庙宇。清康熙四年（1665年）重修	不开放
法海寺遗址	区级	法海寺遗址位于海淀区四季青镇万安山麓，与晏公祠为邻。相传法海寺原为弘教寺遗址，清顺治十七年（1660年）重建，改名法海寺。法海寺原建筑格局坐西朝东，现存山门，其他建筑仅存台基。遗址西端的山坡上有摩崖石刻两处	不开放

区级墓葬文保单位

文保单位	级别	简介	开放情况
北京市万安公墓	区级	建于1930年，1960年由北京市民政局接管。“文革”期间遭严重破坏，1983年市政府拨专款进行修葺，扩充了墓地范围	开放
瑞王坟	区级	位于海淀区四季青镇瑞王坟村北京市农科院林业果树研究所内。园寝始建于道光年间，嘉庆皇四子绵忻封瑞亲王，于道光八年（1828年）卒，其子奕志袭瑞郡王，奕志卒于道光三十年（1850年），谥号敏，葬于此	不开放
六郎庄烈士纪念碑	区级	位于海淀区六郎庄村。墓碑由原村中真武庙碑改刻而成	不开放
梅兰芳墓	区级	梅兰芳（1894—1961年），原籍江苏，为我国著名京剧大师，梅派创始人。梅兰芳墓建于1961年，坐东朝西，居高临下，气势开阔	开放
马连良墓	区级	马连良（1901—1966年），字温如，回族，北京人，中国著名京剧艺术家，京剧“四大须生”之冠，马派创始人，文革时受迫害致死	开放
刘天华墓	区级	刘天华（1895—1932年）原名寿椿，生于江阴，是我国著名的民族音乐家、演奏家。逝世于北京，年仅37岁。1935年5月，刘天华与其胞兄刘半农共葬于香山玉皇顶	开放
刘半农墓	区级	刘半农（1891—1934年）是中国新文化运动先驱、文学家、语言学家和教育家，江苏江阴人，原名寿彭，后名复，初字半侬，后改半农，晚号曲庵。青年时游学欧洲9年，专攻语言学，获博士学位，回国后任北大中文系教授	开放
熊希龄墓园	区级	熊希龄（1870—1937年）字秉三，别号明志阁主人，又号双清居士，湖南凤凰县人。他早年投入维新运动，1913年被袁世凯任命为国务总理，5个月后辞职，隐居天津。1937年逝世于香港，1992年，熊希龄的遗骨从香港迁葬于此	开放
佟麟阁墓	区级	佟麟阁（1892—1937年），原名佟凌阁，字捷三，河北省高阳县人。“七七事变”时佟麟阁将军指挥29军浴血奋战，壮烈牺牲，是我国抗战中最早捐躯疆场的高级将领	开放
齐白石墓	区级	齐白石（1863—1957年）名璜，号白石山人。湖南湘潭人，杰出的中国画家，曾任中国美术家协会主席，中国画院名誉院长，1953年被文化部授予人民艺术家光荣称号，1955年获国际和平金奖	开放
孙传芳墓	区级	孙传芳墓位于香山南路北京市植物园东北侧。孙传芳（1885—1935年），山东历城人，系北洋军阀，曾任五省联军总司令，后息影天津，皈心佛乘，民国二十四年（1935年）被女杰施剑翘开枪打死于居士林，死后葬于此	开放

附录 2
团队分工及复原说明

总策划及撰文：朱强

复原研究及绘图

<table>
<tr><th>复原类别</th><th>复原内容</th><th>参与人员</th></tr>
<tr><td rowspan="3">山水</td><td>整体格局</td><td>朱强、贾一非</td></tr>
<tr><td>六郎庄、泉宗庙一带</td><td>贾一非</td></tr>
<tr><td>西山引水石槽及旱河</td><td>王钰</td></tr>
<tr><td>城市</td><td>北京内外城</td><td>朱强</td></tr>
<tr><td rowspan="16">园林</td><td>畅春园及西花园</td><td>朱强、李东宸、郭灿灿、姜骄桐、唐予晨</td></tr>
<tr><td>圆明园</td><td>姜骄桐、林添怿</td></tr>
<tr><td>长春园</td><td rowspan="2">王怡鑫</td></tr>
<tr><td>春熙院</td></tr>
<tr><td>绮春园</td><td>贾一非、高珊</td></tr>
<tr><td>清漪园及颐和园</td><td>王怡鑫</td></tr>
<tr><td>惠山园</td><td>王钰</td></tr>
<tr><td>静明园</td><td>王钰、唐予晨</td></tr>
<tr><td>静宜园</td><td>林添怿</td></tr>
<tr><td>礼王园</td><td>唐予晨</td></tr>
<tr><td>倚虹堂及高梁桥</td><td rowspan="4">冯嘉燕</td></tr>
<tr><td>近春园及清华园</td></tr>
<tr><td>集贤院、淑春园、鸣鹤园、朗润园、镜春园</td></tr>
<tr><td>蔚秀园、承泽园、澄怀园</td></tr>
<tr><td>治贝子园、乐善园</td><td>朱强</td></tr>
<tr><td rowspan="5">寺庙</td><td>泉宗庙</td><td>朱强、冯嘉燕、贾一非</td></tr>
<tr><td>圣化寺</td><td>贾一非</td></tr>
<tr><td>十方普觉寺</td><td>王钰</td></tr>
<tr><td>碧云寺</td><td rowspan="3">林添怿</td></tr>
<tr><td>宝谛寺、宝相寺、方昭、圆昭等</td></tr>
<tr><td rowspan="3">军营</td><td>健锐营及团城演武厅</td></tr>
<tr><td>外火器营</td><td>贾一非</td></tr>
<tr><td>圆明园护军营</td><td>朱强、唐予晨</td></tr>
<tr><td rowspan="5">村镇</td><td>静宜园周边村镇</td><td>林添怿</td></tr>
<tr><td>海淀镇</td><td>张一鸣</td></tr>
<tr><td>大有庄、青龙桥、挂甲屯</td><td>唐予晨</td></tr>
<tr><td>阜兴庄</td><td>冯嘉燕</td></tr>
<tr><td>蓝靛厂</td><td>贾一非</td></tr>
<tr><td>其他</td><td>村镇、寺庙、陵寝、道路等</td><td>朱强</td></tr>
<tr><td rowspan="5">圆明园专题</td><td>大宫门及勤政殿</td><td rowspan="5">郭佳</td></tr>
<tr><td>九州清晏的帝后寝宫布局</td></tr>
<tr><td>九州清晏慎德堂寝宫</td></tr>
<tr><td>山高水长的上元之夜及跑马道</td></tr>
<tr><td>圆明园八旗驻军布局</td></tr>
</table>

专题研究及绘图

内容	参与人员
数据说话：三山五园的那些冷知识	兰亦阳、朱强
三山五园清代皇室日历	田晓晴、朱强
《三山五园盛时图景》	朱强、秦诗妤
畅春园及西花园复原鸟瞰图	朱强、李嘉艺
《天下第一泉记》译文	郭灿灿、姜骄桐
三山五园千年发展轴	曹舒仪、高珊、林添怿、严圆格、唐予晨、彭潇
三山五园写仿景观分布图	曹舒仪
《谐趣园记》译文	张一鸣
乾隆帝山水巡游路线图	田晓晴（部分文字撰写）、高珊、周书扬
圆明园的上元十二时辰	杜依璨
三山五园的后勤梯队	
图解《御制耕织图》中的23个步骤	兰亦阳、杜依璨
图解一座亭子是如何建成的	朱强
三山五园导览地图	周书扬、唐予晨
三山五园地区文物保护单位统计	周书扬
其他配图改绘或处理	王钰、高珊、林添怿、张一鸣、周书扬、姜骄桐、杜依璨、曹舒仪、郭佳、王怡鑫

复原说明

三山五园整体布局的复原在《北京历史地图集》之《西郊园林图（咸丰十年）》的基础上，按照真实尺度及坐标逐年细化、修正并绘制而成，参考了大量的样式房图、宫廷绘画、卫星图、测绘图、老照片等不同时期的图像资料，以及《钦定日下旧闻考》《成府村志》等古代文献，《三山五园新探》《北京私家园林志》等当代论著及考古资料。本图复原的时期基本可确定为清咸丰年间，因此可反映出三山五园地区遭受英法侵略者毁坏之前的大体情况。

具体而言，三山五园地区山水布局的复原以1907年德国《北京及周围地图》（*Peking and Umgebung*）、1915年民国《实测京师四郊地图》、1972年美国地质调查局卫星图、各年份的谷歌卫星图、《北京历史地图集》等资料的识别与叠加分析为基础，主要结合清末《北京颐和园和八旗兵营图》、清样式房道光年间《圆明园来水河道全图》及同治年间《圆明园河道图》、清乾隆《都畿水利图》《京城内外河道全图》《樱桃沟至高亮桥河道全图》等古代舆图，参考侯仁之《北京城的生命印记》、岳升阳等《海淀文史：海淀古镇环境变迁》，确定了《钦定日下旧闻考》等文献中记载的各类园林、寺庙、军营、水系、农田、村镇的位置及范围。

北京内外城　以1907年德国《北京及周围地图》（*Peking Und Umgebung*）等各时期京城测绘图为参考，主要表现了皇城、城墙、城门、水系，以及主要坛庙、关厢的位置分布。城内皇家御道的分布由清帝《穿戴档》得知起于紫禁城神武门并止于西直门，故根据街巷格局及《万寿庆典图》可推测其路径为由神武门向西至西安门，由西四牌楼向北至西直门大街路口，再向西到达西直门。

畅春园及西花园　以道光年间《畅春园道光十六年三月廿九日对准样》及《圆明园来水河道全图》等样式房图、《钦定日下旧闻考》为核心参考，利用1907年、1957年、1972年及2000年等卫星图或测绘图还原出两园的四至范围及内部的山形水系及部分景点的建筑布局，详情参见《清代畅春园复原及理法探析》（《风景园林》杂志2019年2期）一文。

圆明园、长春园及绮春园 以道光咸丰年间《圆明园全图》《长春园全图准底》《绮春园道光二十八年四月二十一日改准底》、同治年间《长春园绮春园圆明园三园地盘河道全图》《圆明三园全图》等总图及多幅分景点的样式房图、《圆明园四十景图》等宫廷绘画、民国二十二年（1933年）《实测圆明长春万春园遗址形势图》为核心参考，结合谷歌卫星图、多次实地调研情况并参考郭黛姮复原平面图，还原出三园的四至范围、周边的建筑水系及内部的山形水系及全部景点的建筑布局。

清漪园及颐和园 以《万寿山清漪园地盘画样全图》《北京万寿山离宫全图》等总图及多幅分景点的样式房图、乾隆年间《崇庆皇太后万寿庆典图》及民国二十三年《颐和园全图》为核心参考，借助多幅晚清至民国年间的老照片，结合谷歌卫星图、多次实地调研情况并参考清华大学建筑学院《颐和园》、王其亨《中国古建筑测绘大系：颐和园》的复原图纸，还原出了万寿山·清漪园的山形水系、道路及全部景点的建筑布局，并绘制出了颐和园现状的平面图。

静明园 以《玉泉山影湖楼等地盘形势图》《静明园地盘画样全图》等总图及多幅分景点样式房图，《钦定日下旧闻考》《都畿水利图》《静明园十六景图屏》《燕山八景图》等宫廷绘画为核心参考，结合谷歌卫星图并借助多幅晚清至民国年间的老照片，还原出了玉泉山·静明园的四至范围、山形水系、道路及全部景点的建筑布局。

静宜园 以《静宜园全图》及多幅分景点样式房图，《静宜园全图》《静宜园二十八景图卷》等宫廷绘画为核心参考，借助多幅晚清至民国年间的老照片，结合谷歌卫星图、多次实地调研情况，还原出了香山·静宜园的山形水系、道路及全部景点的建筑布局，并绘制出了香山公园现状的平面图。

倚虹堂及高梁桥 以乾隆年间《自高梁桥至圆明园大红桥止万寿庆典地盘画样》《钦定日下旧闻考》为核心参考，借助多幅老照片，结合谷歌卫星图、多次实地调研情况，还原了河道、桥梁及建筑布局。

赐园类 礼王园根据《北京私家园林志》中的测绘图纸及实地调研情况，还原了山形水系、道路及建筑布局。近春园及清华园以同治年间《圆明三园全图》及苗日新《清华园·熙春园考》中的多幅样式房图、清华大学测绘图为核心参考，结合谷歌卫星图及多次实地调研情况，还原了两园的山形水系及全部景点的建筑布局，以及连接近春园与长春园之间的过街楼。集贤院及春熙院由于资料缺失，根据《北京历史地图集》之《清代西北郊水系分布图》还原了四至范围和水系。淑春园（十笏园）、朗润园、鸣鹤园、镜春园以道光年间《圆明园来水河道全图》、同治年间《圆明园河道图》《春和园地盘画样全图》《镜春园地盘全图》等样式房图纸、《北京私家园林志》中描摹的鸣鹤园及淑春园地盘样、1920年燕京大学测绘图、1998年岳升阳绘《鸣鹤园遗址地形示意图》及北京大学测绘图为核心参考，结合谷歌卫星图及实地调研情况，还原了各园的四至范围、山形水系及全部景点的建筑布局。承泽园和蔚秀园以《含芳园地盘画样全图》《春颐园新拟地盘画样》及《北京私家园林志》中描摹的样式房图、1957年测绘图，结合谷歌卫星图及实地调研情况，还原了各园的四至范围、山形水系及全部景点的建筑布局。治贝子园及乐善园由于资料缺失，根据民国年间测绘图仅确定了四至范围。

寺庙类 泉宗庙根据《圆明园来水河道全图》《泉宗庙地盘画样》《钦定日下旧闻考》及1907年德国《北京及周围地图》（*Peking and Umgebung*）、1972年卫星图还原了四至范围、山形水系、泉眼分布及详细建筑布局。圣化寺根据《圆明园来水河道全图》及1972年卫星图仅确定了四至范围及庙前山形水系。十方普觉寺（卧佛寺）根据样式房图、结合谷歌卫星图及实地调研情况，还原了四至范围、水系及建筑格局。碧云寺根据测绘图及实地调研情况，还原了四至范围、水系及建筑格局。宝谛寺、宝相寺、方昭、圆昭、实胜寺等根据《北京颐和园和八旗兵营图》及多幅老照片，结合谷歌卫星图并参考杨菁《北京西山藏式建筑群研究》还原了各寺庙的四至范围及大致建筑格局。广仁宫根据民国年间历史地图、1972年卫星图，结合谷歌卫星图和实地调研情况，还原了四至范围。

军营类 健锐营根据《钦定日下旧闻考》《北京颐和园和八旗兵营图》、民国四年《实测京师四郊地图》等文献确定了各旗营的分布及大致四至范围，团城演武厅根据《健锐营演武图》、实测图，结合谷歌卫星图及实地调研情况还原了建筑及校场的布局。外火器营及教场根据《北京颐和园和八旗兵营图》、民国四年《实测京师四郊地图》、1925年《中国东部：北京地图》（*Eastern China: Peking*）等历史地图，仅还原了四至范围。圆明园护军营及内务府三旗营根据同治年间《圆明园河道图》的样式房图、民国二年《清河镇》及民国四年《实测京师四郊地图》等历史地图，仅还原了四至范围及周边的农田及水系。

村镇类 海淀镇根据《北京颐和园和八旗兵营图》、1907年德国《北京及周围地图》（*Peking and Umgebung*）及《北京历史地图集》之《海淀镇测绘图》等历史地图，结合结合谷歌卫星图及实地调研情况还原了街道及部分建筑的布局。畅春园、圆明园周边的村镇根据道光年间《圆明园来水河道全图》、同治年间《圆明园河道图》《圆明三园全图》的样式房图及民国年间多幅历史地图，结合谷歌卫星图仅还原了大致范围。香山·静宜园周边的村镇根据《钦定日下旧闻考》《北京颐和园和八旗兵营图》及民国年间多幅历史地图，结合谷歌卫星图并参考赵永康《简析静宜园周边村落地理格局成因及影响》仅还原了大致范围。

其余村镇、寺庙、陵寝、道路根据《北京颐和园和八旗兵营图》、晚清及民国年间的多幅历史地图及多幅老照片，结合谷歌卫星图还原了大致区位及四至范围。

圆明园专题类 以上述圆明园的整体复原成果为基础，并根据分景的样式房图，参考郭黛姮、贺艳《圆明园的“记忆遗产”——样式房图档》绘制而成。大宫门广场以《圆明园宫门地盘样》《圆明园大宫门至出入贤良二宫门周边地盘画样》为依据；勤政殿以《勤政殿地盘画样》《勤政亲贤地盘样》为依据，对贾珺《圆明园造园艺术探微》中的图纸进行改绘；九州清晏的帝后寝宫布局以《九州清晏全样》《天地一家春地盘画样》《天地一家春地盘画样准底》为依据；九州清晏慎德堂寝宫以《九州清晏全样》《慎德堂（平样）》《慎德堂内檐装修全样准底》为依据，对《圆明园造园艺术探微》中的图纸进行改绘；山高水长的上元之夜以《山高水长元宵火戏地盘样》为依据，对《圆明园造园艺术探微》中的图纸进行改绘；山高水长的跑马道以《山高水长以西添盖枪排房地盘样》《山高水长马道（地势合溜图）》为依据；圆明园八旗驻军布局以《圆明园（周围大墙丈尺地盘全样）》为依据进行绘制。

附录3 参考文献

旧籍史料

刘侗，于弈正．帝京景物略[M]．卷5．北京：北京古籍出版社，1983．
谈迁．北游录[M]．北京：中华书局，1997．
吴元长．宸垣识略[M]．北京：北京古籍出版社，1982．
总管内务府．总管内务府现行则例[M]．续纂现行则例畅春园卷．中国国家图书馆藏．
于敏中，等．日下旧闻考[M]．北京：北京古籍出版社，1981．
金勋．成府村志．民国二十九年．1940年稿本．
故宫博物院．万寿诗・清圣祖御制诗文[M]．海南：海南出版社，2000．
故宫博物院．清世宗御制文[M]．海南：海南出版社，2000．
故宫博物院．清高宗御制诗[M]．海南：海南出版社，2000．
故宫博物院．清仁宗御制诗[M]．海南：海南出版社，2000．
故宫博物院．钦定总管内务府现行则例二种[M]．海南：海南出版社，2000．
中国第一历史档案馆．康熙朝满文朱批奏折全译[M]．北京：中国社会科学出版社，1996．
中国第一历史档案馆．圆明园[M]．上海：上海古籍出版社，1991．
中华书局．清实录・高宗纯皇帝实录[M]．北京：中华书局，1986．
北京市颐和园管理处．清代皇帝咏万寿山清漪园风景诗[M]．北京：中国旅游出版社，2010．
香山公园管理处．乾隆皇帝咏香山静宜园御制诗[M]．北京：中国工人出版社，2008．
王珍明，张宝章，易海云．海淀文史・乾隆三山诗选[M]．北京开明出版社，2006．
吴蔚．嘉庆圆明园静宜园诗[M]．北京：中国电影出版社，2017．
何瑜．清代三山五园史事编年，顺治—乾隆[M]．北京：中国大百科全书出版社，2014．
何瑜．清代三山五园史事编年，嘉庆—宣统[M]．北京：中国大百科全书出版社，2015．
王世襄．清代匠作则例[M]．郑州：大象出版社，2000．
李德龙，俞冰．历代日记丛钞・蓬山密记[M]．北京：学苑出版社，2000．
刘阳，翁艺．西洋镜下的三山五园[M]．北京：中国摄影出版社．2017．
聂崇正．郎世宁全集[M]．天津：天津人民美术出版社，2015．
朱赛虹．盛世文治・清宫典籍文化[M]．北京：紫禁城出版社，2005．
斯当东．英使谒见乾隆纪实[M]．钱丽，译．北京：电子工业出版社，2016．
麦吉．我们如何进入北京[M]．叶红卫，江先发，译．上海：中西书局，2011．
马戛尔尼，巴罗．马戛尔尼使团使华观感[M]．何高济，何毓宁，译．北京：商务印书馆，2013．
佚名(传教士)．藏在木头里的灵魂：中国建筑彩绘笔记[M]．范冬阳，译．北京：北京时代华文书局，2017．
蒙托邦．蒙托邦征战中国回忆录[M]．王大智，陈娟，译．上海：中西书局，2011．
保罗．远征中国[M]．孙一先，安康，译．上海：中西书局，2011．
埃利松．翻译官手记[M]．应远马，译．上海：中西书局，2011．

现代论著

孟兆祯．园衍[M]．北京：中国建筑工业出版社，2014．
周维权．中国古典园林史[M]．北京：清华大学出版社，2008．
侯仁之．北京城的生命印记[M]．北京：三联书店出版社，2009．
侯仁之．北京历史地图集[M]．北京：文津出版社，2013．
侯仁之．燕园史话[M]．北京：北京大学出版社，2008．
张恩荫．三山五园史略[M]．北京：同心出版社，2003．
张宝章．三山五园新探[M]．北京：中国人民大学出版社，2014．
张宝章．玉泉山静明园[M]．北京：北京出版社，2018．
郭黛姮．远逝的辉煌：圆明园建筑园林研究与保护[M]．上海：上海科学技术出版社，2009．
郭黛姮，贺艳．圆明园的“记忆遗产”——样式房图档[M]．杭州：浙江古籍出版社，2010．
郭黛姮，贺艳．深藏记忆遗产中的圆明园：样式房图档研究[M]．上海：上海远东出版社，2016．
郭黛姮，贺艳．数字再现圆明园[M]．北京：中西书局，2012．
张超．家国天下——圆明园的景观、政治与文化[M]．上海：中西书局，2012．
李文君．圆明园匾额楹联通解[M]．北京：故宫出版社，2017．
白日新．圆明园盛世一百零八景图注[M]．北京：世界知识出版社，2018．
中国圆明园学会．圆明园[M]．北京：中国建筑工业出版社，1983．
圆明园管理处．圆明园百景图志[M]．北京：中国大百科全书出版社，2010．
何重义，曾昭奋．圆明园园林艺术[M]．北京：科学出版社，1995．
贾珺．圆明园造园艺术探微[M]．北京：中国建筑工业出版社，2013．
吴祥艳，宋顾薪，刘悦．圆明园植物景观复原图说[M]．上海：上海远东出版社，2014．

刘阳 . 谁收藏了圆明园[M] . 北京: 金城出版社 , 2013 .
郭黛姮 , 曹宇明 . 圆明园学刊2015[M] . 上海: 上海远东出版社 , 2015 .
清华大学建筑学院 . 颐和园[M] . 北京: 中国建筑工业出版社 , 2000 .
夏成钢 . 湖山品题・颐和园匾额楹联解读[M] . 北京: 中国建筑工业出版社 , 2008 .
高大伟 . 颐和园生态美营建解析[M] . 北京: 中国建筑工业出版社 , 2011 .
北京市颐和园管理处 , 中国人民大学清史研究所 , 中国人民大学清代皇家园林研究中心 . 颐和园史事研究百年文选[M] . 北京: 中国建筑工业出版社 , 2016 .
王其亨 , 张龙 , 张凤梧 . 中国古建筑测绘大系・颐和园[M] . 北京: 中国建筑工业出版社 , 2015 .
袁长平 . 香山静宜园[M] . 北京: 北京出版社 , 2018 .
北京市文物研究所 . 北京皇家建筑遗址发掘报告[M] . 北京: 科学出版社 , 2009 .
阚红柳 . 畅春园研究[M] . 北京: 首都师范大学出版社 , 2015 .
苗日新 . 熙春园・清华园考: 清华园三百年记忆[M] . 北京: 清华大学出版社 , 2010 .
陈志华 . 中国造园艺术在欧洲的影响[M] . 济南: 山东画报出版社 , 2006 .
王贵祥 . 中国汉传佛教建筑史[M] . 北京: 清华大学出版社 , 2016 .
张杰 . 中国古代空间文化溯源[M] . 北京: 清华大学出版社 , 2016 .
王珍明 . 海淀古镇风物志略[M] . 北京: 学苑出版社 , 2000 .
岳升阳 , 夏正楷 , 徐海鹏 . 海淀文史・海淀古镇环境变迁[M] . 北京: 开明出版社 , 2009 .
张连城 , 陈名杰 . 三山五园历史文化元素及专题研究[M] . 北京: 九州出版社 , 2018 .
张连城 , 陈名杰 . 三山五园历史文化遗产价值与功能研究[M] . 北京: 九州出版社 , 2017 .
张连城 , 陈名杰 . 全球视域下三山五园文化遗产传承与保护研究[M] . 北京: 九州出版社 , 2016 .
张德泽 . 清代国家机关考略[M] . 北京: 学苑出版社 , 2001 .
朱诚如 , 周远廉 . 清朝通史[M] . 北京: 紫禁城出版社 , 2003 .
杜家骥 , 李然 . 嘉庆事典[M] . 北京: 紫禁城出版社 , 2010 .
朱诚如 , 张玉芬 . 嘉庆皇帝[M] . 北京: 故宫出版社 , 2016 .
茅海建 . 天朝的崩溃: 鸦片战争再研究[M] . 北京: 生活・读书・新知三联书店有限公司 , 2014 .
徐卉风 . 宫廷风・圆明园[M] . 上海: 上海远东出版社 , 2014 .
徐卉风 . 宫廷风・清帝南巡[M] . 上海: 上海远东出版社 , 2015 .
徐卉风 . 宫廷风・乾隆与圆明园[M] . 上海: 上海远东出版社 , 2017 .
赖惠敏 . 乾隆皇帝的荷包[M] . 北京: 中华书局 , 2016 .

期刊论文

朱强 . 走进真正的“三山五园”——不能忘却的155周年纪念[J] . 景观 , 2015(4) .
朱强 . 浅析清代皇家园林建筑与景观的完美融合[J] . 景观 , 2016(1) .
朱强 , 李雄 . 畅春园遗址及万泉河在城市发展中的问题及对策研究[C] // 中国风景园林学会2016年会论文集 , 2016.
朱强 , 李雄 . 北京“三山五园”地区文化景观多样性初探[C] // 中国风景园林学会2017年会论文集 , 2017.
朱强 , 张云路 , 李雄 . 北京“三山五园”地区整体性研究新思考[J] . 中国城市林业 , 2017(1) .
朱强 , 李雄 . The Old Summer Palace and the Spiritual World in Imperial Gardens[J] . ICH Courier , 2017(31) .
肖遥 , 朱强 , 卓康夫 . 清代北京皇家园林植物景观与园林经营体系研究[J] . 风景园林 , 2018(8) .
高珊 , 朱强 , 张一鸣 . 当时间与空间相遇——北京三山五园地区发展历程回顾[J] . 北京规划建设 , 2018 .
朱强 , 李雄 . 圆明园与皇家园林中的精神世界[J] . 北京观察 , 2018(9) .
朱强 , 李东宸 , 郭灿灿 , 等 . 清代畅春园复原及理法探析[J] . 风景园林 , 2019(2) .
刘剑 . 北京西郊清代皇家园林历史文化保护区保护和控制范围界定探析[J] . 中国园林 , 2009(9) .
刘剑 , 胡立辉 , 李树华 . 北京“三山五园”地区景观历史性变迁分析[J] . 中国园林 , 2011(02) .
阙镇清 . 再失一城——北京西北郊皇家园林集群:三山五园在城市化过程中的没落[J] . 装饰 , 2007(11) .
李正 , 李雄 , 裴欣 . 京西稻的景观变迁兼述其与城市互动关系的复杂性和矛盾性[J] . 风景园林 , 2015(12) .
杨菁 , 李江 . 北京西郊皇家园林的整体视觉设计[J] . 中国园林 , 2014 , 30(02) .
岳升阳 . 颐和园、圆明园周边地区的历史文化与区域改造[J] . 北京联合大学学报(人文社会科学版) , 2004(1) .
赵连稳 .清代三山五园地区水系的形成[J] .北京联合大学学报(人文社会科学版) , 2015 (1) .
孙勐 . 2013—2015年圆明园大宫门区域考古发掘的主要收获和初步研究[J] . 中国园林 , 2018(10) .
曹新 . 圆明园的山水空间格局和类型研究[J] .中国园林 , 2016,32(06) .
黄晓 , 刘珊珊 . 从寄畅园到惠山园[J] . 紫禁城 , 2014(04) .
王钊 . 殊方异卉——清宫绘画中的域外观赏植物[J] . 紫禁城 , 2018(10) .
陈东 . 清代避暑山庄的宫廷花卉[J] . 紫禁城 , 2016(09) .
夏成钢 . 大承天护圣寺、功德寺与昆明湖风景区的演变[J] . 中国园林 . 2014(8) .
焦雄 . 北京西郊畅春园记略[C] // 中国紫禁城学会论文集(3), 2000 .
李慧希 , 尹航 . 文人园林——迈向第三自然的中国式“乌托邦”尝试[J] . 中国园林 . 2013 .

学位论文

殷亮 . 静宜原同明静理 , 此山近接彼山青——清代皇家园林静宜园静明园研究[D]. 天津: 天津大学 , 2003.
张龙. 济运疏名泉 , 延寿创刹宇——乾隆时期清漪园山水格局分析及建筑布局初探[D]. 天津: 天津大学 , 2006.
徐龙龙. 颐和园须弥灵境综合研究[D]. 天津: 天津大学建筑学院 , 2015.
许彤. 乾隆皇帝与北京西山图像的关系研究[D]. 北京: 中央美术学院 , 2016.
张冬冬. 清漪园布局及选景析要[D].北京: 北京林业大学 , 2016.

后记

本书即将付梓之时，我心里有很多感慨。编写一本书并非像一开始设想得那么轻松，这既是一次对专业和写作能力的考验，也是一次对意志力的磨炼，在这次经历之后我能明显地感觉到自己的成长。由于这本书肩负着向公众普及皇家园林历史文化的重任，其严谨性与可读性的重要程度不言而喻，为此我们投入了很大的精力在史料考证与图文表达之上，并在细节上不断打磨，希望能够尽最大的努力为读者带来原汁原味的历史和良好的阅读体验。当我们下定决心来做这件事的那刻起，就做好了与困难为友的心理准备。

在这个过程中，我们有幸得到了多位领导、专家和朋友们的帮助。感谢中国林业出版社将这份成果出版，感谢责任编辑和设计师的辛勤付出。感谢我的博士生导师孟兆祯院士赐教和在题字中对我们的鼓励，感谢张宝章先生赐教和宝贵的修改意见，感谢北京林业大学王洪元书记一直以来对我们的关怀和宝贵的修改意见，感谢我的硕士生导师李雄教授对我的教导，感谢北京林业大学园林学院张敬书记、王向荣院长及各位领导老师的大力支持；特别感谢海淀区文化促进发展中心的领导对我们团队和本书的支持，感谢各位审稿专家提出的宝贵修改意见及对我们的肯定。感谢优秀的队员们与我并肩奋战和相互支持，感谢往届队员们对团队的贡献。感谢吴晓平、娄旭两位老师提供的优秀摄影作品。此外，我还要感谢我的家人和朋友们一直以来对我的关心和支持，特别是叶翼齐、高晨舸、云翃、郭沁等提供的帮助。

北京林业大学三山五园研究团队自2015年成立以来，加入了多位热爱传统历史文化的年轻人。大家在共同研究和普及三山五园的过程中，触碰到了历史的脉搏，并从中收获了知识与快乐，这是最令我感到欣慰的；特别是在整本书从策划、编写再到修改和校对的全过程中，我感受到了大家的执著和精益求精的品质，让我为这支队伍感到骄傲。

终于，这本凝聚着集体智慧的成果就要正式出版了，我内心的激动无以言表。然而我深知三山五园的研究其实才刚刚起步，还有大量的历史谜团等待着我们去探索，我希望能和志同道合的朋友们一起走下去，为历史文化遗产的保护与传承继续贡献力量。

朱强

2019年8月

对话团队

你创建团队的动机是什么？

朱强　从一部纪录片、一次游园开始感兴趣，到将兴趣发展为研究方向，十年来三山五园的深厚历史文化底蕴一直吸引着我不断地深入探索。同时我也意识到，祖国的历史文化需要一代代人薪火相传，这项事业还需要更多像我一样的青年为之奋斗。于是我开始号召志同道合的朋友们加入其中，在共同的努力下我们不光研究，还尝试将成果转化为公益科普的内容，几年以来大家感情深厚，这两项工作相互促进并形成了良好的运转状态。

你心中的三山五园是什么？

高珊　三山五园是中国园林史中最具有代表性的园林体系之一，是现代造园所需要借鉴的范本；而这一地区包含了大面积的林田水网和宫殿苑囿，它所反映的不仅是鼎盛时期的造园技艺，更是社会、政治、经济、文化以及生态在不同时代的真实写照，因此对它的解读需要综合很多方面的因素，具有重要的意义。

贾一非　三山五园是人工景观与自然山水相融合的完美体现，是古人用智慧和勤劳为后人留下了文化、艺术的宝库。在参与复原的过程中，通过丰富的史料及图纸遗存，将原本不复存在的历史遗迹重新展现在世人面前，这不仅仅是团队在学术上的成就，也是我们新一代青年对于中华传统文化的传承。

林添怿　知晓三山五园最初是在周维权先生的《中国古典园林史》中，在那之前从未想到过曾有一个如此之大且完整的山水体系存世，它在历史、艺术、建筑、园林等各个方面均对后世有着重要的影响。在三山五园团队中，我主要关注的是香山静宜园，其漫长的历史变迁，从建成、烧毁、修复又或是无法重现，研究愈深、感触愈切，愿研究能还原古代盛世之景。

张一鸣　初遇三山五园是从儿时的颐和园徒步旅行开始的。后因大学课程的安排，在香山的半山腰设计过茶室、在谐趣园内画过水彩写生，对三山五园产生了更多感情。加入团队后，三山五园于我而言不再仅是"游学"的一部分，除了现存的园林，我还逐渐地了解到它在规划上更多的古今变迁，刷新了我对三山五园地区整体格局的认知。

兰亦阳　刚开始接触园林专业时，三山五园对我而言是北京城的景观体系，它串联起京城的园林山水，是清朝皇家园林辉煌的代表作。随着了解的深入，我意识到它不仅仅意味着高山流水，从运河水利到耕耘灌溉，从城市运转到居民游赏，它是生生不息的古老京城不可或缺的一部分。而时至今日，三山五园愈发历久弥新，漫步其中，我们不只是在对风景的游览与观摩，更是对历史文脉的传承与延续。纵使时光荏苒，仍有风景依旧。

唐予晨 首次了解三山五园是在2017年北京国际设计周的展览上，此前对皇家园林仅有一些个体上的初步认识。加入团队后，在参与复原和科普展览等活动的过程中，逐渐构建出三山五园的全貌，也意识到对其研究和保护的重要性。对于消亡名园的复原以及时空发展脉络的梳理，也正是我们努力的方向和希望向公众普及的成果。

冯嘉燕 三山五园是中国园林史上的珍宝，也是世界园林史上的杰作，这一片区具有独特的优秀历史文化资源、深厚人文底蕴和优良生态环境，然而目前大多数市民对于它在历史上是如何形成、损毁和修复的并不太了解。因此研究三山五园的历史演变及其文化底蕴，让大家对此有更多了解，是我们团队的小小期盼。

曹舒仪 秉着对历史的一份热爱，我开始走近三山五园。我曾以为这样一份文化瑰宝是触不可及的存在，但随着对它的了解，我渐渐发现了它设计布局的精妙与沉浮百年的厚重，它的一切变得熟悉而亲切。研究中我感受到了学术考证的一丝不苟，也体会到亲身探索历史的乐趣。我希望能与团队一起努力，将三山五园的美传递给更多的人。

你在著书后有什么感言?

王钰 与“三山五园”结缘始于2015年的校园展览，没有想到4年后可以亲身参与书写三山五园的工作中。这真是一种从未有过的奇妙体验：研读匾额楹联、诗文园记等一手资料，仿佛与康熙、乾隆帝展开隔空对话；绘制复原图加深了我对造园思想和造园艺术理解……每一步的不易都伴随着克服困难之后的欣喜，这种成就感是每位三山五园团队的成员们都能切身体会到的。

周书扬 此次参与本书的编写，除了要掌握历史研究的方法，还需要与队友们互相协调，达到专业性、易读性和美观性的平衡，但所幸每次产生的疑惑总能在讨论中解决，也让我因此加深了对三山五园的热爱与坚守。三山五园所蕴含的文化内容是如此丰富深厚，等待着我们去继续探寻。希望这本书能将我们对传统园林的热爱传递给更多人，延续三山五园的历史文脉。

姜骄桐 此次在圆明园的复原研究中，面对比较陌生的历史资料和尺度惊人的皇家园林，我无时无刻不感觉这是一项艰巨的任务，

但在整个过程中我着实收获到很多：通过解读清代的样式房图，我对古典园林有了新的理解，甚至是将圆明园四十景深深地刻在了脑海里。复原工作意义非凡，希望今后可以在这段历史中找到更多的兴趣点，并在团队的带动下，参与到更多宣扬三山五园历史文化的工作中去。

郭佳 借编著这本书的契机，我阅览了不少鲜为人知的样式房图档，在圆明园的前世中“狠狠地”徜徉了一把。想象自己是咸丰帝，端坐在勤政亲贤中批阅奏折，回到九州清晏乐享人生；山高水长看骑射，上元佳夜把灯燃……这本书将历史与园林完美结合，文字配上一张张精美的复原图都将它们都再现在大众的眼前。能够参与其中，我深感荣幸，希望未来的自己能始终记得现在的这份热爱。

田晓晴 出乎意料的是，三山五园中看似独立的园林其实可以被人的行为串联起来。将乾隆皇帝的行程记录层层过滤之后，一系列充满生活气息的场景神奇地重现：起居娱乐、理事引见、演练军事、视察农耕、节庆祭祀等等。三山五园对清代皇室最大的意义，也许就是在支撑他们物质生活需求的基础上，又实现了亲近自然的愿望。希望我们所做的这些能够帮助还原园林的过去，并有益于园林的将来。

王怡鑫 在复原清漪园之前，我仅仅游览过两次颐和园，从未想过能够在4个月的时间里，从一名游客转换到一个研究者的身份，颐和园从我眼里的旅游景点变成了精心布局的皇家园林典范。通过对复原图的一次次完善，我发现了从清漪园到颐和园各种从大到小的变化，这些发现令人欣喜，宛如发现了尘封已久的秘密。希望这样一本饱含热情和汗水的书能够使读者有所收获。

杜依璨 若想要给大众做科普，首先自己要读懂吃透，因此查阅大量的文献必不可少，同时还要考虑表现方式清晰易懂。在这个过程中，我接触了一些鲜为人知的历史，如整理了乾隆皇帝的用膳菜单，梳理了三山五园的管理体系，总结了清代耕织的步骤，这些使得三山五园的形象立体和有趣起来。这本书的出版，可以说凝聚着每位三山五园团队成员的心血，也是我们团队在历史文化保护与传承中所做的一次努力，有了这一步，下一步必定会走得更加坚定！

图书在版编目（CIP）数据

今日宜逛园：图解皇家园林美学与生活 / 朱强等著.
— 北京：中国林业出版社，2019.8（2023.6重印）
ISBN 978-7-5219-0203-7

Ⅰ. ①今… Ⅱ. ①朱… Ⅲ. ①古典园林—园林设计—北京—图解 Ⅳ. ①TU986.62-64

中国版本图书馆CIP数据核字(2019)第169824号

策划编辑： 孙　瑶
责任编辑： 孙　瑶
出版发行： 中国林业出版社
（100009 北京市西城区刘海胡同7号）
电　　话： 010-83143629
印　　刷： 河北京平诚乾印刷有限公司
版　　次： 2019年8月第1版
印　　次： 2023年6月第2次印刷
开　　本： 787mm × 1092mm 1/16
印　　张： 16.5
字　　数： 450千字
定　　价： 98.00元

北京市海淀区文化发展促进中心
北京林业大学三山五园研究团队
中国林业出版社
合作项目